机电专业"十三五"规划教材

互换性与测量技术

主　编　朱同波
副主编　王仰江　林新英　苏杰义
　　　　张云鹏　胡志超

哈尔滨工程大学出版社
Harbin Engineering University Press

内容简介

本书系统地论述了互换性与测量技术的基本知识，阐述了测量技术的基本原理，反映了一些新的测试技术。本书共 8 章，分别为绪论、极限与配合及检测、测量技术基础、几何公差及检测、表面粗糙度、光滑极限量规、常用结合件的公差及检测、尺寸链。

本书可作为高等院校机械专业教材，也可供其他行业的工程技术人员及计量、检验人员参考。

图书在版编目（CIP）数据

互换性与测量技术 / 朱同波主编. -- 哈尔滨 : 哈尔滨工程大学出版社，2018.7（2023.8 重印）

ISBN 978-7-5661-2050-2

Ⅰ．①互… Ⅱ．①朱… Ⅲ．①零部件－互换性－高等学校－教材②零部件－测量技术－高等学校－教材 Ⅳ．①TG801

中国版本图书馆 CIP 数据核字（2018）第 160097 号

选题策划　章银武
责任编辑　张　彦
封面设计　赵俊红

出版发行　哈尔滨工程大学出版社
社　　址　哈尔滨市南岗区南通大街 145 号
邮政编码　150001
发行电话　0451-82519328
传　　真　0451-82519699
经　　销　新华书店
印　　刷　廊坊市广阳区九洲印刷厂
开　　本　787 mm×1 092 mm　　1/16
印　　张　17
字　　数　435 千字
版　　次　2018 年 8 月第 1 版
印　　次　2023 年 8 第 2 次印刷
定　　价　48.00 元

http：//www.hrbeupress.com
E-mail：heupress@hrbeu.edu.cn

前　言

"互换性与测量技术"课程是高等工科院校机械类和近机类各专业的一门重要的技术基础课。从课程体系看，它是联系机械设计和机械制造类课程的纽带，是从基础课教学过渡到专业课教学的桥梁。本课程的学习，旨在让学生初步掌握机械及其零部件的几何量精度设计，正确理解设计图纸上的精度要求，合理设计产品质量检验方案和进行测量结果的数据处理。为了适应新形势下国家对应用型人才的培养目标，本书在编写过程中注重突出以下几个特点。

（1）在阐明基本概念和原理的同时，突出实用性，列举了较多实用性的例子，使学生能很好地学以致用。

（2）结构设计合理，在语言表达上力求通俗、新颖，便于讲授和自学。

（3）内容完整，重点突出，每一章都有小结，使学生易于把握知识要点；各章均设计了适量的习题，培养学生的实际应用能力。

（4）注重先进性，所引用的各项标准均为最新国家标准。

本书共 8 章，分别为绪论、极限与配合及检测、测量技术基础、几何公差及检测、表面粗糙度、光滑极限量规、常用结合件的公差及检测、尺寸链。

本书由朱同波担任主编，由王仰江、林新英、苏杰义、张云鹏、胡志超担任副主编。其中，朱同波编写了第 2 章，王仰江编写了第 4 章和第 6 章，林新英编写了第 7 章，苏杰义编写了第 3 章和第 5 章，张云鹏编写了第 8 章，胡志超编写了第 1 章。全书由朱同波统稿。李咏梅教授审阅了本书，并提出了宝贵意见和建议。本书在编写过程中还得到了参编单位领导和老师的大力支持，在此一并表示衷心感谢。本书的相关资料可扫封底微信二维码或登录 www.bjzzwh.com 获得。

尽管我们在编写本教材时尽了最大的努力，但由于水平有限，加之编写时间仓促，疏漏之处在所难免，恳请广大读者和专家提出宝贵意见，以使我们在修订时完善。

编　者

目　录

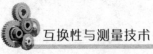

第1章 绪 论

本章导读

互换性与测量技术是机械类、仪器仪表类各专业必修的一门实践性很强的专业技术基础课。它是联系机械设计课程与机械制造课程的纽带，是从基础课学习过渡到专业课学习的桥梁。本书主要由公差和测量技术两部分组成，用以分析研究机械零件及机构的几何参数。公差主要通过课堂教学和课外作业来完成，测量技术主要通过实验内容来完成。这两部分有一定的联系，但又自成体系。公差属于标准化范畴，测量属于计量学范畴，它们是独立的两个体系。本书将公差和测量有机结合在一起。

本章目标

✱ 了解互换性基本知识

✱ 掌握公差和检测的相关知识

✱ 了解标准与标准化的概念以及标准的分类

✱ 掌握优先数和优先数系

1.1 互换性的基本知识

日常生活中存在着许多机械产品，不管多么复杂的产品，大体上都是由大量的通用标准零部件和部分专用零部件组合而成的，生产产品的厂家不可能所有零部件都自己生产，他们只需要生产自己专用的零部件，其他大量的通用标准零部件由专门的标准件厂家制造与提供。这样既节省生产费用，也缩短了生产产品的周期，满足市场需求。而这些标准零部件如果有一个坏了，只需要更换一个相同规格的新零部件就可以继续使用了。之所以能如此便捷，是因为这些零部件都是按照互换性原则来生产出来的，他们之间都具有互换性。

在机械制造中，互换性是指在统一规格的一批零部件中，任取其一，无须任何挑选或附加修配、调整就可直接装在机器上，并能保证机器规定的使用性能要求。具有以上要求的零部件我们称之为具有互换性的零部件。

如图 1-1 所示的单级直齿圆柱齿轮减速器，它主要由箱体、箱盖、端盖、齿轮轴、调整垫片、滚动轴承、挡油环、螺钉等许多零部件组成。这些零部件分别由不同的工厂和车间制造而成。在装配减速器时，在制成的同一规格的一批零部件中，任取其一，无须任何挑选或附加修配、调整，便可与其他零部件安装在一起，构成一台完整的减速器，并且能达到规定的使用要求，这就说明了这些零部件具有互换性。

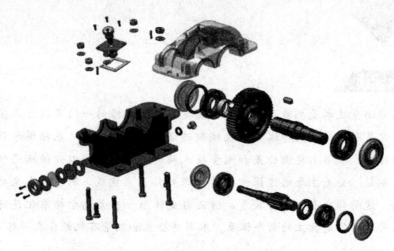

图 1-1　单级直齿圆柱齿轮减速器分解图

1.1.1　互换性的分类

1. 按照互换性的种类区分

机器和仪器制造业中的互换性，通常包括零件几何参数间的互换性和功能互换性。

（1）几何参数互换性

所谓几何参数，主要包括尺寸大小、几何形状以及相互的位置关系。几何参数间的互换性是指通过规定几何参数（尺寸、形状、位置、表面粗糙度等）的极限范围来保证产品的互换性。本课程主要介绍的是几何参数互换性。

（2）功能互换性

功能互换性是指通过规定功能参数的极限范围来保证产品的互换性。功能参数除包括了几何参数外，还包括了机械性能参数（如硬度、强度等）及化学、光学、电学和流体力学等参数。

2. 按照互换性的互换程度区分

互换性按照互换程度可分为完全互换和不完全互换两种。

（1）完全互换

完全互换是指零件在装配时不需要挑选或者辅助加工就可以达到要求的装配精度。

对于标准部件可分为内互换和外互换。

（2）不完全互换

不完全互换又称有限互换或相对互换，是指在零件装配前需要将零部件预先分组或在装配时需要进行微调才能达到装配精度的要求。通常不完全互换有分组装配法和调整法两种。

①分组装配法。当对零部件的精度要求很高时，采用完全互换将使零部件制造公差很小、加工困难、成本提高，此时采用分组装配法。先扩大公差方便加工，在零件加工完工后，根据零件实测尺寸的大小，把相配合的零件分为若干组，使每组的尺寸差别比较小，后按照相应组进行装配，这样既可保证零部件制造精度和使用要求，又能解决加工困难问题，降低成本。分组装配法要求组内零件可以互换，组与组之间不可以互换。

②调整法。调整法是指在机器装配或使用过程中，对某个特定零件按所需的尺寸进行调整，以达到装配精度要求。图 1-1 减速器中调整垫片的厚度根据轴承端盖与箱体间的宽度来决定，用以调整滚动轴承的间隙，装配后用以补偿温度变化时轴的微量长度变化，避免轴弯曲。

实际生产中采用完全互换还是不完全互换，主要根据产品使用要求、制造条件和制造成本决定，在产品设计时就要确定方案。只要能方便采用完全互换性生产的，都应遵循完全互换原则。一般来说，在大批量生产中常采用完全互换，当产品结构复杂、装配精度又较高时或者是小批量生产时，可采用不完全互换。

1.1.2 互换性的作用

互换性在机械制造业中的作用主要有以下几个。

1. 设计方面

从设计方面看，按互换性设计的标准零部件和通用件可以大大减少绘图和计算等工作量，缩短设计周期，有利用产品品种多样化和计算机辅助设计 CAD 软件的，这对产品的发展、改进产品性能都有重大作用。

2. 制造方面

从制造方面看，互换性原则是组织专业化协作生产的重要基础，有利于组织大规模专业化生产，有利于采用先进工艺和高效率的专用设备，有利于采用计算机辅助制造，有利于实现加工过程和装配过程的机械化、自动化从而提高劳动生产率和产品质量、降低成本。以图 1-1 为例，减速器是由箱体、轴承、端盖等许多零部件组成的，由于各零部件具有互换性，因此，这些零部件就可以分配到不同的车间和工厂同时分别加工，用得多的标准件还可以由专业车间或工厂单独加工，这样产品质量得到提高，成本也会显著降低。

3. 使用和维修方面

从使用和维修方面看，如零部件具有互换性，在零件磨损或损坏后，可用新配件直接替换损坏配件，这样就减少了机器的维修时间和费用，保证机器运作的可持续性从而提高机器的利用率和使用寿命。

从以上几方面可以看出，遵循互换性原则进行生产可以保证产品质量、提高劳动生产率和增加经济效益，因此，互换性原则是现代机械制造业中一个必须遵守的重要原则。

1.2　公差与检测

实现互换性的必要条件是能合理确定零部件公差并进行正确的检测。

1.2.1　公差

在实际生产中，要生产出一批几何参数完全一致的零件是不可能的。在加工过程中，会有工件、机床的变形，相对位置关系的不确定，以及定位不准确等原因。因此，加工出的同一批产品在尺寸、形状、位置等几何量不可能准确，而是存在误差。在实际功能上，也没必要将统一规格零件几何参数做到一致，只要将零件的实际参数控制在一定的变动范围内，使零件相近度够大，就能满足互换性的要求。

零件几何参数允许的最大变动量称为公差。公差包括了尺寸公差、形状公差、位置公差等。

因为在加工过程中不可避免会产生误差，所以在设计零件的时候要规定公差。用公差来限制误差，使零件完工后的误差在公差允许范围内，才能使零件具有互换性。零件的几何参数误差是否在规定的公差允许范围内还需要通过检测来确定。

1.2.2　检测

为实现互换性，除了要合理规定公差，还要对完工零件的几何量进行检测，从而判断零件的几何参数误差是否在规定的公差允许范围内。

检测包括了检验和测量。检验是指采取合适的方法和手段，确定零件的几何参数是否在规定的公差允许范围内，不必测出被测物品的具体数值；测量是指将被测量与标准量进行比较，从而精准确定被测量具体数值的过程。

在机械制造中，检测是判别产品合格与否和质量优劣的基本方法。同时，检测也用来评定产品的质量，分析产生不合格产品的原因，及时调整生产，监督工艺过程，预防废品产生。检测是实现互换性生产的重要保证，也是进行质量管理、监督和控制的基本手段。

产品质量的提高除了依赖于设计和加工精度的提高，更依赖于检测精度的提高。因此，合理确定公差、正确进行检测是保证产品质量和实现互换性生产的两个必不可少的手段和条件。要做到这两点，就需要有一个统一的标准作为共同遵守的准则和依据。因此，标准化是实现互换性的前提。

1.3 标准化

为正确协调各生产部门和准确衔接各生产环节，实现互换性生产，必须有一种协调手段，使分散、局部的生产部门和生产环节保持必要的技术统一，成为一个有机的整体。标准和标准化正是建立这种关系的重要手段，是实现互换性生产的基础。

1.3.1 标准与标准化

1. 标准化

标准化是指为在一定的范围内获得最佳秩序，对实际的或潜在的问题制定共同的和重复使用的规则的活动，即制定、发布及实施标准的过程。这个过程从探索标准化对象开始，经过调查、实验和分析，起草、制定和贯彻标准，然后修改标准。标准化主要以标准的形式体现，是一个不断循环、不断提高的过程。

2. 标准

标准是指对重复性事物和概念所做的统一规定。它以科学、技术和实践经验的综合为基础，经过有关方面协商一致，由主管机构批准，以特定的形式发布，作为共同遵守的准则和依据。

1.3.2 标准的分类

1. 按标准对象特征分

按照标准化对象特征不同，标准可分为技术标准、管理标准和工作标准三类。

（1）技术标准

对标准化领域中需要协调统一的技术事项所制定的标准，称为技术标准。它是从事生产、建设及商品流通的一种共同遵守的技术依据。技术标准的分类方法很多，按其标准化对象特征和作用，可分为基础标准、产品标准、方法标准、安全卫生与环境保护标准等。

①基础标准。基础标准是指以标准化共性要求和前提条件为对象的标准，在一定范围内可以作为其他标准的依据和基础，具有普遍的指导意义。一定范围是指特定领域，如企业、专业、国家等。也就是说，基础标准既存在于国家标准、专业标准中也存在于企业标准中。在某领域中，基础标准是覆盖面最大的标准，是该领域中所有标准的共同基础。

②产品标准。对产品结构、规格、质量和检验方法所做的技术规定称为产品标准。产品标准按其适用范围，分别由国家、部门和企业制定，是一定时期和一定范围内具有约束力的产品技术准则，是产品生产、质量检验、选购验收、使用维护和洽谈贸易的技术依据。

③方法标准。方法标准指的是通用性的方法，如试验方法、检验方法、分析方法、测定方法、抽样方法、工艺方法、生产方法、操作方法等多项标准。

④安全卫生与环境保护标准。安全卫生与环境保护标准是指有关人们生命财产安全和保护环境可持续发展的标准。

(2) 管理标准

标准化领域中需要协调统一的管理事项所制定的标准称为管理标准。管理标准按其对象可分为技术管理标准、生产组织标准、经济管理标准、行政管理标准、业务管理标准和工作标准等。制定管理标准的目的是合理组织、利用和发展生产力，正确处理生产、交换、分配和消费中的相互关系及科学地行使计划、监督、指挥、调整、控制等行政与管理机构的职能。

(3) 工作标准

工作标准是指一个训练有素的人员完成一定工作所需的时间。该人员应该用预先设定好的方法，用其正常的努力程度和正常的技能（非超常发挥）完成这样的工作，所以也称为时间标准。

2. 按作用范围分

按作用范围不同，标准可分为国际标准、区域标准。在我国按级别的不同还细分为国家标准、行业标准、地方标准和企业标准。

(1) 国际标准。国际标准是指国际标准化组织（ISO）、国际电工委员会（IEC）和国际电信联盟（ITU）制定的标准以及国际标准化组织确认并公布的其他国际组织制定的标准。国际标准在世界范围内统一使用。

(2) 区域标准。区域标准又称为地区标准，可用 DB 表示，泛指世界某一区域标准化团体所通过的标准。通常提到的区域标准，主要是指原经互会标准化组织、欧洲标准化委员会、非洲地区标准化组织等地区组织所制定和使用的标准。

(3) 国家标准。国家标准是指由国家标准化主管机构批准，并在公告后需要通过正规渠道购买的文件，除国家法律法规规定强制执行的标准以外，一般有一定的推荐意义。国家标准代号用 GB（强制性国家标准）或 GB/T（推荐性国家标准）表示。

(4) 行业标准。根据《中华人民共和国标准化法》的规定：由我国各主管部、委（局）批准发布，在该部门范围内统一使用的标准，称为行业标准。行业标准是对国家标准的补充，是在全国范围某一行业内统一的标准。行业标准代号有 JB（机械）、QB（轻工）、FJ（纺织）、TB（铁路运输）等行业标准代号。

(5) 地方标准。地方标准又称为区域标准，是对没有国家标准和行业标准而又需要在省、自治区、直辖市范围内统一的工业产品的安全、卫生要求制定的标准。

(6) 企业标准。企业标准是对企业范围内需要协调、统一的技术要求，管理要求和工作要求所制定的标准。企业标准由企业制定，由企业法人代表或法人代表授权的主管领导批准、发布。企业标准一般以 "Q" 开头。

3. 按法律属性分

按法律属性不同，标准可分为强制性标准和推荐性标准，具体代号为 GB 和 GB/T，主要是在国家标准和行业标准当中进行区分。有关人身安全、健康、卫生及环境保护之类的标准属于强制性标准，大部分（80％以上）标准属于推荐性标准。本书将着重介绍推荐性标准。

1.4　优先数和优先数系

在制定技术标准和设计、制造产品时，会涉及很多技术参数。这些参数的协调、简化和统一是标准化的一项重要内容。当选定一个数值作为产品的参数指标后，该数值就会按照一定的规律向一切有关参数指标进行传播扩散。这种技术参数的传播在生产实际中很普遍，比如确定好螺栓的直径尺寸后，不仅会传播到与之配合的螺母、加工用的丝锥和板牙、检验用的塞规和环规，也会传播到垫圈、扳手等配套用件上。

一种产品往往同时在不同的场合由不同的人员分别进行设计和制造，产品的参数常常影响到与其有配套关系的系列产品相关参数。如果没有一个共同遵守的选用数据的准则，一个很小的差异经过反复传播扩散后，就会造成同一种产品的尺寸参数杂乱无章，给生产、协作配套及维修使用带来很多困难。

为了满足各式各样不同的要求，人们在生产实践的基础上总结出了优先数和优先数系这一套科学统一的数值标准。优先数和优先数系是国际上统一的重要基础标准，不仅对各种技术参数的数值进行了简化、协调和统一，也是标准化的重要内容。

1.4.1　优先数

优先数系中任意一个项值称为优先数。优先数的各项理论值是根据优先数系的公比计算得到的。理论值除 10 的整数幂外均为无理数，如 $\sqrt[5]{10}$、$(\sqrt[5]{10})^2$、$(\sqrt[5]{10})^3$、$(\sqrt[5]{10})^4$ 等，在工程技术上无法直接应用，需要圆整为近似值。根据圆整的精确程度不同，优先数可区分为计算值、常用值和化整值。

1. 计算值

这是对理论值取五位有效数字的近似值。其相对误差小于 $1/(2\times10^4)$，供精确计算用。例如，1.2 的计算值就为 1.2598。

2. 常用值

即经常使用的常称的优先数，如表 1-1 所示，取三位有效数字。

3. 化整值

取两位有效数字，一般只有在某些特殊情况下才允许使用。例如，1.12 的化整值为 1.1。化整值不可随便化整，应遵循 GB/T19764—2005《优先数和优先数化整值系列的选用指南》的规定。

表 1-1　优先数系的基本系列常用值

R5	R10	R20	R40	R5	R10	R20	R40
1.00	1.00	1.00	1.00	4.00	4.00	4.00	4.00
			1.06				4.25
		1.12	1.12			4.50	4.50
			1.18				4.75
	1.25	1.25	1.25		5.00	5.00	5.00
			1.32				5.30
		1.40	1.40			5.60	5.60
			1.50				6.00
1.60	1.60	1.60	1.60	6.30	6.30	6.30	6.30
			1.70				6.70
		1.80	1.80			7.10	7.10
			1.90				7.50
	2.00	2.00	2.00		8.00	8.00	8.00
			2.12				8.50
		2.24	2.24			9.00	9.00
			2.36				9.50
2.50	2.50	2.50	2.50	10.00	10.00	10.00	10.00
			2.65				
		2.80	2.80				
			3.00				
	3.15	3.15	3.15				
			3.35				
		3.55	3.55				
			3.75				

1.4.2　优先数系

工程技术上采用的优先数系是一种十进制几何级数，数列的各项数值中包含 1，10，100，…，10^N 和 0.1，0.01，…，$1/10^N$ 这些数。其中，指数 N 为正整数，按 $1\sim10$，$10\sim100$，…和 $1\sim0.1$，$0.1\sim0.01$，…划分区间，称为十进段。级数的公比为 $q=\sqrt[r]{10}$，其中，r 值为每个十进段内的项数。国际标准（GB/T321—2005）规定的优先数系是由公比分别为 10 的 5、10、20、40、80 次方根，且项值中含有 10 的整数幂的理论等比数列导出的一组近似等比的数列，分别采用国际代号 R5、R10、R20、R40、R80 表示。五个优先数系的公比 q 为：

$$R5 \text{ 系列} \quad q_5 = \sqrt[5]{10} \approx 1.5849 \approx 1.6$$

$$R10 \text{ 系列} \quad q_{10} = \sqrt[10]{10} \approx 1.2598 \approx 1.25$$

$$R20 \text{ 系列} \quad q_{20} = \sqrt[20]{10} \approx 1.1220 \approx 1.12$$

$$R40 \text{ 系列} \quad q_{40} = \sqrt[40]{10} \approx 1.0593 \approx 1.06$$

$$R80 \text{ 系列} \quad q_{80} = \sqrt[80]{10} \approx 1.0292 \approx 1.03$$

其中，R5、R10、R20 和 R40 是常用系列，称为基本系列，其常用数值详见表 1-1。基本系列的选用应遵循先疏后密的原则，即应按照 R5、R10、R20、R40 的顺序优先采用公比较大的基本系列。R80 作为补充系列，仅在参数分级很细或基本系列中的优先数不能适应实际情况时才考虑采用。

1.4.3 应用优先数系的要点和原则

应用优先数系的要点和原则主要有以下几个。

（1）在确定产品的参数或参数系列时，如果没有特殊原因而必须选用其他数值的话，只要能满足技术经济上的要求，就应当力求选用优先数，并且按照 R5、R10、R20 和 R40 的顺序，优先用公比较大的基本系列。当一个产品的所有特性参数不可能都采用优先数时，也应使一个或几个主要参数采用优先数。即使是单个参数值，也应按上述顺序选用优先数。这样做既可在产品发展时插入中间值，仍保持或逐步发展成为有规律的系列，又便于跟其它相关产品协调配套。

（2）当基本系列不能满足分级要求时，可以选用派生系列。派生系列是指从基本系列或补充系列 Rr 中（其中，r＝5，10，20，40，80）每隔 p 项取值，即从每相邻的连续 p 项中取一项组成新的等比数列。派生系列的代号表示方法为：系列无限定范围时，应指明系列中含有的一个优先数，如果系列中含有项值 1，可简写为 Rr/p。例如经常使用的派生系列 R10/3，是从基本系列 R10 中每隔两项取出一个优先数组成的，表示系列为…，1，2，4，8，16，…。系列在有限定范围时，应注明界限值。比如 R10/3×（2.5…）表示以 2.5 为下限的派生系列；R40/5（…60）表示以 60 为上限的派生系列。派生系列使优先数能适应各种生产实际的需要。

（3）当参数系列的延伸范围很大，从制造和使用的经济性考虑，在不同的参数区间需要采用公比不同的系列时，可分段选用最适宜的基本系列或派生系列，以构成复合系列。

（4）按优先数常用值分级的参数系列，公比是不均等的。在特殊情况下，为了获得公比精确相等的系列，可采用计算值。

（5）如无特殊原因，应尽量避免使用化整值。化整值的选用带有任意性，不易取得协调统一，由于误差较大而带来一些缺点。如系列中含有化整值，就使以后向较小

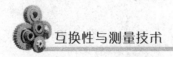

公比的系列转换变得较为困难，化整值系列公比的均匀性差，化整值的相对误差经乘、除运算后往往进一步增大等。

1.4.4 优先数系的优点

1. 经济合理的数值

分级制度产品的参数从最小到最大有很宽的数值范围。经验和统计表明，数值按等比数列分级，能在较宽的范围内以较少的规格、经济合理地满足社会需要。这就要求用"相对差"反映同样"质"的差别，而不能像等差数列那样只考虑"绝对差"。例如，对轴径分级，在 10 mm 不合需要时，如用 12 mm，则两极之间绝对差为 2 mm，相对差为 20%。但对 100 mm 来说，加大 2 mm 变成 102 mm，相对差只有 2%，显然太小。而对直径为 1 mm 的轴来说，加大 2 mm 变成 3 mm，相对差为 200%，显然太大。等比数列是一种相对差不变的数列，不会造成分级疏的过疏，密的过密的不合理现象，优先数系正是按等比数列制订的。因此，它提供了一种经济、合理的数值分级制度。

2. 统一、简化的基础

优先数系是国际上统一的数值制度，可用于各种量值的分级，以便在不同的地方都能优先选用同样的数值，这就为技术经济工作上统一、简化和产品参数的协调提供了基础。

3. 具有广泛的适应性

优先数中包含有各种不同公比的系列，可以满足较密和较疏的分级要求。由于较疏系列的项值包含在较密的系列之中，这样在必要时可插入中间值，使较疏的系列变成较密的系列，而原来的项值保持不变，与其他产品间配套协调关系不受影响，这对发展产品品种是很顺利的。

4. 简单、易记、计算方便

优先数系是十进等比数列，其中，包含 10 的所有整数幂。只要记住一个十进段内的数值，其他的十进段内的数值可由小数点的移位得到。因此，只要记住 R20 中的 21 个数值，就可解决一般应用。

优先数系是等比数列，故任意个优先数的积和商仍为优先数，而优先数的对数（或序号）则是等差数列，利用这些特点可以大大简化设计计算。

本章小结

本章主要讲述了互换性的基本知识、公差与检测、标准化、优先数和优先数系。

按照种类区分，互换性通常包括零件几何参数间的互换性和功能互换性；按照互换程度区分，互换性可分为完全互换和不完全互换两种。

互换性在机械制造业中的作用主要设计、制造、使用和维修等方面。

公差包括尺寸公差、形状公差、位置公差等。

检测包括检验和测量。检验是指采取合适的方法和手段，确定零件的几何参数是否在规定的公差允许范围内，不必测出被测物品的具体数值；测量是指将被测量与标准量进行比较，从而精准确定被测量具体数值的过程。

标准化是指为在一定的范围内获得最佳秩序，对实际的或潜在的问题制定共同的和重复使用的规则的活动，即制定、发布及实施标准的过程。标准有多种分类方法。

优先数系中任意一个项值称为优先数。优先数的各项理论值是根据优先数系的公比计算得到的。

本章习题

一、填空题

1. 互换性按互换程度可分为_____和_____两种。

2. 零件几何参数允许的最大_____称为公差。公差包括了_____、形状公差、_____等。

3. 我国按标准的使用范围将其分为国家标准、_____、_____和企业标准。

4. 根据圆整的精确程度不同，优先数可区分为_____、_____、_____和_____。

二、选择题

1. 下列属于优先数系中的补充系列的是（   ）。

A. R10   B. R20   C. R40   D. R80

2. 按照标准化对象特征不同，下列哪个选项不属于标准的分类对象（   ）。

A. 技术标准   B. 方法标准   C. 管理标准   D. 工作标准

3. 互换性在机械制造业中的作用不包括以下哪方面（   ）。

A. 设计方面   B. 制造方面

C. 效益方面   D. 使用和维修方面

三、判断题

1. 要实现互换性的必要条件是能合理确定零部件公差并进行正确的检测。（   ）

2. 国际标准（GB/T321—2005）《优先数和优先数系》的优先数系规定的 R 值有 5、10、20、40、80 五种。（   ）

3. 零部件有了公差标准就能保证零件具有互换性。（   ）

四、问答题

1. 什么叫互换性？互换性按种类主要分哪几类？

2. 什么是标准？什么是标准化？按国家颁布的级别分类，我国标准有哪几种？

3. 下列两行数据属于那种优先数系？公比是多少？

（1）表面粗糙度的数值为 0.8，1.6，3.2，6.3，12.5，…，单位为 μm。

（2）车床主轴转速为 200，250，315，400，500，630，…，单位为 r/min。

第2章 极限与配合及检测

本章导读

　　极限与配合标准是机械工业中涉及面最广、应用最多、最主要的互换性基础标准。它广泛用于光滑圆柱体表面的结合，也用于其他结合中由单一尺寸确定的部分。极限与配合标准已经成为我国最重要的机械工业基础标准。

　　零件的几何精度要求通常包括尺寸精度、形状精度、位置精度与表面粗糙度等。为使零件具有互换性，必须保证零件的尺寸、几何形状和相互位置以及表面特征等技术要求的一致性，其中，尺寸和配合要求是最基本的。"极限"用于协调机器零件使用要求与制造经济性之间的矛盾，"配合"则反映零件组合时相互之间的关系。经标准化的极限与配合制有利于机器的设计、制造、使用与维修，有利于保证产品的精度、使用性能和寿命等，也有利于刀具、量具、夹具和机床等工艺装备的标准化。

本章目标

❉了解极限与配合及检测的基本知识
❉掌握尺寸的公差与配合
❉了解极限与配合的选用
❉掌握尺寸的检测

2.1 极限与配合及检测的基本知识

2.1.1 有关尺寸的术语及定义

1. 尺寸

　　尺寸是指以特定单位表示的线性尺寸的数值。线性尺寸是指两点之间的距离，如直径、宽度、深度、高度、中心距等。按国家标准规定，机械制图中图样上的尺寸以mm为单位时，无需标注计量单位的符号或名称。若表示几何量中平面角的角度量，则用角度尺寸，其单位有弧度（rad）及度（°）、分（′）、秒（″）。

2. 公称尺寸

公称尺寸是由设计者给定的，通过公称尺寸和上、下极限偏差可算出极限尺寸。孔用 D 表示，轴用 d 表示。它是设计者根据产品使用性能要求，如强度、刚度、运动、造型、工艺及结构等方面的考虑，并按标准直径或标准长度圆整后所给定的尺寸。它只表示尺寸的基本大小，并不表示在加工中要求得到的尺寸。公称尺寸可以是一个整数或一个小数。

3. 提取组成要素的局部尺寸

它是一切提取组成要素上对应两点之间的距离，简称为提取要素的局部尺寸。它是通过测量得到的，由于存在测量误差，该局部尺寸并非尺寸真值；又由于形状误差等的影响，零件同一表面不同部位的局部尺寸往往是不相等的。孔和轴的提取组成要素的局部尺寸分别用 D_a 和 d_a 表示。

4. 极限尺寸

极限尺寸是允许尺寸变化的两个界限值。两者中大的称为最大极限尺寸，小的称为最小极限尺寸。孔和轴的最大、最小极限尺寸分别用 D_{max}、d_{max} 和 D_{min}、d_{min} 表示，如图 2-1 所示。

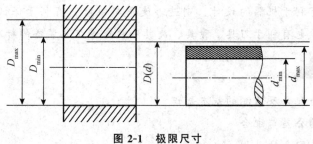

图 2-1　极限尺寸

合格零件的实际尺寸应该是

$$D_{max} \geqslant D_a \geqslant D_{min} \tag{2-1}$$

$$d_{max} \geqslant d_a \geqslant d_{min} \tag{2-2}$$

5. 实体尺寸

实体尺寸通常包含最大实体尺寸和最小实体尺寸。假定提取组成要素的局部尺寸处位于极限尺寸，且使其具有实体最大时的状态称为最大实体状态，那么确定要素最大实体状态下的极限尺寸称为最大实体尺寸，它是孔的上极限尺寸和轴的下极限尺寸的统称。

6. 作用尺寸

作用尺寸可分为体外作用尺寸和体内作用尺寸。

1. 体外作用尺寸（D_{fe}、d_{fe}）

体外作用尺寸在被测要素的给定长度上，与实际内表面体外相接的最大理想面或与实际外表面体外相接的最小理想面的直径或宽度，如图 2-2（a）所示。其内表面和外表面的体外作用尺寸的代号分别用 D_{fe}、d_{fe} 表示。

对于关联要素，该理想面的轴线或中心平面必须与基准保持图样给定的几何关系。如图 2-2（b）所示。

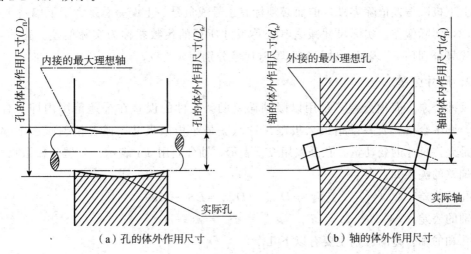

（a）孔的体外作用尺寸　　　　　　（b）轴的体外作用尺寸

图 2-2　孔、轴作用尺寸

该图表示孔、轴只存在着轴线的直线度误差 $f_{形位}$。

可得：孔的体外作用尺寸为 $D_{fe}=D_a-f_{形位}$，轴的体外作用尺寸为 $d_{fe}=d_a+f_{形位}$。

2. 体内作用尺寸（D_{fi}、d_{fi}）

体内作用尺寸在被测要素的给定长度上，与实际内表面体内相接的最小理想面或与实际外表面体内相接的最大理想面的直径或宽度，如图 2-2 所示。其内表面和外表面的体内作用尺寸的代号分别用 D_{fi} 和 d_{fi} 表示。

对于关联要素，该理想面的轴线或中心平面必须与基准保持图样给定的几何关系。如图 2-2 所示，该图表示孔、轴只存在着轴线的直线度误差 $f_{形位}$。

可得：孔的体内作用尺寸为 $D_{fi}=D_a+f_{形位}$，轴的体内作用尺寸为 $d_{fi}=d_a-f_{形位}$。

2.1.2　有关公差和偏差的术语及定义

1. 尺寸偏差

某一尺寸减其公称尺寸所得的代数差称为尺寸偏差（简称偏差）。孔用 E 表示，轴用 e 表示。偏差可能为正值或负值，亦可为零。

（1）极限偏差。最大极限尺寸减去其公称尺寸所得的代数差称为上极限偏差。孔的上极限偏差用 ES 表示，轴的上极限偏差用 es 表示，有

$$ES = D_{max} - D \tag{2-3}$$

$$es = d_{max} - d \tag{2-4}$$

最小极限尺寸减去其公称尺寸所得的代数差称为下极限偏差。孔的下极限偏差用 EI 表示，轴的下极限偏差用 ei 表示，有

$$EI = D_{min} - D \tag{2-5}$$

$$ei = d_{min} - d \tag{2-6}$$

上下极限偏差值除零外，前面必须标有正号或负号。上偏差总是大于下偏差。

（2）实际偏差。实际尺寸减去其公称尺寸所得的代数差称为实际偏差。孔的实际偏差代号分别用 E_a 表示，轴的实际偏差代号分别用 e_a 表示。

2. 尺寸公差

尺寸公差（简称公差）是用以限制误差的。工件的误差在公差范围内即为合格；反之，则不合格。公差是指最大极限尺寸减去最小极限尺寸，或上偏差减去下偏差。公差是允许尺寸的变动量。孔公差用 T_D 表示，轴公差用 T_d 表示。公差、极限尺寸和极限偏差的关系如下：

孔的公差 $\qquad T_D = D_{max} - D_{min} = ES - EI \tag{2-7}$

轴的公差 $\qquad T_d = d_{max} - d_{min} = es - ei \tag{2-8}$

孔和的轴公差的区别主要有以下几个。

从数值上看：极限偏差是代数值，正、负或零值是有意义的；而公差是允许尺寸的变动范围，是没有正负号的绝对值，也不能为零（零值意味着加工误差不存在，是不可能的）。实际计算时由于最大极限尺寸大于最小极限尺寸，故可省略绝对值符号。

从作用上看：极限偏差用于控制实际偏差，是判断完工零件是否合格的根据，而公差则控制一批零件实际尺寸的差异程度。

从工艺上看：对某一具体零件，公差大小反映加工的难易程度，即加工精度的高低，它是制定加工工艺的主要依据，而极限偏差则是调整机床决定切削工具与工件相对位置的依据。

孔和轴公差的联系有：它们都是由设计者给出的。公差表示对一批工件尺寸均匀程度的要求，即尺寸允许的变动范围。公差是尺寸精度指标，但不能根据公差来逐一判断工件的合格性。极限偏差表示工件尺寸允许变动的极限值，公差原则上与工件尺寸无关，但上、下偏差又与精度有关。极限偏差是判断工件尺寸是否合格的依据。公差是上、下偏差之代数差的绝对值，所以确定了两极限偏差也就确定了公差。

3. 尺寸公差带图

公差或极限偏差的数值与公称尺寸相比相差太大（小很多），不便用同一比例展示。同时，为了简化，所以在分析有关问题时，不画出孔、轴的结构，只画出放大的孔、轴公差区域和位置。采用这种表达方法的图形称为公差带图。如图 2-3 所示。在公差带图中，极限偏差和公称尺寸的单位通常用毫米，均可省略不写单位。

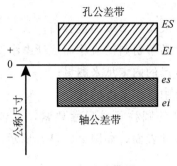

图 2-3　公差带图

公差带图由零线和公差带组成。

（1）零线。在公差带图中，表示公称尺寸的是一条直线，称为零线；以其为基准确定极限偏差和公差。通常，零线沿水平方向绘制，正极限偏差位于零线上方，负极限偏差位于零线的下方。画图时，在零线左端标出"＋""－""0"，在左下角用单箭头指向零线，并标出公称尺寸的数值。

（2）公差带。公差带是指在公差带图解中，由代表上极限偏差和下极限偏差或上极限尺寸和下极限尺寸的两条平行直线所限定的区域。

在国家标准中，公差带图包括了"公差带大小"与"公差带位置"两个参数，前者由标准公差确定，后者由基本偏差确定。

在绘制公差带图时，应用不同的方式来区分孔、轴的公差带，用不同方向的剖面线来区分孔、轴的公差带；公差带的位置和大小应按比例绘制；由于公差带的横向宽度没有实际意义，因此，可在图中适当选取。书写上、下极限偏差时，必须带正、负号。公称尺寸相同的孔、轴公差带才能画在一张图上。

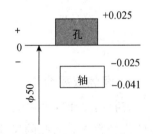

图 2-4　公差带图实例

例如，画出基本尺寸为 $\phi50$ mm，最大极限尺寸为 $\phi50.025$ mm、最小极限尺寸为 $\phi50$ mm 的孔与最大极限尺寸为 $\phi49.975$ mm、最小极限尺寸为 $\phi49.959$ mm 的轴的公差带图，如图 2-4 所示。

2.1.3　有关配合的术语及定义

1. 配合

配合是指公称尺寸相同，相互结合的孔和轴公差带之间的关系。组成配合的孔与轴的公差带位置不同，便形成不同的配合性质。

2. 孔与轴

（1）孔。孔通常是指工件的圆柱形内尺寸要素，也包括非圆柱形的内尺寸要素，如键槽、凹槽的宽度表面，如图 2-5（a）所示。

孔通常有以下特点：

①孔通常是由两平行平面或切面形成的包容面；

②孔的尺寸通常在加工时随着材料的去除而逐渐由小变大；

③孔的尺寸通常用游标卡尺的内卡爪来测量。

基准孔是指在基孔制配合中选作基准的孔。

（2）轴。轴通常是指工件的圆柱形外尺寸要素，也包括非圆柱形的外尺寸要素，如平键的宽度表面、凸肩的厚度表面，如图 2-5（b）所示。

轴通常有以下几个特点：

①轴通常是由两平行平面或切面形成的被包容面；

②轴的尺寸通常在加工时随着材料的去除而逐渐由大变小；

③轴的尺寸通常用游标卡尺的外卡爪来测量。

基准轴是指在基轴制配合中选作基准的轴。

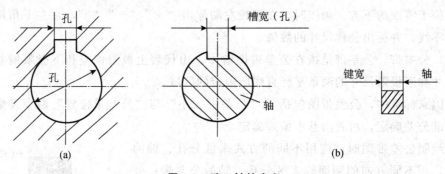

图 2-5　孔、轴的定义

3. 间隙或配合

若孔的尺寸减去相配合的轴的尺寸所得的代数差为正值时，此代数差为间隙。间隙的代号为 X。若孔的尺寸减去相配合的轴的尺寸所得的代数差为负值时，此代数差为过盈。过盈的代号为 Y。配合主要有间隙配合、过渡配合和过盈配合三种。

（1）间隙配合。间隙配合是指具有间隙（包括最小间隙等于零）的配合。此时，孔公差带在轴公差带的上方，如图 2-6 所示。

间隙配合中，孔的上极限尺寸减去轴的下极限尺寸所得的代数差称为最大间隙，用符号 X_{max} 表示，即

$$X_{max} = D_{max} - d_{min} = ES - ei \qquad (2-9)$$

孔的下极限尺寸减去轴的上极限尺寸所得的代数差称为最小间隙，用符号 X_{min} 表示，即

$$X_{min} = D_{min} - d_{max} = EI - es \qquad (2-10)$$

当孔的下极限尺寸与轴的上极限尺寸相等时，则最小间隙为零。

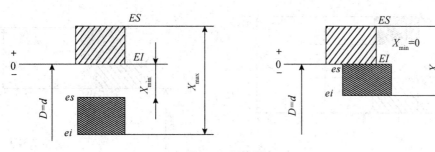

图 2-6 间隙配合

在实际设计中有时用到平均间隙，间隙配合中的平均间隙用符号用 X_{av} 表示，即

$$X_{av} = \frac{X_{max} + X_{min}}{2} \tag{2-11}$$

注：间隙数值必须是正的。

（2）过渡配合。过渡配合是指可能具有间隙或过盈的配合。此时，孔公差带与轴公差带相互交叠，如图 2-7 所示。

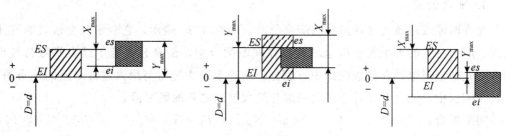

图 2-7 过渡配合

过渡配合中，孔的上极限尺寸减去轴的下极限尺寸所得的代数差称为最大间隙，其计算公式与式（2-9）相同。孔的下极限尺寸减去轴的上极限尺寸所得的代数差称为最大过盈，其计算公式与式（2-10）相同。过渡配合中的平均间隙或平均过盈为

$$X_{av}（或\ Y_{av}）= \frac{X_{max} + Y_{max}}{2} \tag{2-12}$$

（3）过盈配合。过盈配合是指具有过盈（包括最小过盈等于零）的配合。此时，孔公差带在轴公差带的下方，如图 2-8 所示。

过盈配合中，孔的上极限尺寸减去轴的下极限尺寸所得的代数差称为最小过盈，它用符号 Y_{min} 表示，即

$$Y_{min} = ES - ei \tag{2-13}$$

孔的下极限尺寸减去轴的上极限尺寸所得的代数差称为最大过盈，它用符号 Y_{max} 表示，即

$$Y_{max} = EI - es \tag{2-14}$$

当孔的上极限尺寸与轴的下极限尺寸相等时，则最小过盈为零。

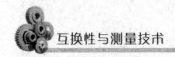

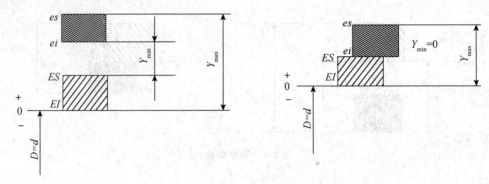

图 2-8 过盈配合

在实际设计中有时用到平均过盈，过盈配合中的平均过盈用符号 Y_{av} 表示，即

$$Y_{av} = \frac{Y_{max} + Y_{min}}{2} \tag{2-15}$$

注：过盈数值必须是负的。

4. 配合公差

允许间隙或过盈的变动量称为配合公差，用符号 T_f 表示，它表示配合松紧的变化范围。配合公差的大小表示配合精度。在间隙配合中，配合公差等于最大间隙与最小间隙之差的绝对值；在过盈配合中，配合公差等于最小过盈与最大过盈之差的绝对值；在过渡配合中，配合公差等于最大间隙与最大过盈之差的绝对值。

间隙配合：
$$T_f = |\,X_{max} - X_{min}\,| = T_h + T_s \tag{2-16}$$

过渡配合：
$$T_f = |\,Y_{min} - Y_{max}\,| = T_h + T_s \tag{2-17}$$

过盈配合：
$$T_f = |\,X_{max} - Y_{min}\,| = T_h + T_s \tag{2-18}$$

上式说明配合精度与零件加工精度有关。若要提高装配精度，使配合后间隙或过盈的变化范围减小，应减小零件的公差，即需要提高零件的加工精度。

5. 配合公差带图

配合公差带图就是用来直观地表达配合性质，即配合松紧及其变动情况的图。在配合公差带图中，横坐标为零线，表示间隙或过盈为零；零线上方的纵坐标为正值，代表间隙，零线下方的纵坐标为负值，代表过盈。配合公差带两端的坐标值代表极限间隙或极限过盈，它反映配合的松紧程度；上、下两端间的距离为配合公差，它反映配合的松紧变化程度，如图 2-9 所示。

配合公差带的大小取决于配合公差的大小，配合公差带的位置取决于极限间隙或过盈的大小。前者表示配合精度，后者表示配合的松紧。

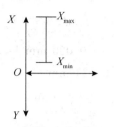

(a)间隙配合公差带图

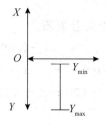

(b)过盈配合公差带图

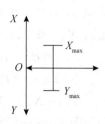

(c)过渡配合公差带图

图 2-9　配合公差带图

【例 2-1】已知基本尺寸 $D=d=50$ mm，孔的极限尺寸 $D_{max}=50.025$ mm，$D_{min}=50$ mm；轴的极限尺寸 $d_{max}=49.950$ mm，$d_{min}=49.934$ mm。现测得孔、轴的实际尺寸分别为 $D_a=50.010$ mm，$d_a=49.946$ mm。

【求】孔、轴的极限偏差、实际偏差及公差。

【解】孔的极限偏差　　$ES=D_{max}-D=50.025-50=+0.025$ mm

$$EI=D_{min}-D=50-50=0 \text{ mm}$$

轴的极限偏差　　　　$es=d_{max}-d=49.950-50=-0.050$ mm

$$ei=d_{min}-d=49.934-50=-0.066 \text{ mm}$$

孔的实际偏差　　　　$D_a-D=50.010-50=+0.010$ mm

轴的实际偏差　　　　$d_a-d=49.946-50=-0.054$ mm

孔的公差　　　　　　$T_h=D_{max}-D_{min}=50.025-50=0.025$ mm

轴的公差　　　　　　$T_s=d_{max}-d_{min}=49.950-49.934=0.016$ mm

【例 2-2】孔 $D=50$ mm，$ES=+0.039$ mm，$EI=0$ mm，轴 $d=50$ mm，$es=-0.025$ mm，$ei=-0.050$ mm。

【求】X_{max}、X_{min} 及 T_f，并画出公差带图。

【解】　　　　$X_{max}=ES-ei=+0.039-（-0.050）=+0.089$ mm

$$X_{min}=EI-es=0-（-0.025）=+0.025 \text{ mm}$$

$$T_f=X_{max}-X_{min}=0.064 \text{ mm}$$

公差带图如图 2-10（a）所示。

【例 2-3】孔 $D=50$ mm，$ES=+0.039$ mm，$EI=0$ mm，轴 $d=50$ mm，$es=+0.079$ mm，$ei=+0.054$ mm。

【求】Y_{max}、Y_{min} 及 T_f，并画出公差带图。

【解】　　　　　$Y_{max}=EI-es=0-（+0.079）=-0.079$ mm

$$Y_{min}=ES-ei=+0.039-（+0.054）=-0.015 \text{ mm}$$

$$T_f=Y_{min}-Y_{max}=-0.015-（-0.079）=0.064 \text{ mm}$$

公差带图如图 2-10（b）所示。

【例 2-4】孔 $D=50$ mm，$ES=+0.039$ mm，$EI=0$ mm，轴 $d=50$ mm，

$es = +0.034$ mm，$ei = +0.009$ mm。

【求】X_{max}、Y_{max} 及 T_f，并画出公差带图。

【解】
$$X_{max} = ES - ei = +0.039 - (+0.009) = +0.030 \text{ mm}$$

$$Y_{max} = EI - es = 0 - (+0.034) = -0.034 \text{ mm}$$

$$T_f = X_{max} - Y_{max} = 0.030 - (-0.034) = 0.064 \text{ mm}$$

公差带图如图 2-10（c）所示。

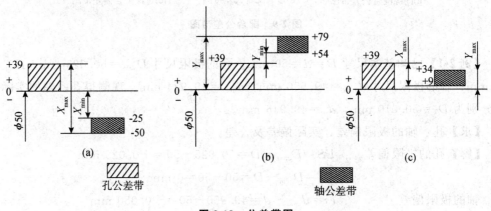

图 2-10　公差带图

2.2　尺寸的公差与配合

2.2.1　配合制

在机械产品中，有各种不同的配合要求，这就需要各种不同的孔、轴公差带来实现。用标准化的孔、轴公差带（即同一极限制的孔和轴）组成各种配合要求的一种配合制度，称为配合制。GB/T 1800.1—2009 规定了两种配合制，分别为基孔制配合和基轴制配合。

1. 基孔制

基孔制配合是指基本偏差为一定的孔的公差带，与不同基本偏差的轴的公差带形成各种配合的一种制度，其基本偏差代号为 H，如图 2-11（a）所示。基孔制配合中，孔为基准孔，其下极限尺寸与公称尺寸相等，基本偏差为下极限偏差并且为零，即 $EI = 0$。

2. 基轴制

基轴制配合是指基本偏差为一定的轴的公差带，与不同基本偏差的孔的公差带形成各种配合的一种制度，其基本偏差代号为 h，如图 2-11（b）所示。基轴制配合中，轴为基准轴，其上极限尺寸与公称尺寸相等，基本偏差为上极限偏差并且为零，即 $es = 0$。

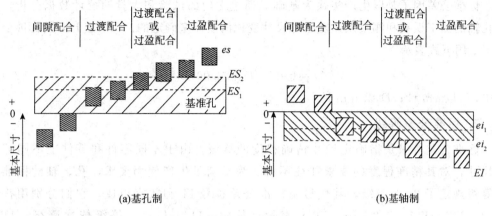

图 2-11　配合制

2.2.2　标准公差系列

公差与配合国家标准主要包括：GB/T 1800.1—2009《产品几何技术规范（GPS）极限与配合第 1 部分：公差、偏差和配合的基础》、GB/T 1800.2—2009《产品几何技术规范（GPS）极限与配合第 2 部分：标准公差等级和孔、轴极限偏差表》、GB/T 1801—2009《产品几何技术规范（GPS）极限与配合公差带和配合的选择》、GB/T 1804—2000《一般公差未注公差的线性和角度尺寸的公差》。

国家标准是按标准公差系列（公差带大小或公差数值）标准化和基本偏差系列（公差带位置）标准化的原则制订的。下面介绍其构成规则及特征。

1. 标准公差因子

标准公差因子是计算标准公差的基本单位，也是制定标准公差数值系列的基础。标准公差的数值不仅与标准公差等级的高低有关，而且与公称尺寸的大小有关。

生产实践表明，在相同的加工条件下加工一批零件，公称尺寸不同的孔或轴加工后产生的加工误差范围也不同。利用统计分析发现，加工误差范围与公称尺寸的关系呈立方抛物线的关系，如图 2-12 所示。

公差用于限制加工误差范围，而加工误差范围与公称尺寸有一定的关系，因此，公差与公称尺寸也应有一定的关系，这种关系可以用标准公差因子的形式来表示。

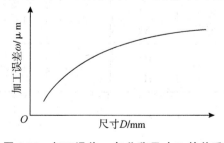

图 2-12　加工误差 ω 与公称尺寸 D 的关系

23

标准公差因子是以生产实践为基础．通过专门的试验和大量的统计数据分析，找出孔轴的加工误差和测量误差随公称尺寸变化的规律来确定的。IT5 至 IT8 的标准公差因子 i 用下式表示

$$i = 0.45 \sqrt[3]{D} + 0.001D \tag{2-19}$$

式中，i 以 μm 计；D 以 mm 计。

2. 标准公差等级

标准公差等级是指确定尺寸精确程度的等级。由于不同零件和零件上不同部位的尺寸，对其精确程度的要求往往不同。为了满足生产使用要求，孔、轴的标准公差等级规定了 20 个等级，其代号由标准公差符号 IT 和数字组成，它们分别用符号 IT01，IT0，IT1，IT2，…，IT18 表示。其中，IT01 最高，等级依次降低，IT18 最低。

在同一尺寸段中，公差等级数越大，尺寸的公差数值也越大，即尺寸的精度越低。在极限与配合制中，同一公差等级（例如 IT9）对所有公称尺寸的一组公差被认为具有同等精确程度。在实际应用中，标准公差等级代号也用于表示标准公差数值。

表 2-1　公称尺寸分段

主段落		中间段落		主段落		中间段落	
大于	至	大于	至	大于	至	大于	至
—	3			250	315	250	280
3	6					280	315
6	10	无细分段		315	400	315	355
						355	400
10	18	10	14	400	500	400	450
		14	18			450	500
18	30	18	24	500	630	500	560
		24	30			560	630
30	50	30	40	630	800	630	710
		40	50			710	800
50	80	50	65	800	1 000	800	900
		65	80			900	1 000
80	120	80	100	1 000	1 250	1 000	1 120
		100	120			1 120	1 250

（续表）

主段落		中间段落		主段落		中间段落	
120	180	120 140 160	140 160 180	1 250	1 600	1 250 1 400	1 400 1 600
				1 600	2 000	1 600 1 800	1 800 2 000
180	250	180 200 225	200 225 250	2 000	2 500	2 000 2 240	2 240 2 500
				2 500	3 150	2 500 2 800	2 800 3 150

3. 尺寸分段

由标准公差的计算公式可知，对应每一个公称尺寸和公差等级就可计算出一个相应的公差值，这样编制的公差表格将非常庞大，给生产、设计带来麻烦，同时，也不利于公差值的标准化。为了减少标准公差的数目、统一公差值、简化公差表格以便于实际应用，国家标准对公称尺寸进行了分段，对同一尺寸段内的所有基本尺寸，在相同公差等级情况下，规定相同的标准公差。标准公差数值如表 2-1 所示。

表 2-2　标准公差数值

公称尺寸 /mm		标准公差等级																	
		IT1	IT2	IT3	IT4	IT5	IT6	IT7	IT8	IT9	IT10	IT11	IT12	IT13	IT14	IT15	IT16	IT17	IT18
大于	至	μm											mm						
—	3	0.8	1.2	2	3	4	6	10	14	25	40	60	0.1	0.14	0.25	0.4	0.6	1	1.4
3	6	1	1.5	2.5	4	5	8	12	18	30	48	75	0.12	0.18	0.3	0.48	0.75	1.2	1.8
6	10	1	1.5	2.5	4	6	9	15	22	36	58	90	0.15	0.22	0.36	0.58	0.9	1.5	2.2
10	18	1.2	2	3	5	8	11	18	27	43	70	110	0.18	0.27	0.43	0.7	1.1	1.8	2.7
18	30	1.5	2.5	4	6	9	13	21	33	52	84	130	0.21	0.33	0.52	0.84	1.3	2.1	3.3
30	50	1.5	2.5	4	7	11	16	25	39	62	100	160	0.25	0.39	0.62	1	1.6	2.5	3.9
50	80	2	3	5	8	13	19	30	46	74	120	190	0.3	0.46	0.74	1.2	1.9	3	4.6
80	120	2.5	4	6	10	15	22	35	54	84	140	220	0.35	0.54	0.87	1.4	2.2	3.5	5.4
120	180	3.5	5	8	12	18	25	40	63	100	160	250	0.4	0.63	1	1.6	2.5	4	6.3
180	250	4.5	7	10	14	20	29	46	72	115	185	290	0.46	0.72	1.15	1.85	2.9	4.6	7.2
250	315	6	8	12	16	23	32	52	81	130	210	320	0.52	0.81	1.3	2.1	3.2	5.2	8.1

（续表）

公称尺寸 /mm		标准公差等级																	
		IT1	IT2	IT3	IT4	IT5	IT6	IT7	IT8	IT9	IT10	IT11	IT12	IT13	IT14	IT15	IT16	IT17	IT18
315	400	7	9	13	18	25	36	57	89	140	230	360	0.57	0.89	1.4	2.3	3.6	5.7	8.9
400	500	8	10	15	20	27	40	63	97	155	250	400	0.63	0.97	1.55	2.5	4	6.3	9.7
500	630	9	11	16	22	32	44	70	110	175	280	440	0.7	1.1	1.75	2.8	4.4	7	11
630	800	10	13	18	25	36	50	80	125	200	320	500	0.8	1.25	2	3.2	5	8	12.5
800	1 000	11	15	21	28	40	56	90	140	230	360	560	0.9	1.4	2.3	3.6	5.6	9	14
1 000	1 250	13	18	24	33	47	66	105	165	260	420	660	1.05	1.65	2.6	4.2	6.6	10.5	16.5
1 250	1 600	15	21	29	39	55	78	125	195	310	500	780	1.25	1.95	3.1	5	7.8	12.5	19.5
1 600	2 000	18	25	35	46	65	92	150	230	370	600	920	1.5	2.3	3.7	6	9.2	15	23
2 000	2 500	22	30	41	55	78	110	175	280	440	700	1100	1.75	2.8	4.4	7	11	17.5	28
2 500	3 150	26	36	50	68	96	135	210	330	540	860	1350	2.1	3.3	5.4	8.6	13.5	21	33

注：①公称尺寸大于 500 mm 的 IT1～IT5 的标准公差数值为试行的。

②公称尺寸小于或等于 1 mm 时，无 IT14～IT18。

在计算标准公差时，公差单位算式中 D 取尺寸段首尾两个尺寸的几何平均值。例如，对 18 mm～30 mm 尺寸段，$D=\sqrt{18\times30}=23.24$ mm。凡属于这一尺寸段的任一公称尺寸，其标准公差均以 $D=23.24$ mm 进行计算。实践证明，这样计算的公差值差别不大，有利于生产应用，极大地简化了公差表格。标准公差数值见表 2-2。

2.2.3　基本偏差系列

基本偏差是用来确定公差带相对于零线位置的，基本偏差系列是对公差带位置的标准化。基本偏差的数量将决定配合种类的数量。为了满足机器中各种不同性质和不同松紧程度的配合需要，国家标准对孔和轴分别规定了 28 个公差带位置，分别由 28 个基本偏差来确定。

1. 基本偏差代号

基本偏差代号用一或两位拉丁字母表示，孔用大写字母表示，轴用小写字母表示。28 种基本偏差代号，由 26 个拉丁字母中除去 5 个容易与其他参数混淆的字母 I、L、O、Q、W（i、l、o、q、w），剩下的 21 个字母加上 7 个双写的字母 CD、EF、FG、JS、ZA、ZB、ZC（cd、ef、fg、js、za、zb、zc）组成。这 28 种基本偏差构成了基本偏差系列。

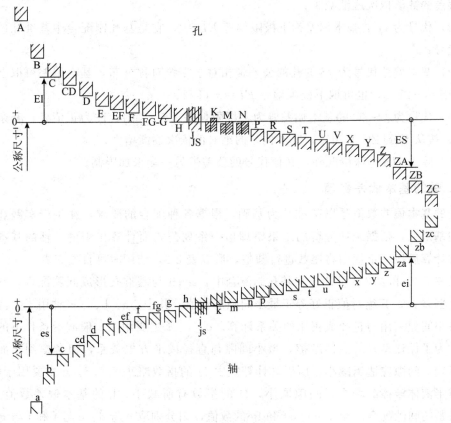

图 2-13　基本偏差系列图

2. 基本偏差系列图及其特征

图 2-13 为基本偏差系列图。图中，基本偏差系列的各公差带只画出一端，另一端未画出，它取决于公差值的大小。

对于轴：

（1）代号为 a～g 的基本偏差皆为上极限偏差 es（负值），按从 a 到 g 的顺序，基本偏差的绝对值依次逐渐减小；

（2）代号为 h 的基本偏差为上极限偏差 es＝0，它是基轴制配合中基准轴的基本偏差代号；

（3）基本偏差代号为 js 的轴的公差带相对于零线对称分布，基本偏差可取上极限偏差 es＝＋IT/2，也可取下极限偏差 ei＝－IT/2；

（4）代号为 j～zc 的基本偏差皆为下极限偏差 ei（除 j 为负值外，其余皆为正值），按从 k 到 zc 的顺序，基本偏差的数值依次逐渐增大；

（5）除 j 和 js 特殊情况外，其他代号的公差带另一端未加限制。

对于孔：

（1）代号为 A～G 的基本偏差皆为下极限偏差 EI（正值），按从 A 到 G 的顺序，基本偏差的数值依次逐渐减少；

（2）代号为 H 的基本偏差为下极限偏差 $EI=0$，它是基孔制配合中基准孔的基本偏差代号；

（3）基本偏差代号为 JS 的孔的公差带相对于零线对称分布，基本偏差可取上极限偏差 $ES=+IT/2$，也可取下极限偏差 $EI=-IT/2$；

（4）代号为 J~ZC 的基本偏差皆为上极限偏差 ES（除 J、K 为正值外，其余皆为负值），按从 K 到 ZC 的顺序，基本偏差的绝对值依次逐渐增大；

（5）除 J、JS 特殊情况外，其他代号的公差带另一端未加限制。

3. 轴的基本偏差数值

轴的基本偏差数值是以基准孔为基础，根据各种配合的要求，在生产实践和大量试验的基础上，依据统计分析的结果整理出一系列公式而计算出来的。轴的基本偏差经公式计算后按一定规则将尾数进行圆整，形成表 2-3，使用时可直接查表。

从图 2-13 和表 2-2 可知，在基孔制配合中，a~h 与基准孔形成间隙配合，基本偏差为上偏差 es，其绝对值正好等于最小间隙的数值。其中，a、b、c 三种用于大间隙配合，最小间隙采用与直径成正比的关系计算。d、e、f 主要用于一般润滑条件下的旋转运动，为了保证良好的液体摩擦，最小间隙与直径成平方根关系，但考虑到表面粗糙度的影响，间隙应适当减小。所以，计算式中 D 的指数略小于 0.5。g 主要用于滑动、定心或半液体摩擦的场合，间隙取小，D 的指数有所减小。h 的基本偏差数值为零，它是最紧的间隙配合。至于 cd、ef 和 fg 的数值，则分别取 c 与 d、e 与 f 和 f 与 g 的基本偏差的几何平均值。

j~n 与基准孔形成过渡配合，其基本偏差为下偏差 ei，数值基本上是根据经验与统计的方法确定的。

p~zc 与基准孔形成过盈配合，其基本偏差为下偏差 ei，数值大小按与一定等级的孔相配合所要求的最小过盈而定。最小过盈系数的系列符合优先数系，规律性较好，便于应用。

当轴的基本偏差确定后，另一个极限偏差可根据轴的基本偏差数值和标准公差值按下列关系式计算，即

$$es=ei+T_s \qquad\qquad (2\text{-}20)$$

$$ei=es-T_s \qquad\qquad (2\text{-}21)$$

4. 孔的基本偏差数值

孔的基本偏差数值是由相应代号的轴的基本偏差的数值按一定的规则换算得来的。换算的原则如下。

（1）配合性质相同。因为轴的基本偏差是按基孔制考虑的，而孔的基本偏差是按基轴制考虑的，故应保证同一字母表示的孔、轴的基本偏差，按基轴制形成的配合与按基孔制形成的配合性质相同，即同名配合的配合性质不变。例如，G7/h6 与 H7/g6

的 X_{max} 与 X_{min} 应相等；K7/h6 与 H7/k6 的 X_{max} 与 Y_{max} 应相等。

（2）孔与轴加工工艺等价。在实际生产中，考虑到孔比轴难加工，故在孔、轴的标准公差等级较高时，孔通常与高一级的轴相配。而孔、轴的标准公差等级不高时，则孔与轴采用同级配合。在常用尺寸段，公差等级小于或等于 8 级时，孔较难加工，故相配合的孔、轴应取孔的公差等级比轴低一级的配合，例如 H7/f6。在精度较低时，采用孔、轴同级配合，如 H9/f9。IT8 级的孔可与同级的轴或高一级的轴相配合，即 H8/f8、H8/f7 等。

根据以上原则可得孔的基本偏差的换算规则。

通用规则：同一字母表示的孔、轴的基本偏差的绝对值相等，而符号相反，即

对于 A ～ H：　　　　　　　　　　$EI = -es$　　　　　　　　　　　（2-22）

对于 K ～ ZC：　　　　　　　　　　$ES = -ei$　　　　　　　　　　　（2-23）

特殊规则：当公称尺寸大于 3 mm 至 500 mm，标准公差等级≤IT8 的 K、M、N 和标准公差等级≤IT7 的 P～ZC，孔、轴的基本偏差的符号相反，绝对值相差一个值 Δ，即

$$ES = -ei + \Delta$$

$$\Delta = IT_n - IT_{n-1} = T_h - T_s \qquad (2\text{-}24)$$

式中　IT_n——n 级孔的标准公差；

IT_{n-1}——（$n-1$）级轴的标准公差。

按上述换算规则，国家标准制定了孔的基本偏差，见表 2-4。

【例 2-5】查表确定 $\phi25$H8/p8，$\phi25$P8/h8 孔与轴的极限偏差，并计算这两个配合的极限盈隙。

【解】

（1）查表确定孔和轴的标准公差查表 2-2 得 IT8＝33 μm

（2）查表确定轴的基本偏差。

查表 2-3 得 p 的基本偏差为下偏差 $ei = +22\ \mu m$，h 的基本偏差为上偏差 $es = 0$。

（3）查表确定孔的基本偏差。

查表 2-4 得 H 的基本偏差为下偏差 $EI = 0$，P 的基本偏差为上偏差 $ES = -22\ \mu m$。

（4）计算轴的另一个极限偏差。

p8 的另一个极限偏差 $es = ei + IT8 = （+22+33）\ \mu m = +55\ \mu m$，h8 的另一个极限偏差 $ei = es - IT8 = （0-33）\ \mu m = -33\ \mu m$。

（5）计算孔的另一个极限偏差。

H8 的另一个极限偏差 $ES = EI + IT8 = （0+33）\ \mu m = +33\ \mu m$

P8 的另一个极限偏差 $EI = ES - IT8 = （-24-33）\ \mu m = -55\ \mu m$

（6）标出极限偏差。

$$\phi25\ \frac{H8\ \binom{+0.033}{0}}{p8\ \binom{+0.055}{+0.022}}, \quad \phi25\ \frac{P8\ \binom{-0.024}{-0.055}}{h8\ \binom{0}{-0.033}}$$

表 2-3　公称尺寸≤500 mm 轴的基本偏差数值（摘自 GB/T 1800.1—2009）

μm

基本偏差 —— 上极限偏差 es（所有标准公差等级）：a ~ js；下极限偏差 ei（所有标准公差等级）：j ~ zc

大于	至	a	b	c	cd	d	e	ef	f	fg	g	h	js	j(5~6)	j(7)	j(8)	k(4~7)	k(≤3,>7)	m	n	p	r	s	t	u	v	x	y	z	za	zb	zc
—	3	-270	-140	-60	-34	-20	-14	-10	-6	-4	-2	0		-2	-4	-6	0	0	+2	+4	+6	+10	+14		+18		+20		+26	+32	+40	+60
3	6	-270	-140	-70	-46	-30	-20	-14	-10	-6	-4	0		-2	-4		+1	0	+4	+8	+12	+15	+19		+23		+28		+35	+42	+50	+80
6	10	-280	-150	-80	-56	-40	-25	-18	-13	-8	-5	0		-2	-5		+1	0	+6	+10	+15	+19	+23		+28		+34		+42	+52	+67	+97
10	14	-290	-150	-95		-50	-32		-16		-6	0		-3	-6		+1	0	+7	+12	+18	+23	+28		+33		+40		+50	+64	+90	+130
14	18	-290	-150	-95		-50	-32		-16		-6	0		-3	-6		+1	0	+7	+12	+18	+23	+28		+33	+39	+45		+60	+77	+108	+150
18	24	-300	-160	-110		-65	-40		-20		-7	0		-4	-8		+2	0	+8	+15	+22	+28	+35		+41	+47	+54	+63	+73	+98	+136	+188
24	30	-300	-160	-110		-65	-40		-20		-7	0	$\pm IT_n/2$	-4	-8		+2	0	+8	+15	+22	+28	+35	+41	+48	+55	+64	+75	+88	+118	+160	+218
30	40	-310	-170	-120		-80	-50		-25		-9	0		-5	-10		+2	0	+9	+17	+26	+34	+43	+48	+60	+68	+80	+94	+112	+148	+200	+274
40	50	-320	-180	-130		-80	-50		-25		-9	0		-5	-10		+2	0	+9	+17	+26	+34	+43	+54	+70	+81	+97	+114	+136	+180	+242	+325
50	65	-340	-190	-140		-100	-60		-30		-10	0		-7	-12		+2	0	+11	+20	+32	+41	+53	+66	+87	+102	+122	+144	+172	+226	+300	+405
65	80	-360	-200	-150		-100	-60		-30		-10	0		-7	-12		+2	0	+11	+20	+32	+43	+59	+75	+102	+120	+146	+174	+210	+274	+360	+480
80	100	-380	-220	-170		-120	-72		-36		-12	0		-9	-15		+3	0	+13	+23	+37	+51	+71	+91	+124	+146	+178	+214	+258	+335	+445	+585
100	120	-410	-240	-180		-120	-72		-36		-12	0		-9	-15		+3	0	+13	+23	+37	+54	+79	+104	+144	+172	+210	+254	+310	+400	+525	+690
120	140	-460	-260	-200		-145	-85		-43		-14	0		-11	-18		+3	0	+15	+27	+43	+63	+92	+122	+170	+202	+248	+300	+365	+470	+620	+800
140	160	-520	-280	-210		-145	-85		-43		-14	0		-11	-18		+3	0	+15	+27	+43	+65	+100	+134	+190	+228	+280	+340	+415	+535	+700	+900
160	180	-580	-310	-230		-145	-85		-43		-14	0		-11	-18		+3	0	+15	+27	+43	+68	+108	+146	+210	+252	+310	+380	+465	+600	+780	+1000
180	200	-660	-340	-240		-170	-100		-50		-15	0		-13	-21		+4	0	+17	+31	+50	+77	+122	+166	+236	+284	+350	+425	+520	+670	+880	+1150
200	225	-740	-380	-260		-170	-100		-50		-15	0		-13	-21		+4	0	+17	+31	+50	+80	+130	+180	+258	+310	+385	+470	+575	+740	+960	+1250
225	250	-820	-420	-280		-170	-100		-50		-15	0		-13	-21		+4	0	+17	+31	+50	+84	+140	+196	+284	+340	+425	+520	+640	+820	+1050	+1350
250	280	-920	-480	-300		-190	-110		-56		-17	0		-16	-26		+4	0	+20	+34	+56	+94	+158	+218	+315	+385	+475	+580	+710	+920	+1200	+1550
280	315	-1 050	-540	-330		-190	-110		-56		-17	0		-16	-26		+4	0	+20	+34	+56	+98	+170	+240	+350	+425	+525	+650	+790	+1000	+1300	+1700
315	355	-1 200	-600	-360		-210	-125		-62		-18	0		-18	-28		+4	0	+21	+37	+62	+108	+190	+268	+390	+475	+590	+730	+900	+1150	+1500	+1900
355	400	-1 350	-680	-400		-210	-125		-62		-18	0		-18	-28		+4	0	+21	+37	+62	+114	+208	+294	+435	+530	+660	+820	+1000	+1300	+1650	+2100
400	450	-1 500	-760	-440		-230	-135		-68		-20	0		-20	-32		+5	0	+23	+40	+68	+126	+232	+330	+490	+595	+740	+920	+1100	+1450	+1850	+2400
450	500	-1 650	-840	-480		-230	-135		-68		-20	0		-20	-32		+5	0	+23	+40	+68	+132	+252	+360	+540	+660	+820	+1000	+1250	+1600	+2100	+2600

注：①公称尺寸小于或等于 1 mm 时，基本偏差 a 和 b 均不采用；

②公差带 js7 至 js11，若 IT_n 数值是奇数，则取 js = $\pm\dfrac{IT_n-1}{2}$。

表 2-4　公称尺寸 ≤ 500 mm 孔的基本偏差数值（摘自 GB/T 1800.1—2009）

单位：μm

公称尺寸/mm 大于	至	A	B	C	CD	D	E	EF	F	FG	G	H	JS	J IT6	J IT7	J IT8	K ≤IT8	K >IT8	M ≤IT8	M >IT8	N ≤IT8	N >IT8	P	R	S	T	U	V	X	Y	Z	ZA	ZB	ZC	Δ IT3	Δ IT4	Δ IT5	Δ IT6	Δ IT7	Δ IT8
—	3	+270	+140	+60	+34	+20	+14	+10	+6	+4	+2	0		+2	+4	+6	0	0	−2	−2	−4	−4	−6	−10	−14		−18		−20		−26	−32	−40	−60	0	0	0	0	0	0
3	6	+270	+140	+70	+46	+30	+20	+14	+10	+6	+4	0		+5	+6	+10	−1+Δ	−1	−4+Δ	−4	−8+Δ	0	−12	−15	−19		−23		−28		−35	−42	−50	−80	1	1.5	1	3	4	6
6	10	+280	+150	+80	+56	+40	+25	+18	+13	+8	+5	0		+5	+8	+12	−1+Δ	−1	−6+Δ	−6	−10+Δ	0	−15	−19	−23		−28		−34		−42	−52	−67	−97	1	1.5	2	3	6	7
10	14	+290	+150	+95		+50	+32		+16		+6	0		+6	+10	+15	−1+Δ	−1	−7+Δ	−7	−12+Δ	0	−18	−23	−28		−33		−40		−50	−64	−90	−130	1	2	3	3	7	9
14	18	+290	+150	+95		+50	+32		+16		+6	0		+6	+10	+15	−1+Δ	−1	−7+Δ	−7	−12+Δ	0	−18	−23	−28		−33	−39	−45		−60	−77	−108	−150	1	2	3	3	7	9
18	24	+300	+160	+110		+65	+40		+20		+7	0		+8	+12	+20	−2+Δ	−2	−8+Δ	−8	−15+Δ	0	−22	−28	−35		−41	−47	−54	−63	−73	−98	−136	−188	1.5	2	3	4	8	12
24	30	+300	+160	+110		+65	+40		+20		+7	0		+8	+12	+20	−2+Δ	−2	−8+Δ	−8	−15+Δ	0	−22	−28	−35	−41	−48	−55	−64	−75	−88	−118	−160	−218	1.5	2	3	4	8	12
30	40	+310	+170	+120		+80	+50		+25		+9	0		+10	+14	+24	−2+Δ	−2	−9+Δ	−9	−17+Δ	0	−26	−34	−43	−48	−60	−68	−80	−94	−112	−148	−200	−274	1.5	3	4	5	9	14
40	50	+320	+180	+130		+80	+50		+25		+9	0		+10	+14	+24	−2+Δ	−2	−9+Δ	−9	−17+Δ	0	−26	−34	−43	−54	−70	−81	−97	−114	−136	−180	−242	−325	1.5	3	4	5	9	14
50	65	+340	+190	+140		+100	+60		+30		+10	0		+13	+18	+28	−2+Δ	−2	−11+Δ	−11	−20+Δ	0	−32	−41	−53	−66	−87	−102	−122	−144	−172	−226	−300	−405	2	3	5	6	11	16
65	80	+360	+200	+150		+100	+60		+30		+10	0		+13	+18	+28	−2+Δ	−2	−11+Δ	−11	−20+Δ	0	−32	−43	−59	−75	−102	−120	−146	−174	−210	−274	−360	−480	2	3	5	6	11	16
80	100	+380	+220	+170		+120	+72		+36		+12	0		+16	+22	+34	−3+Δ	−3	−13+Δ	−13	−23+Δ	0	−37	−51	−71	−91	−124	−146	−178	−214	−258	−335	−445	−585	2	4	5	7	13	19
100	120	+410	+240	+180		+120	+72		+36		+12	0		+16	+22	+34	−3+Δ	−3	−13+Δ	−13	−23+Δ	0	−37	−54	−79	−104	−144	−172	−210	−254	−310	−400	−525	−690	2	4	5	7	13	19
120	140	+460	+260	+200		+145	+85		+43		+14	0		+18	+26	+41	−3+Δ	−3	−15+Δ	−15	−27+Δ	0	−43	−63	−92	−122	−170	−202	−248	−300	−365	−470	−620	−800	3	4	6	7	15	23
140	160	+520	+280	+210		+145	+85		+43		+14	0		+18	+26	+41	−3+Δ	−3	−15+Δ	−15	−27+Δ	0	−43	−65	−100	−134	−190	−228	−280	−340	−415	−535	−700	−900	3	4	6	7	15	23
160	180	+580	+310	+230		+145	+85		+43		+14	0		+18	+26	+41	−3+Δ	−3	−15+Δ	−15	−27+Δ	0	−43	−68	−108	−146	−210	−252	−310	−380	−465	−600	−780	−1000	3	4	6	7	15	23
180	200	+660	+340	+240		+170	+100		+50		+15	0		+22	+30	+47	−4+Δ	−4	−17+Δ	−17	−31+Δ	0	−50	−77	−122	−166	−236	−284	−350	−425	−520	−670	−880	−1150	3	4	6	9	17	26
200	225	+740	+380	+260		+170	+100		+50		+15	0		+22	+30	+47	−4+Δ	−4	−17+Δ	−17	−31+Δ	0	−50	−80	−130	−180	−258	−310	−385	−470	−575	−740	−960	−1250	3	4	6	9	17	26
225	250	+820	+420	+280		+170	+100		+50		+15	0		+22	+30	+47	−4+Δ	−4	−17+Δ	−17	−31+Δ	0	−50	−84	−140	−196	−284	−340	−425	−520	−640	−820	−1050	−1350	3	4	6	9	17	26
250	280	+920	+480	+300		+190	+110		+56		+17	0		+25	+36	+55	−4+Δ	−4	−20+Δ	−20	−34+Δ	0	−56	−94	−158	−218	−315	−385	−475	−580	−710	−920	−1200	−1550	4	4	7	9	20	29
280	315	+1050	+540	+330		+190	+110		+56		+17	0		+25	+36	+55	−4+Δ	−4	−20+Δ	−20	−34+Δ	0	−56	−98	−170	−240	−350	−425	−525	−650	−790	−1000	−1300	−1700	4	4	7	9	20	29
315	355	+1200	+600	+360		+210	+125		+62		+18	0		+29	+39	+60	−4+Δ	−4	−21+Δ	−21	−37+Δ	0	−62	−108	−190	−268	−390	−475	−590	−730	−900	−1150	−1500	−1900	4	5	7	11	21	32
355	400	+1350	+680	+400		+210	+125		+62		+18	0		+29	+39	+60	−4+Δ	−4	−21+Δ	−21	−37+Δ	0	−62	−114	−208	−294	−435	−530	−660	−820	−1000	−1300	−1650	−2100	4	5	7	11	21	32
400	450	+1500	+760	+440		+230	+135		+68		+20	0		+33	+43	+66	−5+Δ	−5	−23+Δ	−23	−40+Δ	0	−68	−126	−232	−330	−490	−595	−740	−920	−1100	−1450	−1850	−2400	5	5	7	13	23	34
450	500	+1650	+840	+480		+230	+135		+68		+20	0		+33	+43	+66	−5+Δ	−5	−23+Δ	−23	−40+Δ	0	−68	−132	−252	−360	−540	−660	−820	−1000	−1250	−1600	−2100	−2600	5	5	7	13	23	34

说明：
- 下极限偏差 EI：A～H（公差等级各列）；JS 偏差等于 ±ITn/2（式中 ITn 是 IT 值数）。
- 上极限偏差 ES：J（IT6、IT7、IT8）；K、M、N 为基本偏差（≤IT8、>IT8）。
- P 至 ZC（≤IT7）：在大于 IT7 的相应数值上增加一个 Δ 值。
- P～ZC 栏属于标准公差等级大于 IT7。
- Δ 值属于标准公差等级。

注：①公称尺寸 ≤ 1 mm 时，各级 A 和 B 及大于 IT8 级的 N 均不采用；

②标准公差 ≤ IT8 级 K、M、N 及 ≤ IT7 级的 P 列 ZC 时，从续表的右侧选取 Δ 值；

③特殊情况：当公称尺寸大于 250 mm 至 315 mm 时，M6 的 ES＝—9（不等于—11）μm。

（7）计算极限盈隙

对于 $\phi25H8/p8$　　$Y_{max}=EI-es=0-（+0.055）=-0.055$ mm

$\qquad\qquad\qquad X_{max}=ES-ei=+0.033-（+0.022）=+0.011$ mm

对于 $\phi25P8/h8$　　$Y_{max}=EI-es=-0.055-0=-0.055$ mm

$\qquad\qquad\qquad X_{max}=ES-ei=-0.022-（-0.033）=+0.011$ mm

可见，$\phi25H8/p8$ 与 $\phi25P8/h8$ 配合性质相同。

【例 2.6】 查表确定 $\phi20H7/p6$，$\phi20P7/h6$ 孔与轴的极限偏差，并计算这两个配合的极限盈隙。

【解】

（1）查表确定孔和轴的标准公差

查表 2-2 得 IT6 $=13$ μm，IT7 $=21$ μm。

（2）查表确定轴的基本偏差

查表 2-3 得 p 的基本偏差为下偏差 $ei=+22$ μm，h 的基本偏差为上偏差 $es=0$。

（3）查表确定孔的基本偏差

查表 2-4 得 H 的基本偏差为下偏差 $EI=0$，P 的基本偏差为上偏差 $ES=$ $（-22+\Delta）$ μm $=（-22+8）$ μm $=-14$ μm。

（4）计算轴的另一个极限偏差

p6 的另一个极限偏差

$$es=ei+IT6=（+22+13）\mu m=+35\ \mu m$$

h6 的另一个极限偏差

$$ei=es-IT6=（0-13）\mu m=-13\ \mu m$$

（5）计算孔的另一个极限偏差

H7 的另一个极限偏差

$$ES=EI+IT7=（0+21）\mu m=+21\ \mu m$$

P7 的另一个极限偏差

$$EI=ES-IT7=（-14-21）\mu m=-35\ \mu m$$

（6）标出极限偏差

$\phi20\ \dfrac{H7\ \binom{+0.021}{0}}{p6\ \binom{+0.035}{+0.022}}$，　$\phi20\ \dfrac{P7\ \binom{-0.014}{-0.035}}{h6\ \binom{0}{-0.013}}$

（7）计算极限盈隙

对于 $\phi20H7/p6$　　$Y_{max}=EI-es=0-（+0.035）=-0.035$ mm

$\qquad\qquad\qquad Y_{min}=ES-ei=+0.022-（+0.022）=-0.001$ mm

对于 $\phi20P7/h6$　　$Y_{max}=EI-es=（-0.035-0）=-0.035$ mm

$\qquad\qquad\qquad Y_{min}=ES-ei=-0.014-（-0.013）=-0.001$ mm

因此，$\phi20H7/p6$ 与 $\phi20P7/h6$ 配合性质相同。

5. 孔、轴的基本偏差的注意点

一般来说，孔、轴的基本偏差有以下几点值得注意。

（1）除 J、j 和 JS、js（严格地说两者无基本偏差）外，轴的基本偏差的数值与选用的标准公差等级无关。

（2）CD（cd）、EF（ef）、FG（fg）三种基本偏差主要用于精密机械和钟表制造业，只有公称尺寸在 10 mm 以下的小尺寸有这三种基本偏差。

（3）公差等级为 IT5～IT8 的轴有基本偏差 j，公差等级为 IT5～IT8 的孔有基本偏差 J。

6. 查相应表时应注意点

通常，查相应表时应注意以下几点。

（1）查孔和轴的基本偏差时，使用的是不同的表格：孔（大写字母）查表 2-4、轴（小写字母）查表 2-3。

（2）注意所属尺寸段及单位。

（3）JS 和 js 的偏差为 $\pm\dfrac{IT_n}{2}$，对 IT7～IT11 级若 IT 的值为奇数，则取偏差值为 $\pm\dfrac{IT_{n-1}}{2}$。

（4）对孔 P～ZC≤IT7 级及 K、M、N≤IT8 级的基本偏差，查表时应注意 Δ 值的问题，Δ 值列于表 2-4 的右侧，可根据公差等级和公称尺寸查得。在标准公差等级大于 IT7 时，P～ZC 的基本偏差就是表中的数值。

2.2.4　公差带与配合的标准化

1. 公差带代号与配合代号

（1）公差代号：孔、轴的公差带代号由基本偏差代号和公差等级数字组成。

举例：孔的公差带代号——H7、F7、K7、P6

轴的公差带代号—h7、g6、m6、r7

（2）配合代号：当孔和轴组成配合时，写成分数形式，分子为孔的公差带代号，分母为轴的公差带代号。

举例：H7/g6

如指某基本尺寸的配合，则基本尺寸标在配合代号之前，如 φ30H7/g6。

2. 极限与配合的图样标注

（1）零件图上标注

零件图上一般有以下三种标注方法。

①直接在公称尺寸的右边注写上、下极限偏差，如图 2-14 所示。该标注形式一般用于单件、小批量生产。采用此方式标注上、下极限偏差时，上极限偏差标在公称尺寸右上角；下极限偏差标在上极限偏差正下方，与公称尺寸在同一底线上。上、下极限偏差的字号要比公称尺寸的字号小一号。上、下极限偏差的小数点要对齐。小数点后右端的"0"一般不标注出来。如果为了使上、下极限偏差小数点后的位数相同，可

以用"0"补齐。当上、下极限偏差为"0"时，用"0"标出，并与个位对齐。当上、下极限偏差的绝对值相同时，上、下极限偏差的数字可以只写一次，应在公称尺寸与偏差数字之间注出符号"±"，且两者数字高度相同。

②只在公称尺寸的右边注写公差带代号，如图 2-14 所示。该标注形式一般用于大批量生产。

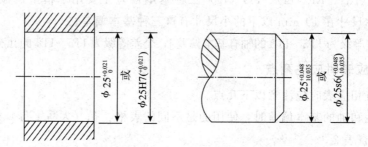

图 2-14　零件图标注

③在公称尺寸的右边既注写公差带代号，也注写上、下极限偏差。该标注常用于生产批量不明的零件图样的标注。注意，此时上下极限偏差要加括号。

（2）装配图标注。装配图标注主要标注配合代号，即标注孔、轴的基本偏差代号和公差等级，如图 2-15 所示。

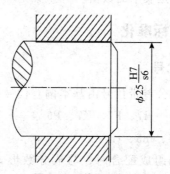

图 2-15　装配图标注

3. 一般、常用和优先的公差带与配合

（1）一般、常用和优先的公差带按照国家标准中提供的标准公差及基本偏差系列，可将任一基本偏差与任一标准公差组合，从而得到大小与位置不同的大量公差带。在公称尺寸≤500 mm 范围内，孔的公差带有 $20 \times 27 + 3 = 543$ 个，轴的公差带有 $20 \times 27 + 4 = 544$ 个。这么多的公差带都使用是不经济的，因它必然会导致定值刀具和量具规格的繁多。为此，GB/T 1801—2009 规定了公称尺寸≤500 mm 的一般用途轴的公差带 116 个，孔的公差带 105 个。再从中选出常用轴的公差带 59 个和孔的公差带 44 个，并进一步挑选出孔和轴的优先用途公差带各 13 个，如图 2-16 和图 2-17 所示。在图 2-16 和图 2-17 中，方框中的为常用公差带，带圆圈的为优先公差带。

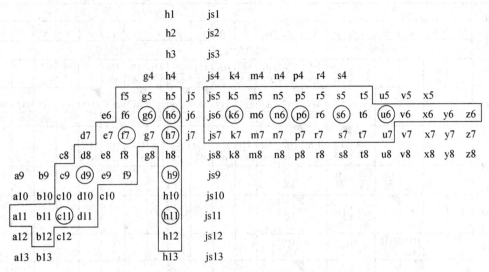

图 2-16　一般、常用和优先的轴公差带

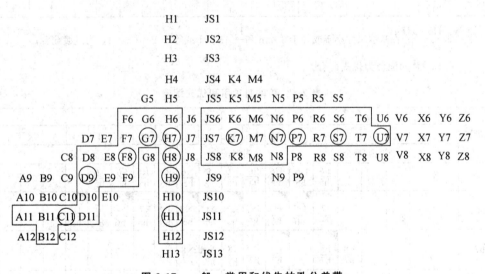

图 2-17　一般、常用和优先的孔公差带

（2）常用和优先配合。在上述推荐的轴、孔公差带的基础上，国家标准还推荐了孔、轴公差带的组合。对基孔制，规定有 59 种常用配合；对基轴制，规定有 47 种常用配合。在此基础上，又从中各选取了 13 种优先配合，如表 2-5 和表 2-6 所示。

表 2-5　基孔制常用和优先配合

35

基准孔	轴																				
	a	b	c	d	e	f	g	h	js	k	m	n	p	r	s	t	u	v	x	y	z
	间隙配合								过渡配合				过盈配合								
H6						H6/f5	H6/g5	H6/h5	H6/js5	H6/k5	H6/m5	H6/n5	H6/p5	H6/r5	H6/s5	H6/t5					
H7						H7/f6	H7/g6	H7/h6	H7/js6	H7/k6	H7/m6	H7/n6	H7/p6	H7/r6	H7/s6	H7/t6	H7/u6	H7/v6	H7/x6	H7/y6	H7/z6
H8					H8/e7	H8/f7	H8/g7	H8/h7	H8/js7	H8/k7	H8/m7	H8/n7	H8/p7	H8/r7	H8/s7	H8/t7	H8/u7				
				H8/d8	H8/e8	H8/f8		H8/h8													
H9			H9/c9	H9/d9	H9/e9	H9/f9		H9/h9													
H10				H10/d10	H10/e10			H10/h10													
H11	H11/a11	H11/b11	H11/c11	H11/d11				H11/h11													
H12		H12/b12						H12/h12													

注：①$\frac{H6}{n5}$、$\frac{H7}{P6}$在基本尺寸小于或等于 3 mm 和$\frac{H8}{r7}$在小于或等于 100 mm 时，为过渡配合；

②标注▼的配合为优先配合。

表 2-6　基轴制常用和优先配合

基准轴	孔																				
	A	B	C	D	E	F	G	H	JS	K	M	N	P	R	S	T	U	V	X	Y	Z
	间隙配合								过渡配合				过盈配合								
h5						F6/h5	G6/h5	H6/h5	JS6/h5	K6/h5	M6/h5	N6/h5	P6/h5	R6/h5	S6/h5	T6/h5					
h6						F7/h6	G7/h6	H7/h6	JS7/h6	K7/h6	M7/h6	N7/h6	P7/h6	R7/h6	S7/h6	T7/h6	U7/h6				
h7					E8/h7	F8/h7		H8/h7	JS8/h7	K8/h7	M8/h7	N8/h7									
h8				D8/h8	E8/h8	F8/h8		H8/h8													
h9				D9/h9	E9/h9	F9/h9		H9/h9													
h10				D10/h10				H10/h10													
h11	A11/h11	B11/h11	C11/h11	D11/h11				H11/h11													
h12		B12/h12						H12/h12													

注：标注▼的配合为优先配合。

2.2.5 一般公差、线性尺寸的未注公差

一般公差是指在车间普通工艺条件下机床设备一般加工能力可保证的公差。在正常维护和操作情况下，其代表车间一般加工的经济加工精度。国家标准 GB/T 1804—2000《一般公差 未注公差的线性和角度尺寸的公差》等效地采用了国际标准中的有关部分，替代了 GB/T 1804—1992《一般公差 线性尺寸的未注公差》。

GB/T 1804—2000 对线性尺寸的一般公差规定了精密级、中等级、粗糙级和最粗级 4 个公差等级，分别用字母 f、m、c 和 v 表示。对尺寸也采用了大的分段，具体数据如表 2-7 所示。这 4 个公差等级相当于 IT12、IT14、IT16 和 IT17。

表 2-7 未注公差的线性尺寸极限偏差的数值（摘自 GB/T 1804—2000）（单位：mm）

公差等级	尺寸分段							
	0.5～3	>3～6	>6～30	>30～120	>120～400	>400～1 000	>1 000～2 000	>2 000～4 000
f（精密级）	±0.05	±0.05	±0.1	±0.15	±0.2	±0.3	±0.5	—
m（中等级）	±0.1	±0.1	±0.2	±0.3	±0.5	±0.8	±1.2	±2
c（粗糙级）	±0.2	±0.3	±0.5	±0.8	±1.2	±2	±3	±4
v（最粗级）	—	±0.5	±1	±1.5	±2.5	±4	±6	±8

由表 2-7 可见，不论孔和轴还是长度尺寸，其极限偏差的取值都采用对称分布的公差带。GB/T 1804—2000 同时也对倒圆半径与倒角高度尺寸的极限偏差的数值作了规定，如表 2-8 所示。

表 2-8 倒圆半径与倒角高度尺寸的极限偏差的数值（摘自 GB/T 1804—2000）

（单位：mm）

公差等级	尺寸分段			
	0.5～3	>3～6	>6～30	>30
f（精密级）	±0.2	±0.5	±1	±2
m（中等级）				
c（粗糙级）	±0.4	±1	±2	±4
v（最粗级）				

注：倒圆半径与倒角高度的含义参见国家标准 GB/T 6403.4—2008《零件倒圆与倒角》。

2.3 极限与配合的选用

极限与配合的选择是机械设计与制造中的一个重要环节。极限与配合的选择是否恰当，对产品的性能、质量、互换性和经济性都有着重要的影响。权限与配合选择的原则应使机械产品的使用价值与制造成本的综合经济效果最好。极限与配合的选择主

要包括配合制选择、公差等级选择和配合种类选择。

2.3.1 配合制的选择

基孔制配合和基轴制配合是两种平行的配合制度。对各种使用要求的配合，既可用基孔制配合，也可用基轴制配合来实现。配合制的选择主要应从结构、工艺性和经济性等方面分析确定。

（1）一般情况下优先选用基孔制配合。从工艺上看，对较高精度的中小尺寸孔广泛采用定值刀、量具（如钻头、铰刀、塞规）加工和检验。采用基孔制可减少备用定值刀、量具的规格和数量，因此经济性好。

（2）在采用基轴制有明显经济效果的情况下，应采用基轴制配合。

①农业机械和纺织机械中，有时采用 IT9～IT11 的冷拉成形钢材直接做轴（轴的外表面不需经过切削加工即可满足使用要求），此时应采用基轴制配合。

②尺寸小于 1 mm 的精密轴比同一公差等级的孔加工要困难，因此在仪器制造、钟表生产和无线电工程中，常使用经过光轧成形的钢丝或有色金属棒料直接做轴，此时也应采用基轴制配合。

③在结构上，当同一轴与公称尺寸相同的几个孔配合，并且配合性质要求不同时，可根据具体结构考虑采用基轴制。如图 2-18（a）所示的柴油机活塞连杆组件中，由于工作时要求活塞销和连杆相对摆动，所以活塞销与连杆小头衬套采用间隙配合。活塞销和活塞销座孔的连接要求准确定位，故可采用过渡配合。若采用基孔制，则活塞销应设计成中间小两头大的阶梯轴，如图 2-18（b）所示，这不但给加工造成困难，而且装配时阶梯轴大易刮伤连杆衬套内表面。若采用基轴制，活塞销设计成光轴，如图 2-18（c）所示，这样容易保证加工精度和装配质量。不同基本偏差的孔分别位于连杆和活塞两个零件上，加工并不困难，因此，应采用基轴制配合。

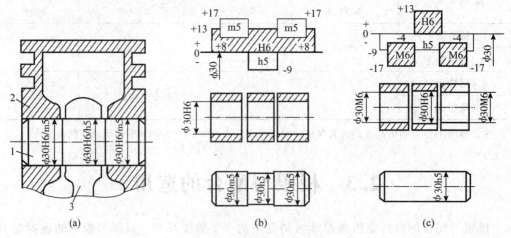

图 2-18　基准制的选择
（a）柴油机活塞连杆组件；（b）阶梯轴；（c）光轴

（3）当设计的零件与标准件相配合时，配合制的选择应按标准件而定。例如，与滚动轴承内圈配合的轴颈应按基孔制配合，与滚动轴承外圈配合的轴承座孔则应选用基轴制配合。

（4）为了满足配合的特殊需要，有时允许孔与轴都不用基准件（H 或 h）。例如，如图 2-18 所示的外壳孔同时与轴承外径和端盖直径配合，由于轴承与外壳孔的配合已被定为基轴制过渡配合（M7），而端盖与外壳孔的配合则要求有间隙，以便拆装，所以端盖直径就不能再按基准轴制造，而应小于轴承的外径。如图 2-19 所示，端盖外径公差带取 f7，其和外壳孔组成非基准配合 $\dfrac{M7}{f7}$。又如有镀层要求的零件，要求涂镀后满足某一基准制配合的孔或轴，在电镀前也应按非基准制配合的孔、轴公差带进行加工。

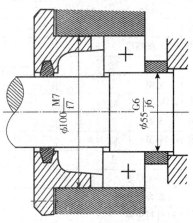

图 2-19 非基准配合

2.3.2 公差等级的选择

尺寸公差等级的选择是一项重要且困难的工作。公差等级的高低直接影响机械产品的使用性能和加工的经济性。公差等级过低，产品质量达不到要求；公差等级过高，将使制造成本增加，也不利于提高综合经济效益。因此，应正确合理地选择公差等级。

1. 公差等级的选择原则

在满足使用性能的前提下，尽量选取较低的公差等级。

所谓"较低的公差等级"是指假如 IT7 级以上（含 IT7）的公差等级均能满足使用性能要求，那么选择 IT7 级为宜。这既保证使用性能，又可获得最佳的经济效益。

2. 公差等级的选择方法

（1）类比法。

类比法即经验法，指参考经过实践证明的、合理的、类似产品的公差等级，将所设计机械（机构、产品）的使用性能、工作条件、加工工艺装备等情况与之进行比较，从而确定合理的公差等级。对初学者来说，应多采用类比法。类比法主要通过查阅有关的参考资料、手册，进行分析比较后确定等级。类比法多用于一般要求的配合。

采用类比法确定公差等级应考虑以下几个问题。

①了解各个公差等级的应用范围。公差等级的应用范围如表 2-9 所示。

②熟悉各种工艺方法的加工精度。公差等级与加工方法的关系如表 2-10 所示。根据加工方法选择公差等级，在保证质量的前提下选择较低的公差等级。

表 2-9　公差等级的应用范围

应用		公差等级（IT）																		
		01	0	1	2	3	4	5	6	7	8	9	10	11	12	13	14	15	16	17	18
量块		■	■	■	■	■	■														
量规	高精度			■	■	■	■	■	■	■											
	低精度							■	■	■	■										
孔与轴配合	特别精密　轴				■	■	■	■													
	特别精密　孔					■	■	■	■												
	精密配合　轴						■	■	■	■											
	精密配合　孔							■	■	■	■										
	中等精密　轴								■	■	■	■									
	中等精密　孔									■	■	■	■								
低精度											■	■	■	■	■						
非配合尺寸															■	■	■	■	■	■	■
原材料公差											■	■	■	■	■	■	■	■	■		

表 2-10　各种加工方式可能达到的公差等级

加工方式	公差等级（IT）																			
	01	0	1	2	3	4	5	6	7	8	9	10	11	12	13	14	15	16	17	18
研磨	■	■	■	■	■	■	■													
珩磨					■	■	■	■	■											
圆磨							■	■	■	■										
平磨							■	■	■	■										
金刚石车							■	■	■											
金刚石镗							■	■	■											
拉削							■	■	■	■										
铰孔								■	■	■	■									
车									■	■	■	■	■							
镗									■	■	■	■	■							
铣										■	■	■	■							
刨、插												■	■							
钻孔												■	■	■						
滚压、挤压												■	■							
冲压												■	■	■	■					
压铸													■	■	■					
粉末冶金成形								■	■	■										
粉末冶金烧结									■	■	■									
砂型铸造、气割																		■	■	■
铸造																		■	■	■

③注意轴和孔的工艺等价性。公称尺寸不大于 500 mm 时，高精度（≤IT8）孔比相同精度的轴难加工，为使相配的孔与轴加工难易程度相当，即具有工艺等价性，一般推荐孔的公差等级比轴的公差等级低一级。通常，6、7、8 级的孔分别与 5、6、7 级的轴配合。低精度（＞IT8）的孔和轴采用同级配合。

④配合精度要求不高时，允许孔、轴公差等级相差 2～3 级，以降低加工成本。

⑤协调与相配零件的精度关系。例如，与滚动轴承配合的轴或孔的公差等级应与滚动轴承的公差等级相匹配。带孔齿轮的孔的公差等级是按照齿轮的精度等级选取的；而与齿轮孔相配合的轴的公差等级应与齿轮孔的公差等级相匹配。

（2）计算法

计算法指根据一定的理论和公式计算后，再根据《极限与配合》标准确定合理的公差等级。根据工作条件和使用性能要求，确定配合部位的间隙或过盈允许的界限，再通过计算法确定相配合的孔、轴的公差等级。计算法多用于重要的配合。

2.3.3　配合种类的选择

配合种类的选择就是在确定了基准制的基础上，根据允许间隙或过盈的大小及其变化范围，选定非基准件的基本偏差代号，有的同时确定基准件与非基准件的公差等级。配合类别选择的一般方法如表 2-11 所示。

表 2-11　配合类别选择的一般方法

无相对运动	需传递力矩	精确定心	不可拆卸	过盈配合
			可拆卸	过渡配合或基本偏差为 H（h）的间隙配合加键、销紧固件
		不需精确定心		间隙配合加键、销紧固件
	不需传递力矩			过渡配合或过盈量较小的过盈配合
有相对运动	缓慢转动或移动			基本偏差为 H（h）、G（g）等间隙配合
	转动、移动或复合运动			基本偏差为 A～F（a～f）等间隙配合

1. 根据使用要求确定配合的类别

间隙、过渡或过盈配合应根据具体的使用要求。例如，孔、轴有相对运动要求时，必须选择间隙配合；当孔、轴无相对运动时，应根据具体工作条件的不同确定过盈、过渡甚至间隙配合。确定配合类别后，应尽可能地选用优先配合，其次是常用配合，再次是一般配合。如果仍不能满足要求，可以选择其他的配合。各种基本偏差的特性及应用如表 2-12 所示，优先配合选用说明如表 2-13 所示。

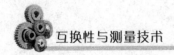 互换性与测量技术

表 2-12　各种基本偏差的特性及应用

配合	基本偏差	特征及应用
间隙配合	a、b	可得到特别大的间隙，应用很少
	c	可得到很大的间隙，一般适用于缓慢、松弛的动配合。用于工作条件较差（如农业机械）、受力变形，或为了便于装配而必须保证有较大的间隙时，推荐配合为 H11/c11。例如，光学仪器中，光学镜片与机械零件的连接，其较高等级的 H8/c7 配合，适用于轴在高温工作的紧密动配合，如内燃机排气阀和导管
	d	一般用于 IT7～IT11 级，适用于松的转动配合，如密封盖、滑轮、空转带轮等与轴的配合；也适用于大直径滑动轴承配合，如透平机、球磨机、轧滚成型和重型弯曲机以及其他重型机械中的一些滑动轴承
	e	多用于 IT7～IT9 级，通常用于要求有明显间隙、易于转动的轴承配合，如大跨距轴承、多支点轴承等配合。高等级的 e 轴适用于大的、高速、重载支承，如涡轮发电机、大型电动机及内燃机主要轴承、凸轮轴轴承等配合
	f	多用于 IT6～IT8 级的一般转动配合。当温度影响不大时，被广泛用于普通润滑油（或润滑脂）润滑的支承，如齿轮箱、小电动机、泵等的转轴与滑动轴承的配合，手表中秒轮轴与中心管的配合（H8/f7）
	g	多用于 IT5～IT7 级，最适合不回转的精密滑动配合，也用于插销等定位配合，如精密连杆轴承、活塞及滑阀、连杆销，光学分度头主轴与轴承等。配合间隙很小，制造成本高，除很轻负荷的精密装置外，不推荐用于转动配合
	h	多用于 IT4～IT11 级。广泛用于无相对转动的零件，作为一般的定位配合。若没有温度、变形影响，也用于精密滑动配合
过渡配合	js	多用于 IT4—IT7 级，偏差完全对称（±IT/2），平均间隙较小的配合，要求间隙比 h 轴小，并允许略有过盈的完全配合。如联轴节、齿圈与钢制轮毂，可用木槌装配
	k	适用于 IT4～IT7 级，平均间隙接近于零的配合，推荐用于稍有过盈的定位位配。例如为了消除振动用的定位配合。一般用木槌装配
	m	适用于 IT4—IT7 级，平均过盈较小的配合，一般可用木槌装配，但在最大过盈时，要求相当的压入力
	n	适用于 IT4～IT7 级，平均过盈比 m 稍大，很少得到间隙，用锤或压力机装配，通常推荐用于紧密的组件配合，H6/n5 配合时为过盈配合
	p	与 H6 或 H7 配合时是过盈配合，与 H8 孔配合时则为过渡配合。对非铁类零件，为较轻的压入配合，当需要时易于拆卸。对钢、铸铁或铜、钢组件装置是标准压入配合

（续表）

配合	基本偏差	特征及应用
过渡配合	r	对铁类零件为中等打入配合，对非铁类零件为轻打入的配合，当需要时可以拆卸。与 H8 孔配合，直径在 100 mm 以上时为过盈配合，直径小时为过渡配合
过盈配合	s	用于钢和铁制零件的永久性和半永久性装配，可产生相当大的结合力。当用弹性材料，如轻合金时，配合性质与铁类零件的 P 轴相当，例如套环压装在轴上、阀座等配合。尺寸较大时，为了避免损伤配合表面，需用热胀或冷缩法装配
过盈配合	t	过盈较大的配合。对钢和铸铁零件适于作永久性结合，不用键可传递力矩，需用热胀或冷缩法装配。例如联轴节与轴的配合
过盈配合	u	这钟配合过盈大，一般应验算在最大过盈时工件材料是否损坏，要用热胀或冷缩法装配，例如火车轮毂和轴的配合
过盈配合	v、x Y、z	这些基本偏差所组成配合的过盈量更大，目前使用的经验和资料还很少，须经试验后才应用，一般不推荐

表 2-13　优先配合选用说明

优先配合		选用说明
基孔制	基轴制	
H11/c11	C11/h11	间隙极大。用于转速很高，轴、孔温度差很大的滑动轴承；要求大公差、大间隙的外露部分；要求装配极方便的配合
H9/d9	D9/h9	间隙很大。用于转速较高、轴颈压力较大、精度要求不高的滑动轴承
H8/f7	F8/h7	间隙不大。用于中等转速、中等轴颈压、有一定精度要求的一般滑动轴承；要求装配方便的中等定位精度的配合
H7/g6	G7/h6	间隙很小。用于低速转动或轴向移动的精密定位的配合；需要精确定位又经常装拆的不动配合
H7/h6	H7/h6	最小间隙为零。用于间隙定位配合，工作时一般无相对运动；也用于高精度低速轴向移动的配合。公差等级由定位精度决定
H8/h7	H8/h7	
H9/h9	H9/h9	
H11/h11	H11/h11	
H7/k6	K7/h6	平均间隙接近于零。用于要求装拆的精密定位配合
H7/n6	N6/h6	较紧的过渡配合。用于一般不拆卸的更精密定位的配合
H7/p6	P7/h6	过盈很小。用于要求定位精度很高、配合刚性好的配合；不能只靠过盈传递载荷

（续表）

优先配合		选用说明
基孔制	基轴制	
H7/s6	S7/h6	过盈适中。用于依靠过盈传递中等载荷的配合
H7/u6	U7/h6	过盈较大。用于依靠过盈传递较大载荷的配合，装配时需加热孔或冷却轴

2. 选定基本偏差的方法

选定基本偏差的方法有计算法、试验法和类比法三种。

（1）计算法

计算法就是根据理论公式，计算出使用要求的间隙或过盈大小来选定配合的方法。如根据液体润滑理论，计算保证液体摩擦状态所需要的最小间隙。在依靠过盈来传递运动和负载的过盈配合时，可根据弹性变形理论公式，计算出能保证传递一定负载所需要的最小过盈和不使工件损坏的最大过盈。由于影响间隙和过盈的因素很多，理论的计算也是近似的，所以在实际应用中还需经过试验来确定。一般很少使用计算法。

（2）试验法

试验法就是用试验的方法确定满足产品工作性能的间隙或过盈范围。该方法主要用于对产品性能影响大而又缺乏经验的场合。试验法比较可靠，但周期长、成本高，应用也较少。

（3）类比法

类比法就是参照同类型机器或机构中经过生产实践验证的、配合的实际情况，再结合所设计产品的使用要求和应用条件来确定配合。该方法应用最广。用类比法选择配合时还必须考虑如下一些因素。

①受载荷情况。若载荷较大，对过盈配合过盈量要增大，对间隙配合要减小间隙，对过渡配合要选用过盈概率大的过渡配合。

②拆装情况。经常拆装的孔和轴的配合比不经常拆装的配合要松些。有时零件虽然不经常拆装，但受结构限制装配困难的配合，也要选松一些的配合。

③配合件的结合长度和几何误差。若零件上有配合要求的部位结合面较长时，由于受几何误差的影响，实际形成的配合比结合面短的配合要紧些，所以在选择配合时应适当减小过盈或增大间隙。

④配合件的材料。当配合件中有一件是铜或铝等塑性材料时，考虑到它们容易变形，选择配合时可适当增大过盈或减小间隙。

⑤温度的影响。当装配温度与工作温度相差较大时，要考虑热变形的影响。

⑥装配变形的影响。这主要针对一些薄壁零件的装配。如图 2-20 所示，由于套筒外表面与机座孔的装配会产生较大过盈，当套筒压入机座孔后套筒内孔收缩，使内孔变小，这样就满足不了 $\phi60H7/h6$ 的使用要求。在选择套筒内孔与轴的配合时，此变

形量应给予考虑。其具体办法有两个：一是将内孔做大些（如按 $\phi 60G7$ 进行加工），以补偿装配变形；二是用工艺措施来保证，将套筒压入机座孔后，再按 $\phi 60H7$ 加工套筒内孔。

⑦生产类型。在大批大量生产时，加工后的尺寸通常按正态分布。在单件小批量生产时，所加工孔的尺寸多偏向最小极限尺寸，所加工轴的尺寸多偏向最大极限尺寸，即所谓的偏态分布，如图 2-21 所示。

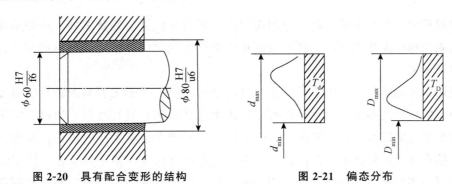

图 2-20　具有配合变形的结构　　　　图 2-21　偏态分布

在选择配合时，对于同一使用要求，单件小批生产时采用的配合应比大批大量生产时要松一些。不同工作条件影响配合间隙或过盈的趋势如表 2-14 所示。

表 2-14　不同工作条件影响配合间隙或过盈的趋势

具体情况	过盈增或减	间隙增或减
材料强度低	减	—
经常拆卸	减	—
有冲击载荷	增	减
工作时孔温高于轴温	增	减
工作时孔温低于轴温	减	增
配合长度增大	减	增
配合面形状和位置误差增大	减	增
装配时可能歪斜	减	增
旋转速度增高	增	增
有轴向运动	—	增
润滑油粘度增大	—	增
表面趋向粗糙	增	减
单件生产相对于成批生产	减	增

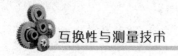
2.4 尺寸的检测

2.4.1 尺寸检测的基本知识

要保证零件产品质量，除了必须在图样上规定几何量公差要求外，还必须规定相应的检测原则作为技术保证。只有按测量检测标准规定的方法确认合格的零件，才能满足设计要求。

我国国家标准规定了用普通计量器具测量和光滑极限量规检验两种检测制度。通常，中小批量生产零件的尺寸精度可以使用普通计量器具进行测量，测得其实际尺寸的具体数值或实际偏差，判断孔、轴合格与否。对于大批量生产的零件，为提高检测效率，使用光滑极限量规进行检验。量规是一种没有刻度，用于检验孔、轴实际尺寸和几何误差实际轮廓综合结果的专用计量器具，用它检验的结果可以判断实际孔、轴合格与否。

为了贯彻执行有关孔、轴极限与配合方面的国家标准，我国发布了国家标准 GB/T 3177—2009《光滑工件尺寸的检验》和 GB/T1957—2006《光滑极限量规》作为技术保证。

按图样要求，孔、轴的真实尺寸应位于上极限尺寸和下极限尺寸之间，包括恰好等于极限尺寸时，都应该认为是合格的。当采用普通计量器具（如游标卡尺、千分尺、比较仪等）检查孔、轴尺寸时，由于测量误差的存在，提取要素的局部尺寸（实际尺寸）可能大于，也可能小于被测尺寸的真值，或者说，在一定的测量条件下被测尺寸的真值可能大于也可能小于其测量结果（实际尺寸），通常不是真实尺寸，即测得的提取要素的局部尺寸（实际尺寸）＝真实尺寸±测量误差。因此，如果根据实际尺寸是否超出极限尺寸来判断其合格性，即以上、下极限尺寸作为验收极限，则在上、下验收极限处，可能造成误收或误废。

误收是指将真实尺寸位于上、下极限尺寸外侧附近的不合格品，误判为合格品；误废是指将真实尺寸位于上、下极限尺寸内侧附近的合格品，误判为不合格品。

2.4.2 验收极限与计量器具的选择原则

1. 验收极限与安全裕度 A

国家标准规定的验收原则是：所用验收方法应只接收位于规定的极限尺寸之内的工件，即允许有误废而不允许有误收。为了保证这个验收原则的实现，保证零件达到互换性要求，将误收减至最小，规定了验收极限。

验收极限是指检验工件尺寸时判断合格与否的尺寸界限。国家标准规定，验收极限可以按照下列两种方法之一确定。

方法 1

验收极限是从图样上标定的最大极限尺寸和最小极限尺寸分别向工件公差带内移动一个安全裕度 A 来确定，如图 2-21 所示。

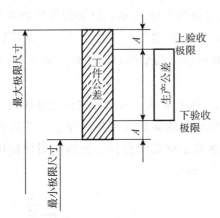

图 2-21　验收极限与安全裕度

所计算出的两极限值为验收极限（上验收极限和下验收极限），计算式如下

$$上验收极限＝最大极限尺寸－A$$

$$下验收极限＝最小极限尺寸＋A$$

安全裕度 A：由工件公差确定，A 的数值取工件公差的 1/10。

生产公差：由于验收极限向工件的公差带之内移动，为了保证验收时合格，在生产时工件不能按原有的极限尺寸加工，应按由验收极限所确定的范围生产，这个范围称为"生产公差"。

（2）方法 2

验收极限等于图样上标定的最大极限尺寸和最小极限尺寸，即 A 值等于零。其具体原则有以下几个。

①对要求符合包容要求的尺寸，公差等级高的尺寸，其验收极限按方法 1 确定。

②对工艺能力指数 $C_p \geqslant 1$ 时，其验收极限可以按方法 2 确定。对符合包容要求的尺寸，其轴的最大极限尺寸和孔的最小极限尺寸仍要按方法 1 确定。

工艺能力指数 C_p 值是工件公差值 T 与加工设备工艺能力 $C\sigma$ 之比值。C 为常数，工件尺寸遵循正态分布时，$C＝6$，σ 为加工设备的标准偏差，有

$$C_p = T/6\sigma$$

③对偏态分布的尺寸，其验收极限可以仅对尺寸偏向的一边按方法 1 确定，而另一边按方法 2 确定。

④对非配合和一般的尺寸，其验收极限按方法 2 确定。

2. 计量器具的选择原则

通常，计量器具的选择原则主要有以下几个。

（1）选择计量器具应与被测工件的外形、位置、尺寸的大小和被测参数特性相适应，使所选计量器具的测量范围能满足工件的要求。

（2）选择计量器具应考虑工件的尺寸公差，使所选计量器具的不确定度值既要保证测量精度要求，又要符合经济性要求。

【例 2.7】锥齿轮减速器如图 2-22 所示，已知传递的功率 $P=100$ kW，中速轴转速 $n=750$ r/min，稍有冲击，在中小型工厂小批生产。试选择以下四处的公差等级和配合：①联轴器 1；②带轮 8 和输出端轴颈；③小锥齿轮 10 内孔和轴颈；④套杯 4 外径和箱体 6 座孔。

【解】由于四处配合无特殊的要求，所以优先采用基孔制。

联轴器 1 是用精制螺栓连接的固定式刚性联轴器，为防止偏斜引起附加载荷，要求对中性好。联轴器是中速轴上重要配合件，无轴向附加定位装置，结构上采用紧固件，故选用过渡配合 $\phi 40 \text{H7/m6}$。

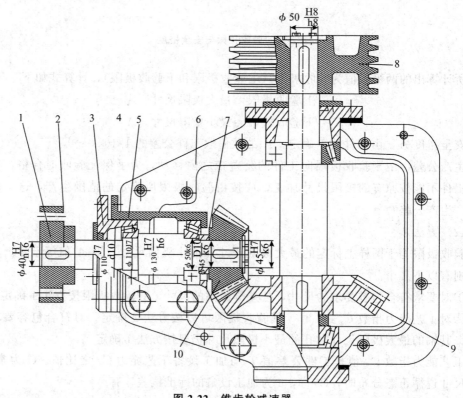

图 2-22　锥齿轮减速器

（2）带轮 8 和输出轴轴颈配合和上述配合比较，定心精度是挠性件传动，因而要求不高，且又有轴向定位件，为便于装卸，可选用 H8/h7（h8、js7、js8），本例选用 $\phi 50 \text{H8/h8}$。

（3）小锥齿轮 10 内孔和轴颈，是影响齿轮传动的重要配合，内孔公差等级由齿轮精度决定，一般减速器齿轮精度为 8 级，故基准孔为 IT7。传递负载的齿轮和轴的配合，为保证齿轮的工作精度和啮合性能，要求准确对中，一般选用过渡配合加紧固件，可供选用的配合有 H7/js6（k6、m6、n6，甚至 p6、r6），至于采用那种配合，主要考虑装卸要求、载荷大小、有无冲击振动、转速高低、批量生产等。此处是为中速、中载、稍有冲击、小批量生产，故选用 φ45H7/k6。

（4）套杯 4 外径和箱体 6 座孔配合是影响齿轮传动性能的重要部位，要求准确定心。考虑到为调整锥齿轮间隙而轴向移动的要求，为便于调整，故选用最小间隙为零的间隙定位配合 φ130H7/h6。

本章小结

本章主要讲述了极限与配合及检测的基本知识、尺寸的公差与配合、极限与配合的选用、尺寸的检测。

有关尺寸的术语主要有尺寸、公称尺寸、提取组成要素的局部尺寸、极限尺寸、实体尺寸和作用尺寸。必须牢固的掌握这些术语及其定义。

标准公差系列和基本偏差系列是公差标准的核心。公差标准是以标准公差和基本偏差为基础制定的，标准公差决定了公差带的大小；基本偏差决定了公差带相对于零线的位置。标准公差与尺寸大小和加工难易程度有关；基本偏差由尺寸的大小和使用要求决定，一般与公差等级无关。

配合的术语主要有孔与轴、间隙或配合、配合公差、配合公差带图。

配合制主要有基孔制配合和基轴制配合两种。

标准公差系列主要有标准公差因子、标准公差等级和尺寸分段等组成。

基本偏差是用来确定公差带相对于零线位置的，基本偏差系列是对公差带位置的标准化。基本偏差的数量将决定配合种类的数量。

公差带与配合的标准化包含公差带代号与配合代号，极限与配合的图样标注，一般、常用和优先的公差带与配合图样上未标注公差不等于没有公差要求，未注公差是各生产部门或车间，按照其生产条件一般能保证的公差。

极限与配合的选择是机械设计与制造中的一个重要环节。极限与配合的选择是否恰当，对产品的性能、质量、互换性及经济性都有着重要的影响。选择的原则应使机械产品的使用价值与制造成本的综合经济效果最好。

我国国家标准规定了两种检测制度：用普通计量器具测量和光滑极限量规检验。

本章习题

一、填空题

1. 配合是指_____相同的，相互结合的_____公差带的关系。

2. 配合公差是指_____，它表示_____的高低。

3. 常用尺寸段的标准公差的大小，随基本尺寸的增大而_____，随公差等级的提高而_____。

4. 尺寸公差带具有_____和_____两个特性。尺寸公差带的大小由_____决定，尺寸公差带的位置由_____决定。

5. 配合公差带具有_____和_____两个特性。配合公差带的大小由_____决定，配合公差带的位置由_____决定。

6. 配合分为间隙配合、_____和_____。

7. 选择基准制时，应优先选用_____配合，原因是_____。

8. _____用于过渡配合的精密定位。

9. 一般公差分为_____、_____、_____、_____四个等级。

10. 公差等级的选择原则是_____前提下，尽量选用_____的公差等级。

二、选择题

1. $\phi30g6$ 与 $\phi30g7$ 两者的区别在于（　　）。

A. 基本偏差不同　　　　　　　　　　B. 下偏差相同，而上偏差不同

C. 公差值相同　　　　　　　　　　　D. 上偏差相同，而下偏差不同

2. 当相配合孔、轴既要求对准中心，又要求装拆方便时，应选用（　　）。

A. 间隙配合　　　　　　　　　　　　B. 过盈配合

C. 过渡配合　　　　　　　　　　　　D. 间隙配合或过渡配合

3. 相互结合的孔和轴的精度决定了（　　）。

A. 配合精度的高低

B. 配合的松紧程度

C. 配合的性质

4. 公差带相对于零线的位置反映了配合的（　　）。

A. 精确程度

B. 松紧程度

C. 松紧变化的程度

三、判断题

1. 基本偏差决定公差带的位置，标准公差决定公差带的大小。（　　）

2. 公差是零件尺寸允许的最大偏差。（　　　）

3. 公差通常为正，在个别情况下也可以为负或零。（　　　）

4. 孔和轴的加工精度越高，则其配合精度也越高。（　　　）

5. 配合公差总是大于孔或轴的尺寸公差。（　　　）

6. 过渡配合可能有间隙，也可能有过盈。因此，过渡配合可以是间隙配合，也可以是过盈配合。（　　　）

7. 零件的实际尺寸就是零件的真实尺寸。（　　　）

8. 某一零件的实际尺寸正好等于其基本尺寸，则这尺寸必须合格。（　　　）

9. 间隙配合中，孔的公差带一定在零线以上，轴的公差带一定在零线以下。（　　　）

10. 配合公差的大小，等于相配合的孔轴公差之和。（　　　）

11. 最小间隙为零的配合与最小过盈等于零的配合，二者实质相同。（　　　）

12. 孔的基本偏差即下偏差，轴的基本偏差即上偏差。（　　　）

四、更正下列标注的错误

1. $\phi 80^{-0.021}_{-0.009}$

2. $30^{-0.039}_{0}$

3. $120^{+0.021}_{-0.021}$

4. $\phi 60\dfrac{f7}{H8}$

5. $\phi 80\dfrac{f8}{D6}$

6. $\phi 50\dfrac{8f}{7H}$

7. $\phi 50H8\left(^{0.039}_{0}\right)$

五、问答题

1. 什么是基孔制配合与基轴制配合？

2. 配合分哪几类？各类配合中孔和轴公差带的相对位置有何特点？

3. 为什么要规定基准制？为什么优先采用基孔制？

4. 选定公差等级的基本原则是什么？

5. 基准制的选用原则是什么？

6. 哪些情况下，采用基轴制？

六、综合题

1. 计算出表中空格处的数值，并按规定填写在表中。

基本尺寸	孔			轴			X_{max} 或 Y_{min}	X_{min} 或 Y_{max}	Tf
	ES	EI	T_h	es	ei	Ts			
$\phi 45$			0.025	0				-0.050	0.041

2. 计算出表中空格处的数值，并按规定填写在表中。

基本尺寸	孔			轴			X_{max} 或 Y_{min}	X_{min} 或 Y_{max}	Tf
	ES	EI	T_h	es	ei	Ts			

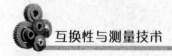

（续表）

基本 尺寸	孔			轴			$X_{\max}$ 或 $Y_{\min}$	$X_{\min}$ 或 $Y_{\max}$	Tf
	ES	EI	T_h	es	ei	Ts			
$\phi30$		$+0.065$			-0.013		$+0.099$	$+0.065$	

3. 下列配合中，分别属于哪种配合制和哪类配合？并确定孔和轴的最大间隙或最小过盈，最小间隙或最大过盈。

（1）$\phi45\ \dfrac{H8\ \left(^{+0.039}_{0}\right)}{f7\ \left(^{-0.025}_{-0.050}\right)}$

（2）$\phi70\ \dfrac{G10\ \left(^{+0.130}_{+0.010}\right)}{h10\ \left(^{0}_{-0.120}\right)}$

（3）$\phi25\ \dfrac{K7\ \left(^{+0.006}_{-0.015}\right)}{h6\ \left(^{0}_{-0.013}\right)}$

（4）$\phi150\ \dfrac{H8\ \left(^{+0.063}_{0}\right)}{r8\ \left(^{+0.128}_{+0.065}\right)}$

4. 有一孔、轴配合为过渡配合，孔尺寸为 $\phi80^{+0.046}_{0}$ mm，轴尺寸为 $\phi80\pm0.015$ mm，求最大间隙和最大过盈；画出配合的孔，轴公差带图。

第3章 测量技术基础

本章导读

在生产和科学试验中，经常要对一些现象和物体进行检测，以对其进行定量或定性的描述。在机械制造中，技术测量主要对机械几何量（包括长度、角度、表面粗糙度和形位误差等参数）进行检测。

本章目标

✱ 了解测量的基本知识

✱ 理解测量方法、计量器具的分类及常用的度量指标

✱ 掌握测量误差及处理方法

3.1 测量的基本知识

3.1.1 测量与检验

检测是检验与测量的总称。检验是判断零件是否合格，但不需要给出具体数值。

1. 测量

测量是指将被测量的量值与具有确定计量单位的标准量进行比较，从而确定被测量的量值的实验过程。

$$L = qE \tag{3-1}$$

其中，L 为被测量，E 为计量单位，q 为测量值。

完整的测量过程必须包括如下 4 个要素。

（1）被测对象。本书研究的被测对象是机械几何量，包括长度、角度、表面粗糙度和形位误差等。

（2）计量单位。计量单位是用以度量同类量值的标准量。我国规定的法定计量单位中，长度单位为米（m），角度单位为弧度（rad）及度（°）、分（′）、秒（″）。

（3）测量方法。测量时所采用的测量原理、计量器具和测量条件的总和称为测量方法。

（4）测量精度。它是指测量结果与被测量真值的一致程度。测量过程中不可避免

会存在测量误差，测量误差越大说明测量结果的精度越低。

2. 检验

检验是确定被检几何量是否在规定的极限范围内，从而判断其是否合格的实验过程。检验通常用量规、样板等专用定值无刻度量具来判断被检对象的合格性，不能得到被测量的具体数值。

3. 检定

检定是指为评定计量器具的精度指标是否合乎该计量器具的检定规程的全部过程。例如，用量块来检定千分尺的精度指标等。

3.1.2 长度计量单位与量值传递

长度计量单位是进行长度测量的统一基准。国际上统一使用的长度基准是在 1983 年第 17 届国际计量大会上通过的，以米作为长度基准，其定义为"米是光在真空中在 1/299 792 458 秒的时间间隔内所行进的距离"。我国的法定计量单位制中对长度要求的基本单位也是米（m）。在实际应用中，不能直接使用光波作为长度基准进行测量，而是采用各种测量器具进行测量。为了保证量值统一和长度测量的精度，需要借助精确的量值传递系统把长度基准的量值准确地传递到实际的计量器具和被测工件上。长度基准的量值传递系统如图 3-1 所示。

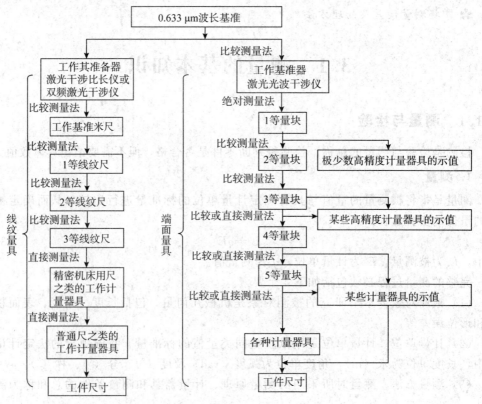

图 3-1 长度基准的量值传递系统

在组织上，我国从国务院到地方，建立了各级计量管理机构，负责其管辖范围内的计量工作和量值传递工作。在技术上，我国的波长基准通过两个平行的系统向下传递，即端面量具（量块）系统和刻线量具（线纹尺）系统。量块和线纹尺都是量值传递的媒介，其中，尤以量块的应用更广。

3.1.3　角度基准与量值传递

角度是重要的几何量之一，也属于长度计量范围。一个圆周角定义为 $360°$，角度不需要像长度一样建立自然基准，而是采用多面棱体（棱形块）作为角度量值的基准。机械制造中的角度标准一般是角度量块、测角仪或分度头等。多面棱体有 4 面、6 面、8 面、12 面、24 面、36 面及 72 面等。以多面棱体作角度基准的量值传递系统如图 3-2 所示。

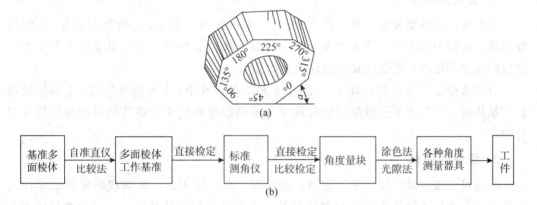

图 3-2　量值传递系统

（a）多面棱体；（b）多面棱体在角度量值传递系统中

3.1.4　量块

量块又称块规，是精密测量中经常使用的标准器，是量值传递系统中的重要工具。量块是一种无刻度的标准端面量具，分长度量块和角度量块两类，本书主要对长度量块进行介绍。量块有长方体和圆柱两种，常用的是长方体。

（1）量块中心长度。量块上标出的尺寸称为量块的中心长度 L，也称为量块的标称长度，如图 3-3 所示。

（2）量块实际长度。量块长度的实际测得值称为量块的实际长度。

（3）量块的长度变动量。这是指量块任意点长度 L_i 的最大差值，即 $L_v = L_{i\max} - L_{i\min}$。

（4）量块的长度偏差。指量块的长度实测值与标称长度之差。

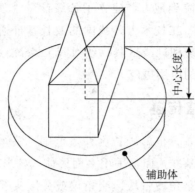

图 3-3　量块的中心长度

1. 量块的精度

量块按制造精度分为 5 级，即 0、1、2、3 和 K 级。其中，0 级精度最高，3 级精度最低，K 级为校准级，用来校准 0、1、2 级量块。量块的"级"主要是根据量块长度极限偏差和量块长度变动量的允许值来划分的。

量块按检定分为 5 等，即 1、2、3、4 和 5 等。其中，1 等精度最高，5 等精度最低。量块的"等"主要是根据检定时测量的不确定度和量块长度变动量的允许值来划分的。

2. 量块的使用

量块可以按"级"或"等"使用。量块按"级"使用时，以量块的标称长度作为工作尺寸。该尺寸包含了量块的制造误差，将被引入到测量结果中，因此测量精度不高，但因不需要加修正值，因此使用方便。

量块按"等"使用时，不是以标称尺寸作为工作尺寸，而用量块经检定后所给出的实际中心长度尺寸作为工作尺寸。例如，某一标称长度为 10 mm 的量块，经检定其实际中心长度与标称长度之差为 +0.5 μm，则其中心长度为 10.000 5 mm。这样就消除了量块的制造误差的影响，提高了测量精度。在检定量块时，由于不可避免地存在较小测量误差被引入到测量结果中，所以量块按"等"使用比按"级"使用的测量精度高。

3. 长度量块的尺寸组合

量块的基本特性除了稳定性、准确性之外，还有一个重要特性——研合性。研合性是指两个量块的测量面互相接触，在不太大的压力下做切向滑动就能贴附在一起的特性。利用量块的研合性，可根据实际需要，用多个尺寸不同的量块研合组成所需要的长度标准量，为保证精度一般不超过 4 块。量块是成套制成的，每套包括一定数量不同尺寸的量块。表 3-1 列出了成套量块的标称尺寸。

长度量块的尺寸组合原则为：一般采用消尾法从同一套系选取，即选一块量块应消去一位尾数。量块既作为尺寸传递的长度标准和计量仪器示值误差的检定标准，也可作为精密机械零件测量、精密机床和夹具调整时的尺寸基准。

表 3-1　成套量块的标称尺寸

套数	总块数	级别	尺寸系列/mm	间隔/mm	块数
1	91	0、1	0.5	—	1
			1	—	1
			1.001、1.002、1.003、…、1.009	0.001	9
			1.01、1.02、1.03、…、1.49	0.01	49
			1.5、1.6、1.7、…、1.9	0.1	5
			2.0、2.5、3.0、…、9.5	0.5	16
			10、20、30、…、100	10	10
2	83	0、1、2	0.5	—	1
			1	—	1
			1.005	—	1
			1.01、1.02、1.03、…、1.49	0.01	49
			1.5、1.6、1.7、…、1.9	0.1	5
			2.0、2.5、3.0、…、9.5	0.5	16
			10、20、30、…、100	10	10
3	46	0、1、2	1	—	1
			1.001、1.002、1.003、…、1.009	0.001	9
			1.01、1.02、1.03、…、1.09	0.01	9
			1.1、1.2、1.3、…、1.9	0.1	9
			2、3、4、…、9	1	8
			10、20、30、…、100	10	10
4	28	0、1、2	1	—	1
			1.005	—	1
			1.01、1.02、1.03、…、1.09	0.01	9
			1.1、1.2、1.3、…、1.9	0.1	9
			2、3、4、…、9	1	8
			10、20、30、…、100	10	10

　　例如，需要组成的量块尺寸为 89.775，若使用 83 块一套的量块，则可以由第一块量块尺寸 1.005 mm、第二块量块尺寸 1.27 mm、第三块量块尺寸 7.5mm 和第四块量块尺寸 80mm 这 4 块组成。

3.2 计量仪器和测量方法分类

3.2.1 计量仪器的分类

1. 量具类

量具类是通用的有刻度的或无刻度的一系列单值和多值的量块和量具等，如长度量块、90°角尺、角度量块、线纹尺、游标卡尺和千分尺等。

2. 量规类

量规是没有刻度且专用的计量器具。可用以检验零件要素实际尺寸和形位误差的综合结果。使用量规检验不能得到工件的具体实际尺寸和形位误差值，只能确定被检验工件是否合格。如使用光滑极限量规检验孔、轴，只能判定孔、轴的合格与否，不能得到孔、轴的实际尺寸。

3. 计量器具

计量器具能将被测几何量的量值转换成可直接观测的示值或等效信息，按其结构特点或将原始信号转换的原理可分为以下几种。

（1）机械类。这是指利用机械装置将微小位移放大，实现原始信号转换的量仪。这种量仪结构简单、性能稳定、使用方便，如百分表、千分表、指示表和杠杆比较仪等。

（2）光学类。这是指用光学方法实现原始信号转换的量仪，一般都具有光学放大（测微）机构。这种量仪精度高、性能稳定，如立式光学计、工具显微镜和干涉仪等。

（3）游标类。这是指带有测量卡爪并用游标读数的通用量仪。这种量仪是结构简单、使用方便，如游标卡尺、齿厚游标卡尺等。

（4）螺旋副类。这通常以精密螺纹作标准量。这种量仪结构比较简单、精度较高，如外径千分尺、螺旋测微器等。

（5）电动类。这是指能将原始信号转换为电量信号的量仪，一般都具有放大、滤波等电路。这种量仪精度高、测量信号经模/数（A/D）转换后，易于与计算机接口，实现测量和数据处理的自动化，如电感比较仪、电动轮廓仪和圆度仪等。

（6）气动类。这是以压缩空气为介质，通过气动系统流量或压力的变化来实现原始信号转换的量仪。这种量仪结构简单、测量精度和效率都高、操作方便，但示值范围小，如水柱式气动量仪、浮标式气动量仪等。

4. 计量装置

计量装置是指为确定被测几何量量值所必需的计量器具和辅助设备的总体。它能够测量同一工件上较多的几何量和形状比较复杂的工件，有助于实现检测自动化或半自动化，如齿轮综合精度检查仪、发动机缸体孔的几何精度综合测量仪等。

3.2.2 计量器具的度量指标

计量器具的基本参数是合理选择和使用计量器具的重要依据。计量器具的度量指标如图 3-4 所示。

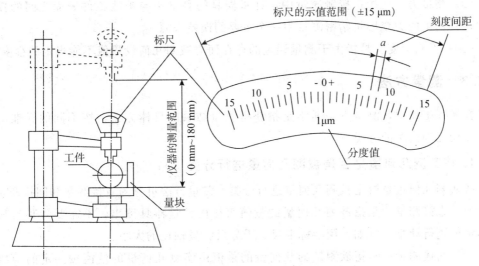

图 3-4 计量器具的度量指标

（1）刻度间距。是指计量器具的标尺或分度盘上相邻两刻线中心之间的距离或圆弧长度，一般为 1～2.5 mm。

（2）分度值。是指计量器具的标尺或分度盘上每一刻度间距所代表的量值。一般长度计量器具的分度值有 0.1 mm、0.05 mm、0.02 mm、0.01 mm、0.005 mm、0.002 mm、0.001 mm 等几种。一般来说，分度值越小，计量器具的精度就越高。

（3）示值范围。是指计量器具所能显示或指示的被测几何量起始值到终止值的范围。

（4）测量范围。是指计量器具在允许的误差限度内所能测出的被测几何量的下限值到上限值的范围。例如立式光学比较仪的测量范围为 0～180 mm。

（5）灵敏度。是指计量器具对被测几何量微小变化的响应变化能力。若被测几何量的变化为 Δx，该几何量引起计量器具的响应变化能力为 ΔL，则灵敏度 S 有公式 $S=\Delta L/\Delta x$。式中，分子和分母为同种量时，灵敏度也称为放大比或放大倍数。对于具有等分刻度的标尺或分度盘的量仪，放大倍数 K 等于刻度间距 a 与分度值 i 之比，其公式为 $K=a/i$。一般来说，分度值越小，计量器具的灵敏度就越高。

（6）灵敏限。也叫作灵敏阈，能引起计量器具示值可察觉变化的被测量的最小变化值。

（7）示值误差。是指计量器具上的示值与被测几何量的真值的代数差。一般来说，示值误差越小，则计量器具的精度就越高。

（8）测量重复性与稳定性。重复性指在相同的测量条件下，对同一被测几何量在短时间内进行多次测量，各测量结果之间的一致性，通常以测量重复性误差的极限值（正、负偏差）来表示。稳定性是计量器具保持其计量特性恒定的能力，通常是对较长时间而言。

（9）测量力。是指在接触测量中，计量器具的测量头与被测工件表面之间的接触压力，其产生的力变形是精密测量中一个重要的误差来源。

（10）不确定度。是指由于测量误差的存在而对被测几何量量值不能肯定的程度。

3.2.3 测量方法

在实际工作中，测量方法通常是指获得测量结果的具体方式，按不同的标准可以进行下面几种情况的分类。

1. 按实测几何量是否是被测几何量进行分类

按实测几何量是否是被测几何量进行分类，测量方法可分为直接测量和间接测量。

（1）直接测量。是指被测几何量的量值直接由计量器具读出，不需要将其与其他实测量值进行计算。例如，用游标卡尺、千分尺测量轴径的大小。

（2）间接测量。是指欲测量的几何量的量值由实测几何量的量值按一定的函数关系式运算后获得。一般来说，直接测量的精度比间接测量的精度高。因此，尽量采用直接测量，对于受条件所限无法进行直接测量的场合可采用间接测量。

2. 按示值是否是被测几何量的量值进行分类

按示值是否是被测几何量的量值进行分类，测量方法可分为绝对测量和相对测量。

（1）绝对测量。是指从计量器具上的示值直接得到被测几何量的量值。例如，用游标卡尺、千分尺测量尺寸。

（2）相对测量。是计量器具的示值只是被测几何量相对于已知标准量的偏差，实际被测几何量的量值等于已知标准量与该偏差值（示值）的代数和。例如，用立式光学比较仪测量轴径。一般来说，相对测量的精度比绝对测量的精度高。

3. 按测量时被测工件表面与计量器具的测头是否接触进行分类

按测量时被测工件表面与计量器具的测头是否接触进行分类，测量方法可分为接触测量和非接触测量。

（1）接触测量。是指在测量过程中，计量器具的测量头与被测表面接触，即有测量力存在。例如，用立式光学比较仪测量轴径。

（2）非接触测量。是指在测量过程中，计量器具的测头不与被测表面接触，即无测量力存在。例如，用光切显微镜测量表面粗糙度。对于接触测量，测头和被测表面的接触会引起弹性变形，即产生测量误差，而非接触测量无此影响。因此，易变形的软质表面或薄壁工件多用非接触测量。

4. 按工件上是否有多个被测几何量同时测量进行分类

按工件上是否有多个被测几何量同时测量进行分类，测量方法可分为单项测量和综合测量。

(1) 单项测量。是指对工件上的各个被测几何量分别进行测量。例如，用工具显微镜测量螺纹的螺距、实际中径和牙形半角。

(2) 综合测量。是指对工件上几个相关几何量的综合效应同时测量得到综合指标，以判断综合结果是否合格。例如，用螺纹量规检验螺纹零件时，不能测出各个分项的量值。

综合测量的效率比单项测量的效率高。一般来说，单项测量便于分析工艺指标；综合测量便于只要求判断合格与否，而不需要得到具体测得值的场合。

5. 按测量头和被测表面之间是否处于相对运动状态进行分类

按测量头和被测表面之间是否处于相对运动状态进行分类，测量方法可分为动态测量和静态测量。

(1) 动态测量。是指在测量过程中，测量头与被测表面处于相对运动状态，被测量的量值在测量过程中随时间发生变化。动态测量效率高，并能测出工件上几何参数连续变化时的情况。例如，用电动轮廓仪测量表面粗糙度是动态测量。

(2) 静态测量。是指在测量过程中，测量头与被测表面处于相对静止状态，被测量的量值是定值。

6. 按在测量过程中测量条件是否发生变化进行分类

按在测量过程中测量条件是否发生变化进行分类，测量方法可分为等精度测量和不等精度测量。

(1) 等精度测量。是指在计量器具、测量方法、测量环境条件、测量操作人员等影响测量误差的因素不变的情况下进行的一系列测量。

(2) 不等精度测量。是指测量条件发生变化的情况下进行的多次重复测量。

7. 按测量在零件制造过程中所起作用进行分类

按测量在零件制造过程中所起作用进行分类，测量方法可分为主动测量和被动测量。

(1) 主动测量。是指在加工过程中对零件进行测量的方法，其测量结果用来控制零件的加工过程，可及时防止废品的产生。

(2) 被动测量。是指加工后对零件进行测量的测量方法，其测量结果只能用来判断零件是否合格，仅限于发现并剔除废品。

主动测量使检测与加工过程紧密结合，以保证产品的质量；被动测量是验收产品时的一种检测方法。

3.3 测量误差及处理方法

3.3.1 绝对误差或相对误差

对于任何测量过程，由于计量器具本身的误差和测量条件方面的限制，不可避免地会出现或大或小的测量误差。每一个测量结果，只是在一定程度上接近被测几何量的真值，这种实际测得值与被测几何量的真值之间的差值称为测量误差。测量误差可以用绝对误差或相对误差来表示。

1. 绝对误差

绝对误差是指被测几何量的测得值与其真值之差，即有

$$\delta = x - x_0 \tag{3-2}$$

式中　　δ——绝对误差；

x——被测几何量的测得值；

x_0——被测几何量的真值。

一般情况下，被测量的真值是不知道的。在实际测量中，常用相对真值或不存在系统误差情况下的多次测量的算术平均值来代表真值。

绝对误差可能是正值，也可能是负值。这样，被测几何量的真值可以

$$x_0 = x \pm |\delta| \tag{3-3}$$

测量误差的绝对值越小，被测几何量的测得值就越接近真值，就表明测量精度越高；反之，则测量精度越低。

2. 相对误差

对于大小不相同的被测几何量，用绝对误差表示测量精度不方便，需要用相对误差来表示测量精度。相对误差 ε 是指绝对误差的绝对值与真值之比是一个无量纲的数值，通常用百分比来表示，即

$$\varepsilon = |\delta| / x_0 \tag{3-4}$$

由于 x_0 无法得到，因此，在实际应用中常以被测几何量的测得值代替真值进行估算，即

$$\varepsilon \approx |\delta| / x \tag{3-5}$$

3.3.2 测量误差的来源

在实际测量中，产生测量误差的因素很多，归纳起来主要有以下几个方面。

1. 计量器具的误差

计量器具的误差是计量器具本身的误差，包括计量器具的设计、制造和使用过程中的误差，这些误差的总和反映在示值误差和测量的重复性上。设计计量器具时，为

了简化结构而采用近似设计的方法会产生测量误差。

计量器具零件的制造和装配误差也会产生测量误差。例如，标尺的刻线距离不准确、指示表的分度盘与指针回转轴的安装有偏心等都会产生测量误差。计量器具在使用过程中由于零件的变形也会产生测量误差。此外，相对测量时使用的标准量（如长度量块）的制造误差也会产生测量误差。

2. 测量方法误差

测量方法误差是指测量方法的不完善（包括计算公式不准确，测量方法选择不当，工件安装、定位不准确等）引起的误差。

3. 环境误差

环境误差是指测量时因环境条件（温度、湿度、气压、照明、振动、电磁场等）不符合标准的测量条件所引起的误差。

4. 人员误差

人员误差是测量人员人为主观因素产生的误差，如测量瞄准不准确、读数或估读错误等。

3.3.3　测量误差分类及处理方法

按测量误差特点和性质来分类，测量误差可分为随机误差、系统误差和粗大误差三类。

1. 随机误差

随机误差是指在一定测量条件下，多次测同一量值时，绝对值和符号以不可预定的方式变化着的测量误差。这主要是由测量过程中一些偶然性因素或不确定因素引起的。就某一次具体测量而言，随机误差的绝对值和符号无法预知。但对于连续多次重复测量来说，随机误差符合正态分布规律。

（1）随机误差的特性及分布规律

通过对大量的测试实验数据进行统计后发现，随机误差通常服从正态分布规律，其分布曲线如图 3-5 所示（横坐标 δ 表示随机误差，纵坐标 y 表示随机误差的概率密度）。

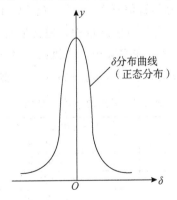

图 3-5　正态分布曲线

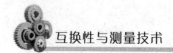

正态分布的随机误差具有下面 4 个基本特性。

①单峰性。绝对值越小的随机误差出现的概率越大，反之则越小。

②对称性。绝对值相等的正、负随机误差出现的概率相等。

③有界性。在一定测量条件下，随机误差的绝对值不超过一定界限。

④抵偿性。随着测量的次数增加，随机误差的算术平均值趋于零，即各次随机误差的代数和趋于零。正态分布曲线的数学表达式为

$$y = f(\delta) = \frac{1}{\delta\sqrt{2\pi}}e^{-\frac{\sigma^2}{2\sigma^2}} \tag{3-6}$$

（2）随机误差的标准偏差 σ

从式（3-6）看出，概率密度 y 的大小与随机误差 δ、标准偏差 σ 有关。当 $\delta=0$ 时，概率密度 y 最大，即 $y_{max}=1/\sigma(2\pi)1/2$，显然概率密度最大值 y_{max} 是随标准偏差 σ 变化的。标准偏差 σ 越小，分布曲线就越陡，随机误差的分布就越集中，表示测量精度就越高；反之，标准偏差 σ 越大，分布曲线就越平坦，随机误差的分布就越分散，表示测量精度就越低。随机误差的标准偏差 σ 可表示为

$$\sigma = \sqrt{\sum_{i=1}^{n}(x_i - \bar{x})^2} \tag{3-7}$$

式中 n——测量次数；

       x_i——第 i 次测得值；

       $\bar{x}$——测量平均值。

标准偏差 σ 是反映测量列中测得值分散程度的一项指标。

（3）随机误差的极限值 δ_{lim}

由于随机误差具有有界性，因此，随机误差的大小不会超过一定的范围。随机误差的极限值 δ_{lim} 就是测量极限误差。

由概率论的有关理论知，正态分布曲线和横坐标轴间所包含的面积等于所有随机误差出现的概率总和。

常用的 $\varphi(t)$ 数值列在表 3-2 当中。选择不同的 t 值，就对应有不同的概率。随机误差在 $\pm t\sigma$ 范围内出现的概率称为置信概率，t 称为置信因子或置信系数，即选择不同的 t 测量结果的置信度也就不同。在几何量测量中，通常取置信因子 $t=3$，此时的置信度（概率）为 $P=2\varphi(t)=99.73\%$。在实际中，随机误差超出 3σ 的情况很少出现（3σ 准则），因此，取测量极限误差为 $\delta_{lim}=\pm 3\sigma$，δ_{lim} 也表示单次测量的测量极限差。

表 3-2   常用的 $\varphi(t)$ 数值

t	$\delta=t\sigma$	不超出 $\varphi(t)$ 概率	超出 $\varphi(t)$ 概率
1	1σ	0.682 6	0.317 4
2	2σ	0.954 4	0.045 6
3	3σ	0.997 3	0.002 7
4	4σ	0.999 36	0.000 64

（4）随机误差的处理步骤

由于被测几何量的真值未知，所以不能直接计算求得标准偏差 σ 的数值。在实际测量时，当测量次数 N 充分大时，随机误差的算术平均值趋于零，便可以用测量列中各个测得值的算术平均值代替真值，并估算出标准偏差，进而确定测量结果。在假定测量列中不存在系统误差和粗大误差的前提下，可按下列步骤对随机误差进行处理。

①计算测量列中各个测得值的算术平均值。设测量列的测得值为 x_1、x_2、x_3、…，x_n，则算术平均值为

$$\overline{x} = \frac{1}{n}\sum_{i=1}^{n} x_i \qquad (3\text{-}8)$$

②计算标准偏差（即单次测量精度 σ）

$$\sigma = \sqrt{\frac{\sum\limits_{i=1}^{n}(x_i - \overline{x})^2}{n-1}} \qquad (3\text{-}9)$$

③计算算术平均值的标准偏差

$$\sigma_x = \frac{\sigma}{\sqrt{n}} \qquad (3\text{-}10)$$

④计算算术平均值的极限误差

$$\sigma_{\lim\overline{x}} = \pm 3\sigma_{\overline{x}} \qquad (3\text{-}11)$$

⑤写出测量结果表达式为

$$x_0 = \overline{x} \pm \sigma_{\lim\overline{x}} = \overline{x} \pm \sigma_{\overline{x}} \qquad (3\text{-}12)$$

多次测量结果的精度比单次测量的精度高，即测量次数越多，测量精密度就越高。

2. 系统误差

系统误差是指在一定测量条件下，多次测取同一量值时，绝对值和符号均保持不变的测量误差，或者绝对值和符号按某一规律变化的测量误差。前者称为定值系统误差，后者称为变值系统误差。

在实际测量中，系统误差对测量结果的影响是不能忽视的。根据系统误差的性质和变化规律，系统误差可以用计算或实验对比的方法发现或确定，用修正值（校正值）从测量结果中予以消除。但在某些情况下，系统误差由于变化规律比较复杂，不易确定，因而难以消除。

（1）实验对比法发现系统误差

通过改变产生系统误差的测量条件，进行不同测量条件下的测量来发现系统误差。这种方法适用于发现定值系统误差。例如，量块按标称尺寸使用时，在测量结果中，就存在着由于量块尺寸偏差而产生的大小和符号均不变的定值系统误差。重复测量也不能发现这一误差，只有用另一块更高等级的量块进行对比测量，才能发现它。

（2）利用残余误差找出系统误差

残余误差 v_i 为

$$v_i = x_i - \overline{x} \qquad (3\text{-}13)$$

计算残余误差并根据各个残差大小和符号的变化规律，可直接判断有无系统误差。这种方法主要适用于发现大小和符号按一定规律变化的变值系统误差。根据测量先后顺序，将测量结果的残余误差绘制成图（如图 3-6 所示），观察其规律。若残差大体正、负相同，又没有显著变化，就认为不存在变值系统误差，如图 3-6（a）所示。若残差按近似的线性规律递增或递减，就可判断存在着线性系统误差，如图 3-6（b）所示。若残差的大小和符号有规律地周期变化，就可判断存在着周期性系统误差，如图 3-6（c）所示。

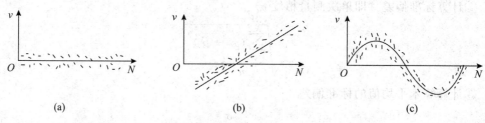

图 3-6　系统误差的发现方法

（a）不存在变值系统误差；（b）存在着线性系统误差；（c）存在着周期性系统误差

确定了某种系统误差的存在后，消除系统误差的方法主要有以下几种。

（1）从产生误差根源上消除系统误差

这要求测量人员对测量过程中可能产生系统误差的各个环节进行分析，并在测量前将系统误差从产生根源上加以消除。例如，为了防止测量过程中仪器示值零位的变动，测量开始和结束时都需检查示值零位。

（2）用修正法消除系统误差

这种方法是预先将计量器具的系统误差检定或计算出来，作出误差表或误差曲线，然后取与误差数值相同而符号相反的值作为修正值，将测得值加上相应的修正值，即可使测量结果不包含系统误差。

（3）用抵消法消除定值系统误差

这种方法要求在对称位置上分别测量一次，以使这两次测量中测得的数据出现的系统误差大小相等、符号相反。取这两次测量中数据的平均值作为测得值，即可消除定值系统误差。例如，在工具显微镜上测量螺纹螺距时，为了消除螺纹轴线与量仪工作台移动方向倾斜而引起的系统误差，可分别测取螺纹左、右牙面的螺距，然后取它们的平均值作为螺距测得值。

（4）用半周期法消除周期性系统误差

对周期性系统误差，可以每相隔半个周期进行一次测量，以相邻两次测量数据的平均值作为一个测得值，即可有效消除周期性系统误差。消除和减小系统误差的关键是找出误差产生的根源和规律。实际上，系统误差不可能完全消除。一般来说，系统误差若能减小到使其影响相当于随机误差的程度，就可认为已被消除。

3. 粗大误差

粗大误差是指超出在一定测量条件下预计的测量误差，就是对测量结果产生明显歪曲的测量误差。含有粗大误差的测得值称为异常值，它的数值比较大，一般 $|\delta_i| > 3\sigma$。粗大误差的产生有主观和客观两方面的原因，主观原因如测量人员疏忽造成的读数误差，客观原因如外界突然振动引起的测量误差。由于粗大误差明显歪曲测量结果，因此，在处理测量数据时，应根据判别粗大误差的 3σ 准则将其剔除。

3.3.4　测量误差的合成

对于较重要的测量，不但要给出正确的测量结果，而且要给出该测量结果的极限误差（$\pm\delta_{\lim}$）。对于一般简单测量，可以从仪器的说明书或检定规程中查出仪器的测量不确定度，以作为测量极限误差。对一些复杂的测量或没有现成资料可查的，只好分析测量误差的组成项并计算数值，按一定方法合成测量极限误差，这就是误差的合成。测量误差的合成包括直接测量法和间接测量法的误差合成。

1. 直接测量法

直接测量法的误差来源主要有仪器误差、测量方法误差、基准件误差等，这些误差都为测量总误差的误差分量。这些误差中有已定系统误差、随机误差和未定系统误差，通常按照下列方法合成。

（1）已定系统误差按代数和法合成

$$\delta_x = \delta_{x1} + \delta_{x2} + \cdots + \delta_{xn} = \sum_{i=1}^{n} \delta_{xi} \qquad (3\text{-}14)$$

式中　δ_{xi}——各误差分量的系统误差。

（2）对于符合正态分布、彼此独立的随机误差和未定系统误差

$$\pm\delta_{\lim} = \pm\sqrt{\delta_{\lim1}^2 + \delta_{\lim2}^2 + \delta_{\lim n}^2} \pm \sqrt{\sum_{i=1}^{n} \delta_{\lim i}^2} \qquad (3\text{-}15)$$

式中　$\pm\delta_{\lim i}$——第 i 个误差分量的随机误差或未定系统误差的极限值。

2. 间接测量法

间接测量是被测量 y 与直接测量量 x_1、x_2、$\cdots$、x_n 有一定的函数关系，即

$$y = f(x_1, x_2, \cdots x_n) \qquad (3\text{-}16)$$

当测量值 x_1、x_2、$\cdots$、x_n 有系统误差 δx_1、δx_2、$\cdots\delta x_n$ 时，函数 y 有系统误差

$$\Delta y = \frac{\partial f}{\partial x_1}\Delta x_1 + \frac{\partial f}{\partial x_2}\Delta x_2 + \cdots + \frac{\partial f}{\partial x_n}\Delta x_n \qquad (3\text{-}17)$$

当测量值 x_1、x_2、$\cdots$、x_n 有极限误差 $\pm\delta_{\lim x_1}$、$\pm\delta_{\lim x_2}$、$\cdots\pm\delta_{\lim x_n}$ 时，函数 y 必然存在极限误差 $\pm\delta_{\lim y}$，且

$$\delta_{\text{lim}y} = \pm 3\sigma_y = \pm 3\sqrt{(\frac{\partial f}{\partial x_1}\sigma_{x1})^2 + (\frac{\partial f}{\partial x_2}\sigma_{x2})^2 + \cdots + (\frac{\partial f}{\partial x_n}\sigma x_n)^2} \qquad (3\text{-}18)$$

3.3.5 测量精度分类

测量精度是指被测几何量的测得值与其真值的接近程度。它和测量误差是从两个不同角度说明同一概念的术语。测量误差越大，测量精度就越低；测量误差越小，测量精度就越高。为了反映系统误差和随机误差对测量结果的不同影响，测量精度可分为以下几种。

(1) 正确度反映测量结果受系统误差的影响程度。系统误差小，则正确度高。

(2) 精密度反映测量结果受随机误差的影响程度。它是指在一定测量条件下连续多次测量所得的测得值之间相互接近的程度。随机误差小，则精密度高。

(3) 准确度反映测量结果同时受系统误差和随机误差的综合影响程度。若系统误差和随机误差都小，则准确度高。

对于一个具体的测量，精密度高，正确度不一定高；正确度高，精密度也不一定高；精密度和正确度都高的测量，准确度就高；精密度和正确度当中有一个不高，准确度就不高。

本章小结

本章主要讲述了测量的基本知识、计量仪器和测量方法分类、测量误差及处理方法。

测量是指将被测量与具有确定计量单位的标准量进行比较，从而确定被测量的量值的实验过程。检验是确定被检几何量是否在规定的极限范围内，从而判断其是否合格的实验过程。检定是指为评定计量器具的精度指标是否合乎该计量器具的检定规程的全部过程。长度计量单位是进行长度测量的统一基准。角度是重要的几何量之一，也属于长度计量范围。量块又称为块规，是精密测量中经常使用的标准器，是量值传递系统中的重要工具。

计量仪器主要有量具类、量规类、计量器具和计量装置等。

计量器具的基本参数是合理选择和使用计量器具的重要依据，主要有刻度间距、分度值、示值范围、测量范围、灵敏度、灵敏限、示值误差、测量重复性与稳定性、测量力和不确定度等。

测量误差可以用绝对误差或相对误差来表示。

测量误差的来源主要有计量器具的误差、测量方法误差、环境误差和人员误差。

按测量误差特点和性质，测量误差可分为随机误差、系统误差和粗大误差三类。

测量误差的合成包括直接测量法和间接测量法的误差合成。

测量精度是指被测几何量的测得值与其真值的接近程度，可分为正确度、精密度和准确度三种。

本章习题

一、填空题

　　1. 测量的实质是＿＿＿＿。一个完整的测量过程包括＿＿＿＿、＿＿＿＿、测量方法和测量进度四个要素。

　　2. 量块的作用是＿＿＿＿。

　　3. 量块按等分的依据是＿＿＿＿，按级分的依据是＿＿＿＿。

　　4. 测量精度是指被测几何量的测得值与其真值的接近程度。可分为＿＿＿＿、精密度和＿＿＿＿。

二、问答题

　　1. 分别测量 150 mm 和 200 mm 的两段长度，绝对误差分别为 ＋6 μm 和 －8 μm，请问两者的测量精度哪个高？为什么？

　　2. 量块按"级"使用和按"等"使用有何区别？哪种使用情况下测量精度较高？为什么？

　　3. 试从 83 块一套的量块中组合下列尺寸（单位：mm）。

$$29.875，48.98，40.79，10.56，65.365，59.98$$

　　4. 说明分度间距与分度值、示值范围与测量范围、示值误差与修正值有何区别。

　　5. 随机误差的评定标准是什么，如何进行消除？系统误差的评定标准是什么，如何进行消除？粗大误差的评定标准是什么，如何进行消除？

　　6. 用立式光学计对一个轴零件进行测量，共重复 12 次测量，测得值为（mm）：30.015、30.013、30.016、30.012、30.015、30.014、30.017、30.018、30.014、30.015、30.014、30.015。试写出以第五次测量值作为测量结果的表达式，并写出以测量列的算术平均值作为测量结果的表达式。

　　7. 仪器读数在 20 mm 处的示值误差为 ＋0.002 mm，当用它测量工件时，读数正好为 20 mm，问工件的实际尺寸是多少？

　　8. 用尺寸为 20 mm 的量块调整机械比较仪零位后测量一塞规的尺寸，指示表的读数为 ＋6 μm。若量块的实际尺寸为 19.999 5 mm，不计仪器的示值误差，试确定该仪器的调零误差（系统误差）和修正值，并求该塞规的实际尺寸。

　　9. 用两种不同的方法分别测量两个尺寸，若测量结果分别为（20±0.001）mm 和（300±0.001）mm，问哪种方法的精度高？

　　10. 对某几何量进行了 15 次等精度测量，测得值如下（单位：mm）：30.742、

30.743、30.740、30.741、30.739、30.740、30.739、30.741、30.742、30.743、30.739、30.740、30.743、30.742、30.741。求单次测量的标准偏差和极限误差。

11. 三个量块的实际尺寸和检定时的极限误差别为（20±0.000 3）mm、（1.005±0.000 3）mm、（1.48±0.000 3）mm，试计算这三个量块组合后的尺寸和极限误差。

第4章 几何公差及其检测

本章导读

零件在加工过程中，由于机床—夹具—刀具组成的工艺系统本身的误差，以及加工中工艺系统的受力和热变形、振动、刀具磨损等因素，都会使加工后零件不仅有尺寸误差，构成零件几何特征的点、线、面的实际形状或相互位置，与理想几何体规定的形状和相互位置还不可避免地存在差异，这种形状上的差异就是形状公差，而相互位置的差异就是位置公差。形状误差和位置误差统称为几何公差。

本章目标

❀了解几何公差的基本知识

❀掌握集合公差的标注、集合公差及其公差带

❀掌握方向、位置、跳动误差及公差

❀了解公差的原则

❀掌握几何公差的选择和检测方法

4.1 几何公差的基本知识

4.1.1 几何公差的作用

如图 4-1（a）所示为一阶梯轴图样，要求 ϕd_1 表面为理想圆柱面，ϕd_1 轴线应与 ϕd_2 左端面相垂直。如图 4-19（b）所示为加工后的实际零件，ϕd_1 表面圆柱度不好，ϕd_1 轴线与端面也不垂直，前者为形状公差，后者为位置公差（两者均为几何公差）。

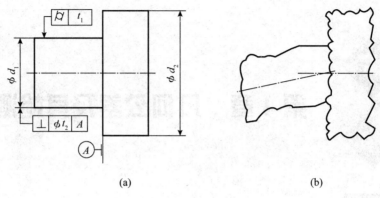

图 4-1　阶梯轴图样

几何公差及其对零件使用性能的影响主要有以下几个。

（1）影响零件的配合性质。如圆柱表面的形状误差，在有相对运动的间隙配合中，会使间隙大小沿结合面长度方向分布不均，造成局部磨损加剧，从而降低运动精度和零件的寿命；在过盈配合中，会使结合面各处的过盈量大小不一，影响零件的连接强度。

（2）影响零件的功能要求。如机床导轨直线度、平面度有误差，将影响机床刀架的运动精度。

（3）影响零件的可装配性。如在轴孔配合中，轴的形状误差和位置误差都会使轴孔难以装配。

如图 4-2 所示的光轴，尽管其各段的横截面尺寸均在 $\phi28f7$ 的尺寸范围内，但由于轴发生弯曲，所以孔、轴配合时就不能满足配合要求，甚至无法装配。

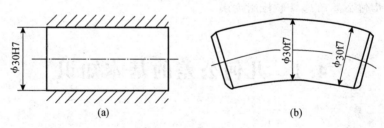

图 4-2　配合示意图

4.1.2　几何公差的研究对象

各种零件尽管形状、特征不同，但均可将其分解成若干基本几何体。基本几何体均由点、线、面构成，这些点、线、面称为几何要素（简称要素）。如图 4-3 所示的零件就可以看成由球、圆锥台、圆柱和圆锥等基本几何体组成。组成这个零件的几何要素有以下几个。

（1）点——如球心、锥顶。

（2）线——如轴线、素线。

（3）面——如球面、圆锥面、端平面、圆柱面。

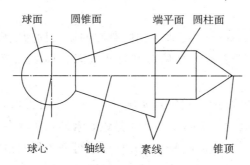

球面　　圆锥面　　　端平面　圆柱面

球心　　　轴线　　　素线　　　锥顶

图 4-3　零件几何要素示例

几何公差研究的对象，就是零件要素本身的形状精度及相关要求要素之间相互的方向和位置等精度问题。几何要素及其定义之间的相互关系如图 4-4 所示。

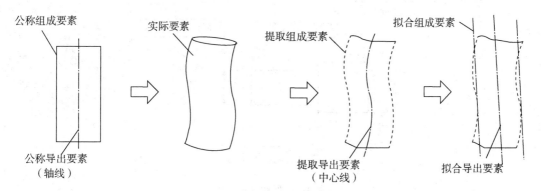

公称组成要素　　　　实际要素　　　提取组成要素　　　拟合组成要素

公称导出要素
（轴线）　　　　提取导出要素
（中心线）　　拟合导出要素

图 4-4　圆柱形表面各种要素间的关系

1. 几何要素存在的范畴

几何要素主要存在于以下三个范畴。

（1）设计的范畴。设计范畴指设计者对未来工件的设计意图的一些表述，包括公称组成要素、公称导出要素。

（2）工件的范畴。工件的范畴指物质和实物的范畴，包括实际组成要素、工件实际表面。

（3）检验和评定的范畴。检验和评定的范畴是通过用计量器具进行检验来表示，以提取足够多的点来代表实际工件，并通过滤波、拟合、构建等操作后对照规范进行评定，包括提取组成要素、提取导出要素、拟合组成要素和拟合导出要素。

2. 几何要素的分类

（1）按存在状态分类，几何要素可分为理想要素和实际要素。

①理想要素（ideal feature）。具有几何学意义的要素称为理想要素。理想要素是没

有任何公差的、纯几何的点、线、面。在检测中，理想要素是评定实际要素几何误差的依据。理想要素在实际生产中是不可能得到的。现行 GPS 标准将"理想要素"改为"拟合要素"。

②实际要素（real feature）。零件上实际存在的要素称为实际要素。由于加工误差是不可避免的，所以实际要素总是偏离其理想要素，即实际要素是具有几何公差的要素。

对具体零件而言，国家标准规定，实际要素测量时由提取要素来代替。由于测量误差总是客观存在的，因此，实际要素并非是该要素的真实状态。

（2）按在几何公差中所处地位分类，几何要素可分为提取组成要素和基准要素。

①提取组成要素（measured feature）。给出了几何公差要求的要素称为提取组成要素。提取组成要素是需要研究和测量的要素。在图 4-5 中的 ϕd_1 圆柱面和台阶面、ϕd_2 圆柱中心线等都给出了几何公差的要求，因此，都是提取组成要素。现行 GPS 标准将"被测实际要素"改为"被测提取要素"。

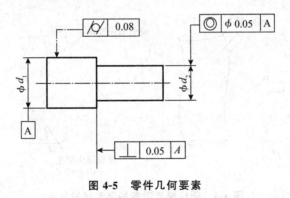

图 4-5 零件几何要素

②基准要素（datum feature）。用来确定提取组成要素的理想方向或（和）位置的要素称为基准要素。理想的基准要素简称为基准，在图样上用基准符号表示。如图 4-5 中标有基准符号的 ϕd_1 圆柱的中心线用来确定 ϕd_1 圆柱台阶面的方向和 ϕd_2 圆柱中心线的位置，因此，是基准要素。

（3）按功能关系分类，几何要素可分为单一要素和关联要素。

①单一要素（single feature）。仅对要素本身提出几何公差要求的要素称为单一要素。单一要素与零件上其他要素无功能关系。如图 4-5 中 ϕd_1 圆柱为提取要素，给出了圆柱公差要求，但与零件其他要素无相对方向和位置要求，因此，属于单一要素。

②关联要素（associated feature）。与零件上其它要素有功能关系的要素称为关联要素。在图样上，关联要素均给出方向公差（或位置公差和跳动公差）要求。如图 4-5 中 ϕd_2 圆柱中心线有垂直功能要求，因此，ϕd_2 圆柱中心线和 ϕd_1 圆柱台阶面均为关联要素。

（4）按几何特征分类，几何要素可分为组成要素和导出要素。

①组成要素（integral feature）。构成零件外形且能直接为人们所感觉到的点、线、

面称为组成要素。如图 4-3 中的球面、圆锥面、端平面和素线等都属于组成要素。现行 GPS 标准将"轮廓要素"改为"组成要素"。

②导出要素（derived feature）。由一个或几个组成要素得到的中心点、中心线和中心面称为导出要素，它是随着组成要素的存在而存在的。如图 4-3 中的球心、轴线等均为导出要素。现行 GPS 标准将"中心要素"改为"导出要素"。

4.2　几何公差的标注

4.2.1　几何公差的几何特征及其符号

国家标准 GB/T 1182－2008 规定，几何公差的几何特征项目分为形状公差、方向公差、位置公差和跳动公差四大类，共有 19 项，用 14 种特征符号表示。几何公差特征的名称和符号如表 4-1 所示，附加符号如表 4-2 所示。其中，形状公差特征项目有 6 个，它们是对单一要素提出的要求，因此，没有基准要素；方向公差特征项目有 5 个，位置公差特征项目有 6 个，跳动公差特征项目有 2 个，它们都是对关联要素提出的要求，因此，在绝大多数情况下都有基准要素。当几何特征为线轮廓和面轮廓时，若无基准要素，则为形状公差；若有基准要素，则为方向公差或位置公差。

表 4-1　几何公差特征的名称和符号

公差类型	几何特征	符号	有无基准
形状公差	直线度	—	无
	平面度	▱	无
	圆度	○	无
	圆柱度	⌀	无
	线轮廓度	⌒	无
	面轮廓度	⌓	无
方向公差	平行度	//	有
	垂直度	⊥	有
	倾斜度	∠	有
	线轮廓度	⌒	有
	面轮廓度	⌓	有

（续表）

公差类型	几何特征	符号	有无基准
位置公差	位置度	⊕	有或无
	同心度（用于中心点）	◎	有
	同轴度（用于轴线）	◎	有
	对称度	═	有
	线轮廓面	⌒	有
	面轮廓面	◠	有
跳动公差	圆跳动	↗	有
	全跳动	↗↗	有

表 4-2　附加符号

说明		符号	说明	符号
被测要素的标注	直接	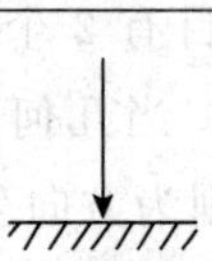 ↓	包容要求	Ⓔ*
			最大实体要求	Ⓜ*
	用字母	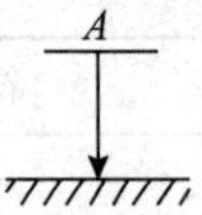 A	最小实体要求	Ⓛ*
			可逆要求	Ⓡ*
基准要求的标注		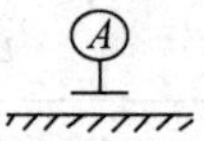 Ⓐ	延伸公差带	Ⓟ*
基准目标的标注		 Φ2/A1	延伸公差带	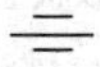 ═
理论正确尺寸		50	延伸公差带	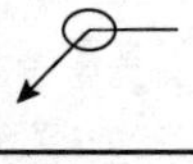 ⟋

4.2.2　几何公差的标注及有关规定

国家标准 GB/T 1182—2008 标准规定，在技术图样中形位公差采用符号标注，如图 4-6 所示。几何公差的标注包括公差框格、提取组成要素及指引线、公差特征字母、几何公差值及有关符号、基准符号及相关符号。

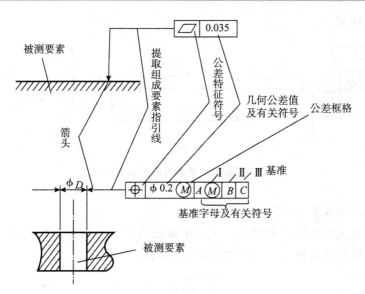

图 4-6　几何公差的标准

1. 公差框格

公差要求在矩形方框中给出，该方框由两格或多格组成。几何公差框格应水平绘制，公差框格中填写的公差值必须以毫米为单位。

公差框格自左至右填写以下内容，如图 4-7 所示。

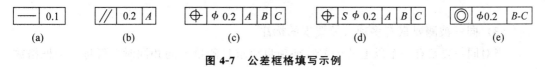

图 4-7　公差框格填写示例

第一格，填写几何公差特征符号。

第二格，填写几何公差值和有关符号。公差值用线性公差值，若公差带是圆形或圆柱形，则在公差值前加 "ϕ"，如图 4-7（c）和图 4-7（e）所示。若是球形，则加 "$S\phi$"，如图 4-7（d）所示；

第三格及以后各格，填写表示基准的字母和有关符号。

用一个基准字母表示单个基准，如图 4-7（b）所示；用几个字母表示基准体系，如图 4-7（c）和图 4-7（e）所示，用 "字母-字母" 表示公共基准，如图 4-7（e）所示。

2. 被测要素的标注方法

用带箭头的指引线连接框格与提取要素，指引线原则上从框格一端的中间位置引出，指引线的箭头应指向公差带的宽度或直径方向。

（1）当被测要素为轮廓线或为有积聚性投影的表面时，箭头指向该要素的轮廓线或其延长线上，且必须与尺寸线明显错开，如图 4-8（a）和图 4-8（b）所示。

当被测表面的投影为面时，箭头也可以指向引出线的水平线，引出线引自被测面，如图 2-8（c）所示。

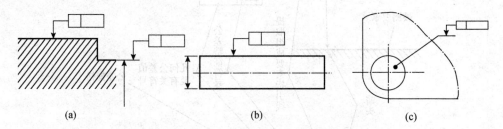

（a）　　　　　　　　（b）　　　　　　　　（c）

图 4-8　提取组成要素为组成要素的标注

（2）提取组成要素为导出要素的标注

当被测要素为中心要素即轴线、中心平面或由带尺寸的要素确定的点时，箭头应位于相应尺寸线的延长线上，与尺寸线对齐，如图 4-9 所示。

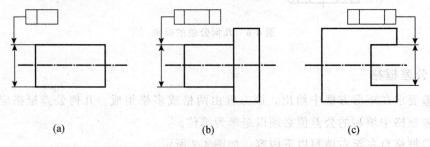

（a）　　　　　　　　（b）　　　　　　　　（c）

图 4-9　提取组成要素为导出要素的标注

（3）同一被测要素有多项公差要求的标注

当对同一要素有一个以上的公差特征项目要求且测量方向相同时，可将一个框格放在另一个框格的下面，如图 4-10（a）所示。如测量方向不完全相同，几何公差须分开标注，如图 4-10（b）所示，圆度和直线度、圆跳动测量方法不同，故指引线方向不同。

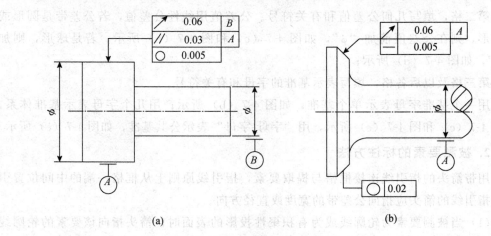

（a）　　　　　　　　　　　　　　（b）

图 4-10　同一被测要素有多项公差要求的标注

（4）不同被测要素有相同形位公差的标注

当不同的被测要素有相同的形位公差要求时，如图 4-11（a）和图 4-11（b）所示。当用同一公差带控制几个被测要素时，可采用如图 4-11（c）和图 4-11（d）所示的方法。

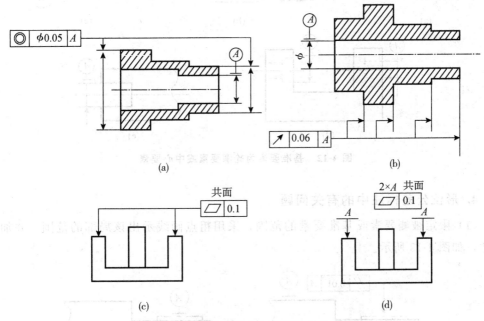

图 4-11　不同被测要素有相同形位公差的标注

3. 基准要素的标注方法

对有方向、位置和跳动公差要求的零件，在图样上必须标明基准。与提取要素相关的基准用一个大写的英文字母表示。字母水平书写在基准方格内，与一个涂黑的或空白的三角形（涂黑的和空白的基准三角形含义相同）相连以表示基准，如图 4-12 所示，表示基准的字母还应标注在公差框格内。

为了避免误解，基准字母不得采用 E、I、J、M、O、P、L、R、F。带基准字母的基准三角形应按如下规定放置。

（1）当基准要素为轮廓线或有积聚性投影的表面时，基准三角形放置在要素的轮廓线或其延长线上，且应于尺寸线明显错开，如图 4-12（a）所示。

（2）当基准要素的投影为面时，应用粗点画线示出该部分并加注尺寸，如图 4-12（b）所示。

（3）当基准要素为中心要素，即轴线、中心平面或由带尺寸的要素确定的点时，基准三角形应放置在该尺寸线的延长线上，如图 4-12（c）、图 4-12（d）和图 4-12（e）所示。

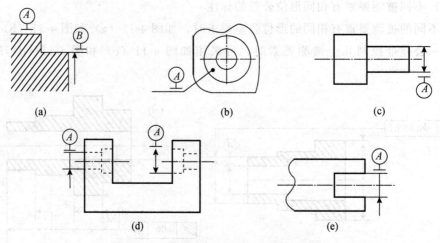

图 4-12　基准要素为轮廓要素或中心要素

4. 形位公差标注中的有关问题

（1）限定被测要素或基准要素的范围，采用粗点画线示出该局部的范围，并加注尺寸，如图 4-13 所示。

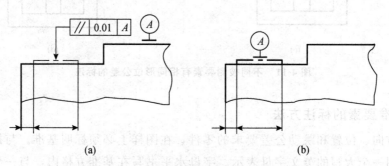

图 4-13　限定被测要素或基准要素的范围

（2）对公差数值有附加说明时的标注。当需要对整个提取要素上任意限定范围标注同样几何特征的公差时，可在公差值的后面加注限定范围的线性尺寸值，并在两者之间用斜线隔开，如图 4-14（a）和图 4-14（b）所示。

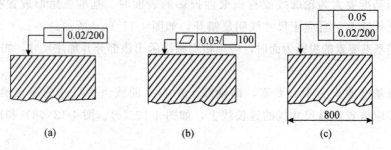

图 4-14　公差值有附加说明时的标注

如果标注的是两项或两项以上同样几何特征的公差，可直接在整个要素公差框格的下方放置另一个公差框格，如图 4-14（c）所示。

（3）形位公差有附加要求时的标注。

①用符号标注。采用符号标注时，可在相应的公差数值后加注有关符号，如图 4-15 所示。

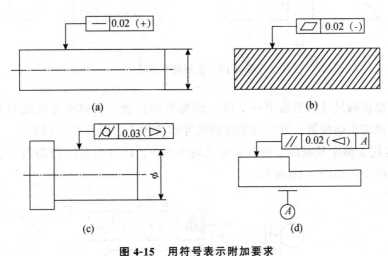

图 4-15 用符号表示附加要求

②用文字说明。为了说明公差框格中所标注的形位公差的其他附加要求，在公差框格的上方或下方附加文字说明，如图 4-16 所示。

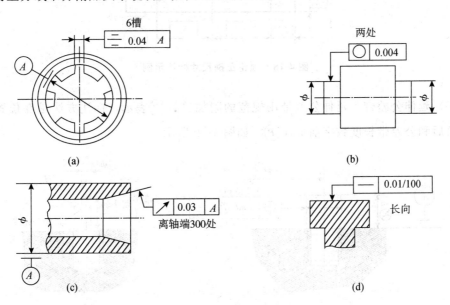

图 4-16 用文字说明附加要求

（4）全周符号标注。当轮廓度特征适用于横截面的整周轮廓或由该轮廓所示的整周表面时，应采用"全周"符号标注，如图 4-17 所示。

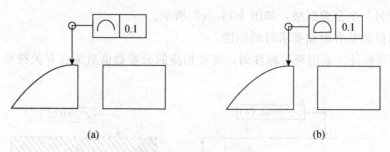

图 4-17　全周符号标注

(5) 理论正确尺寸。当给出一个或一组要素的位置、方向或轮廓度公差时，分别用来确定其理论正确位置、方向或轮廓的尺寸称为理论正确尺寸（TED）。

TED 也用于确定基准体系中各基准之间的方向、位置关系。TED 没有公差，并标注在一个方框中，如图 4-18 所示。

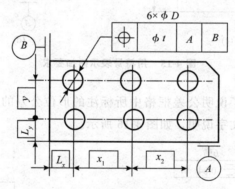

图 4-18　理论正确尺寸标注示例

(6) 延伸公差带。延伸公差带用规范的附加符号 $\textcircled{P}$ 表示，标注方法是在位置度公差数值后和公差带长度数字前加注 $\textcircled{P}$。如图 4-19 所示。

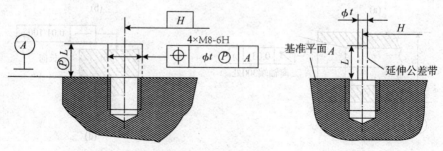

图 4-19　延伸公差带的标注

4.3　几何公差及其公差带

几何公差带是由一个或几个理想的几何线或面所限定的、由线性公差值表示大小的，用来限制提取（实际）要素变动的区域。它是一个几何图形，只要提取要素完全落在给定的公差带内，就表示提取要素的几何精度符合设计要求。和尺寸公差带不同，几何公差带根据几何公差项目和具体标注的不同，其形状也可能不同。主要的几何公差带的形状如图 4-19 所示。

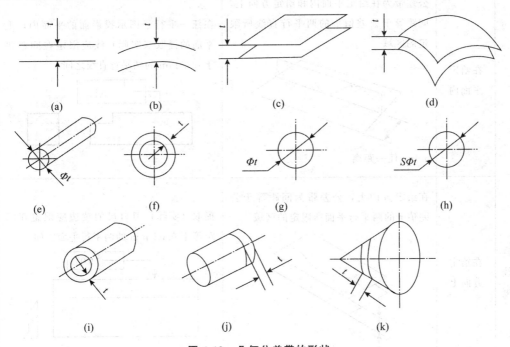

图 4-19　几何公差带的形状

（a）两平行直线；（b）两等距曲线；（c）两平行平面；（d）两等距曲面；（e）圆柱面；（f）两同心面；
（g）一个圆；（h）一个球；（i）两同心圆柱面；（j）一段圆柱面；（k）一段圆锥面

几何公差带具有形状、大小、方向和位置四个要素。几何公差带的形状由提取要素的理想形状和给定的公差特征决定。几何公差带的大小由公差值确定，指的是公差带的宽度或直径等。几何公差带的方向是指与公差带延伸方向相互垂直的方向，通常为指引线箭头所指的方向。几何公差带的位置有固定和浮动两种：公差带位置固定是指图样上基准要素的位置已经确定，其公差带的位置不再变动；公差带位置浮动是指公差带的位置可以随实际尺寸的变化而变动。一般而言，形状公差的公差带的位置是浮动的，其余的公差带的位置是固定的。如平面度，其公差带的位置随实际平面所处的位置不同而浮动；而同轴度，其公差带的位置与基准轴线同在一条直线上而且固定。

4.3.1 形位公差与公差带

形位公差带是用来限制单一提取（实际）要素变动的区域，合格零件的提取（实际）要求应该位于此区域内。形位公差带由形状、大小、方向和位置四个因素确定。

形位公差带的定义、标注及解释如表 4-3 所示。

表 4-3 形位公差带的定义、标注及解释

几何特征		公差带的形状和定义	标注示例和解释
直线度	在给定平面内	公差带为在给定平面内和给定方向上，间距等于公差值 t 的两平行直线所限定的区域 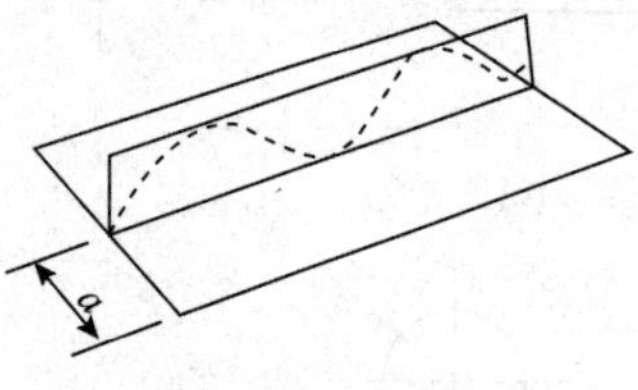 a——任一距离	在任一平行于图示投影面的平面内，上平面的提取（实际）线应限定在间距等于 0.1 mm 的两平行直线之间 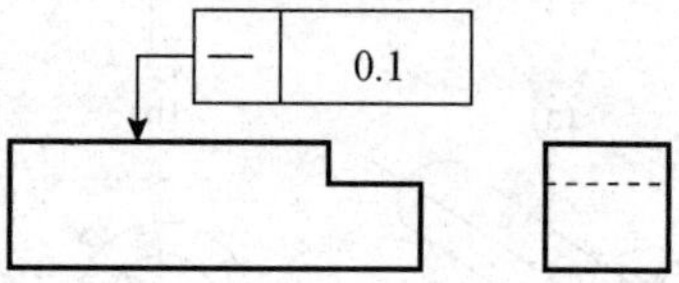
	在给定方向上	在给定方向上，公差带为间距等于公差值 t 的两平行平面所限定的区域 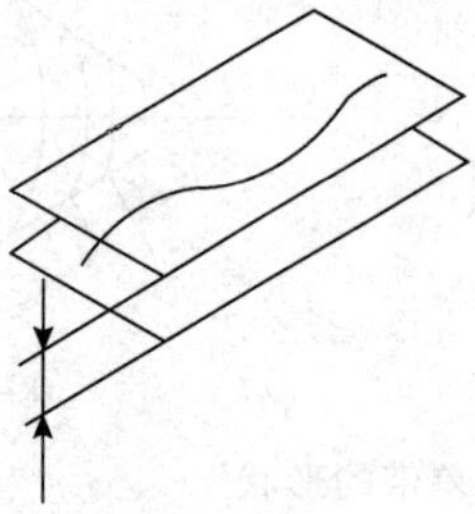 	提取（实际）刀口尺的棱边应限定在间距等于 0.03 mm 的两平行平面之间 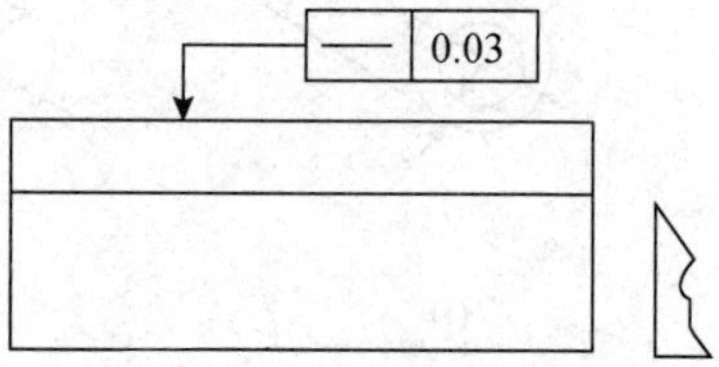
	在任意方向上	在任意方向上，公差带为直径等于公差值 t 的圆柱面所限定的区域 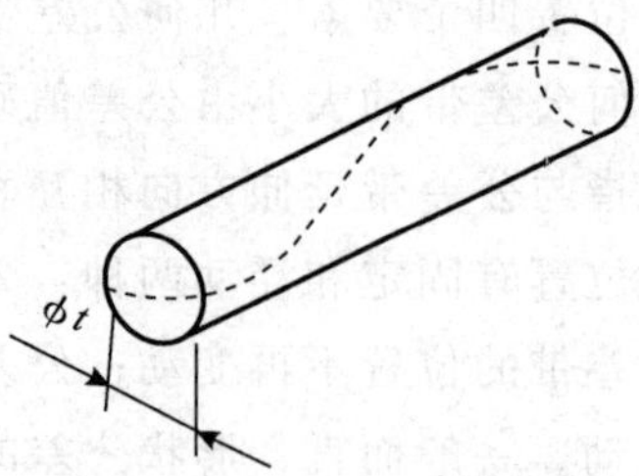 	圆柱面的提取（实际）中心线应限定在直径等于公差值 $\phi0.08$ mm 的圆柱面内 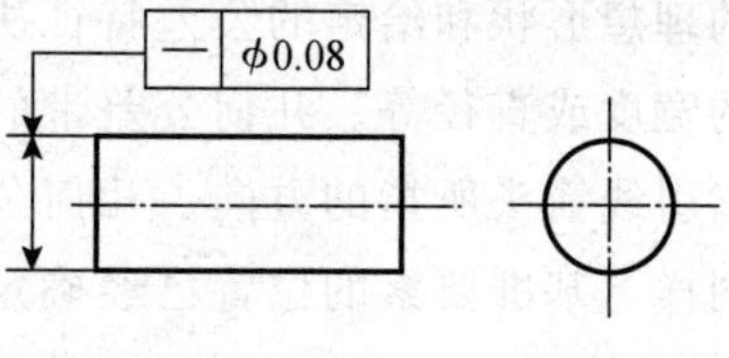

（续表）

几何特征		公差带的形状和定义	标注示例和解释
平面度	在给定方向上	公差带为间距等于公差值 *t* 的两平行平面所限定的区域	提取（实际）表面应限定在间距等于 0.06 mm 的两平行平面之间 ⬦ | 0.06
圆度	在横截面内	公差带为在给定横截面内，半径差为公差值 *t* 的两同心圆所限定的区域	在圆柱面的任意横截面内，提取（实际）圆周应限定在半径差为公差值 0.02 mm 的两共面同心圆之间 ○ | 0.02 在圆锥面的任意横截面内，实际圆周应限定在半径差等于 0.1 mm 的两共面同心圆之间 ○ | 0.1
圆柱度	/	公差带为半径差等于公差值 *t* 的两同轴圆柱面所限定的区域	提取（实际）圆柱面应限定在半径差等于公差值 0.05 mm 的两同轴圆柱面之间 ⌭ | 0.05

85

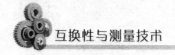
4.3.2 轮廓度公差与公差带

线轮廓度公差和面轮廓度公差统称为轮廓度公差。轮廓度公差无基准要求时为形状公差，有基准要求时为方向、位置公差。轮廓度公差带定义、标注和解释如表 4-4 所示。

表 4-4　轮廓度公差带定义、标注和解释

几何特征		公差带的形状和定义	标注示例和解释
线轮廓度	无基准	公差带为直径等于公差值 t、圆心位于提取要素理论正确几何形状上的一系列圆的两包络线所限定的区域 a—任一距离；b—垂直于右图所在平面	在任一平行于图示投影面的截面内，实际轮廓线应限定在直径等于 0.04 mm、圆心位于提取要素理论正确几何形状上的一系列圆的两等距包络线之间
	有基准	公差带为直径等于公差值 t、圆心位于由基准平面 A 和基准平面 B 确定的提取要素理论正确几何形状上的一系列圆的两包络线所限定的区域 a、b—基准平面 A、基准平面 B； c—平行于基准平面 A 的平面	在任一平行于图示投影面的截面内，实际轮廓线应限定在直径等于 0.04 mm、圆心位于由基准平面 A 和基准平面 B 确定的提取要素理论正确几何形状上的一系列圆的两等距包络线之间

(续表)

几何特征		公差带的形状和定义	标注示例和解释
面轮廓度	无基准	公差带为直径等于公差值 t、球心位于提取要素理论正确几何形状上的一系列圆球的两包络面所限定的区域	实际轮廓面应限定在直径等于 0.02 mm、球心位于提取要素理论正确几何形状上的一系列圆球的两等距包络面之间
	有基准	公差带为直径等于公差值 t、球心位于由基准平面 A 确定的提取要素理论正确几何形状上的一系列圆球的两包络面所限定的区域 a—基准平面 A； L—理论正确几何图形的顶点至基准平面 A 的距离	实际轮廓面应限定在直径等于 0.1 mm、球心位于由基准平面 A 确定的提取要素理论正确几何形状上的一系列圆球的两等距包络面之间

　　形状公差带（不含轮廓度）的特点是没有基准，无确定的方向和固定的位置。其方向和位置随实际要素的不同而浮动。轮廓度的公差带具有以下几个特点：

　　（1）无基准要求时，公差带的形状只由理论正确尺寸确定；

　　（2）有基准要求时，公差带的方向、位置由理论正确尺寸和基准共同确定。

4.3.3　形状误差及其评定

1. 形状误差的评定

　　评定形状误差须在实际要素上找出理想要素的位置。这要求遵循一条原则：理想要素的位置须符合最小条件。

　　（1）最小条件。所谓最小条件是指确定理想要素位置时，应使理想要素与实际要素相接触，并使被测实际要素对其理想要素的最大变动量为最小。如图 4-20 所示为轮廓要素的理想要素的位置。

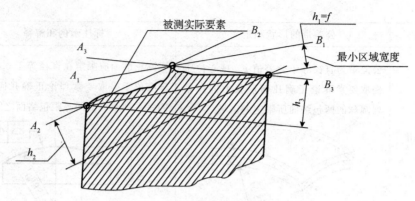

图 4-20　轮廓要素的理想要素的位置

如图 4-21 所示为中心要素的理想要素的位置。

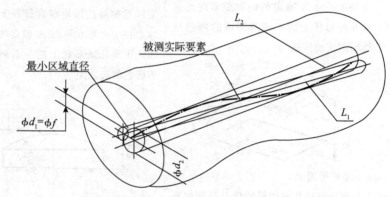

图 4-21　中心要素的理想要素的位置

（2）形状误差的评定方法——最小区域法。用符合最小条件的包容区域（简称最小区域）的宽度 f 或直径 d 表示。

最小区域是指包容被测实际要素时具有最小直径的包容区域。最小区域是紧紧地包容被测实际要素区域，其直径 ϕd 由被测实际要素的实际状态而定，ϕd_1 为最小区域宽度，ϕd_2 为最大区域直径，均为形状误差值。

4.4　方向、位置、跳动误差及公差

4.4.1　方向公差与公差带

方向公差是关联实际提取要素对基准在方向上允许的变动全量，包括平行度、垂直度和倾斜度三项。

当提取要素对基准的理想方向为 0°时，方向公差为平行度；当提取要素对基准的理想方向为 90°时，方向公差为垂直度；当提取要素对基准的理想方向为其他任意角度时，方向公差为倾斜度。方向公差带具有以下几个特点。

（1）方向公差带相对基准有确定的方向。方向公差的公差带相对于基准有确定的方向，并且在相对基准保持确定方向的条件下，公差带的位置是浮动的。

（2）方向公差带具有综合控制提取要素的方向和形状的功能。在保证功能要求的前提下，当对某一提取要素给出了方向公差时，通常不再对该提取要素给出形状公差，只有在对提取要素的形状精度有特殊的较高要求时，才另行给出形状公差，且此时形状公差的数值应该小于方向公差的数值。

方向公差带定义、标注及解释如表 4-5 所示。

表 4-5　方向公差带定义、标注及解释

几何特征		公差带的形状和定义	标注示例和解释
平行度	面对面	公差带为间距等于公差值 t 且平行于基准平面的两平行平面所限定的区域 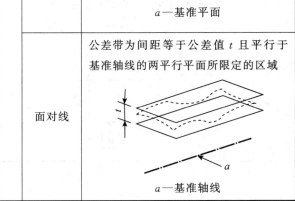 a—基准平面	实际表面应限定在间距等于 0.01 mm 且平行于基准平面 D 的两平行平面之间 // | 0.01 | D
	线对面	公差带为间距等于公差值 t 且平行于基准平面的两平行平面所限定的区域 a—基准平面	被测孔的实际轴线应限定在间距等于 0.01 mm 且平行于基准平面 B 的两平行平面之间 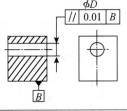 // | 0.01 | B
	面对线	公差带为间距等于公差值 t 且平行于基准轴线的两平行平面所限定的区域 a—基准轴线	实际表面应限定在间距等于 0.1 mm 且平行于基准轴线 C 的两平行平面之间 // | 0.1 | C 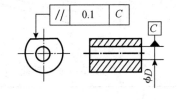

几何特征	公差带的形状和定义	标注示例和解释
线对线 平行度	**在给定方向上** 公差带为在给定方向上间距等于公差值 t 且平行于基准轴线的两平行平面所限定的区域 t a—基准轴线	被测孔的实际轴线应限定在间距等于 0.2 mm，在给定的方向上且平行于基准轴线 A 的两平行平面之间 ϕD_1 // 0.2 A ϕD_2 A
平行度	**在任意方向上** 公差带为直径等于公差值，且轴线平行于基准轴线的圆柱面所限定的区域 ϕt a—基准轴线	被测孔的实际轴线应限定在直径等于 0.03 mm，且平行于基准轴线 A 的圆柱面内 ϕD_1 // $\phi 0.03$ A ϕD_2 A
线对基准体系	公差带为间距等于公差值 t、平行于基准轴线 A 且垂直于基准平面 B 的两平行平面所限定的区域 t a—基准轴线 b—基准平面	实际中心线应限定在间距等于 0.1 mm 的两平行平面之间。该两平行平面平行于基准轴线 A 且垂直于基准平面 B // 0.1 A B A B

（续表）

几何特征		公差带的形状和定义	标注示例和解释
垂直度	面对面	公差带为间距等于公差值 t 且垂直于基准平面的两平行平面所限定的区域 *a—基准平面*	实际表面应限定在间距等于 0.08 mm 且垂直于基准平面 A 的两平行平面之间 ⊥ | 0.08 | A A
倾斜度	线对线	被测直线与基准直线在同一平面上，公差带为距离等于公差值 t 的两平行平面所限定的区域。该两平行平面按给定角度倾斜于基准轴线 *a—基准轴线*	被测孔的实际轴线应限定在间距等于 0.08 mm 的两平行平面之间。该两平行平面按理论正确角度 60° 倾斜于公共基准轴线 $A-B$ ϕD ∠ | 0.08 | A-B 60°

4.4.2　位置公差与公差带

位置公差是关联实际要素对基准在位置上允许的变动全量。理想要素的位置由基准和理论正确尺寸确定，包括同心度、同轴度、对称度、位置度、线轮廓度和面轮廓度等六项。

在位置公差中，同心度涉及圆心，同轴度涉及轴线，对称度涉及的要素有中心直线、轴线和中心平面，位置度涉及的要素包括点、线、面以及成组要素。位置公差带有以下几个特点。

（1）位置公差带相对于基准具有确定的位置。其中，位置度的公差带位置由理论正确尺寸确定，而同轴度和对称度的理论正确尺寸为零，图上可省略不注。

（2）位置公差带具有综合控制提取要素位置、方向和形状的功能。在保证功能要求的前提下，当对某一提取要素给出了位置公差，通常不再对该提取要素给出方向和

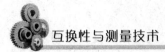

形状公差，只有在对提取要素的方向和形状精度有特殊的较高要求时，才另行给出其方向和形状公差，且此时形状公差的数值应该小于方向公差的数值，方向公差的数值应该小于位置公差的数值。

位置公差带定义、标注及解释如表 4-6 所示。

表 4-6 位置公差带定义、标注及解释

几何特征		公差带的形状和定义	标注示例和解释
同心度、对称度	点的同心度	公差带为直径等于公差值的圆周所限定的区域。该圆周的圆心与基准点重合 *a*—基准点	在任意截面内（ACS），内圆的实际中心点应限制在直径等于公差值，且以基准点为圆心的圆周内
	线的同轴度	公差带为直径等于公差值，且轴线与基准轴线重合的圆柱面所限定的区域 *a*—基准轴线	被测圆柱面的实际轴线应限制在直径等于公差值，且轴线与基准轴线 *A* 重合的圆柱面内
对称度	面对面	公差带为间距等于公差值 *t*，且对称于基准中心平面的两平行平面所限定的区域 *a*—基准中心平面	两端为半圆的被测槽的实际中心平面应限定在间距等于 0.08 mm 且对称于公共基准中心平面 *A*—*B* 的两平行平面之间

(续表)

几何特征		公差带的形状和定义	标注示例和解释
对称度	面对线	公差带为间距等于公差值 t，且对称于基准轴线的两平行平面所限定的区域 a—基准轴线； P_0—通过基准轴线的理想平面	宽度为 b 的被测键槽的实际中心平面应该限制在距离等于公差值的两平行平面之间。该两平行平面对称于基准轴线 B，即对称于通过基准轴线 B 的理想平面 P_0。
位置度	点的位置度	公差带为直径等于公差值的圆所限定的区域。该圆的中心的理论正确位置由基准线 A、B 和理论正确尺寸确定。 A、B—基准线	实际圆心应该限制在直径等于公差值的圆内。该圆的中心应处于由基准线 A、B 和理论正确尺寸确定的理论正确位置上。
位置度	线的位置度	公差带为直径等于公差值的圆柱面所限定的区域。该圆柱面的轴线的理论正确位置由基准平面 A、B、C 和理论正确尺寸确定。 A、B、C—基准平面	被测孔的实际轴线应该限制在直径等于公差值的圆柱面内。该圆柱面的轴线应处于由基准平面 A、B、C 和理论正确尺寸确定的理论正确位置上。

几何特征		公差带的形状和定义	标注示例和解释
位置度	成组要素的位置度	公差带为直径等于公差值的圆柱面内的区域，公差带的轴线的位置由相对于三基面体系的理论正确尺寸确定。 A、B、C—基准平面	每一个被测轴线都应该限制在直径等于公差值，且以相对于 A、B、C 基准表面（基准平面）所确定的理想位置为轴线的圆柱面内。
	面的位置度	公差带为距离等于公差值，且对称于被测表面理论正确位置的两个平行平面之间的区域。该理论正确位置由基准平面、基准轴线和理论正确尺寸、理论正确角度确定。 A—基准平面；B—基准轴线	实际表面应限定在间距等于 0.05 mm 且对称于被测表面理论正确位置的两平行平面之间。该理论正确位置由基准平面 A、基准轴线 B 和理论正确尺寸 15 mm、理论正确角度 105°确定。

4.4.3　跳动公差与公差带

跳动公差是关联实际要素绕基准轴线回转一周或连续回转时所允许的最大跳动量，包括圆跳动和全跳动。当关联实际要素绕基准轴线回转一周时，为圆跳动；当绕基准轴线连续回转时为为全跳动。

圆跳动（circular run-out）是提取（实际）要素绕基准轴线作无轴向移动回转一周时，由位置固定的指示器在给定方向上测得的最大与最小读数之差。这里的给定方向就是对圆柱面是指径向，对圆锥面是指法线方向，对端面是指轴向。因此，圆跳动又相应地分为径向圆跳动、斜向圆跳动和轴向圆跳动。

全跳动（total run-out）是提取（实际）要素绕基准轴线作无轴向移动的连续回转，同时指示器沿基准轴线平行或垂直地连续移动或提取（实际）要素每回转一周，指示器沿基准轴线平行或垂直地作间断移动，由指示器给定方向上测得的最大与最小读数之差。这是给定方向就是对圆柱面是指径向，对端面是指轴向。因此，全跳动又相应地分为径向全跳动和轴向全跳动。

跳动公差具有综合控制的功能，即确定提取要素的形状、方向和位置方面的精度。例如，轴向全跳动公差综合控制端面对基准轴线的垂直度和端面的平面度误差；径向全跳动公差综合控制同轴度和圆柱度等误差。

跳动公差带定义、标注及解释如表 4-7 所示。

表 4-7　跳动公差带的定义、标注及解释

几何特征		公差带的形状和定义	标注示例和解释
圆跳动	径向圆跳动	公差带为任一垂直于基准轴线的横截面内、半径差等于公差值 t、圆心在基准轴线上的两同心圆所限定的区域。 a—基准轴线；b—横截面	在任一垂直于基准轴线 A 的横截面内，被测圆柱面的实际圆应限定在半径差等于公差值、圆心在基准轴线 A 上的两同心圆之间。
	轴向（端面）圆跳动	公差带为与基准轴线同轴线的任一直径的圆柱截面上，间距等于公差值 t 的两个等径圆所限定的圆柱面上的区域。 a—基准轴线；b—公差带； c—任意直径	在与基准轴线 D 同轴线的任一直径的圆柱截面上，实际圆应限定在轴向距离等于 0.1 mm 的两个等径圆之间。

（续表）

几何特征		公差带的形状和定义	标注示例和解释
圆跳动	斜向（法向）圆跳动	公差带为与基准轴线同轴线的某一圆锥截面上，间距等于公差值 t 的直径不相等的两个圆所限定的圆锥面区域。除非另有规定，测量方向应垂直于被测表面 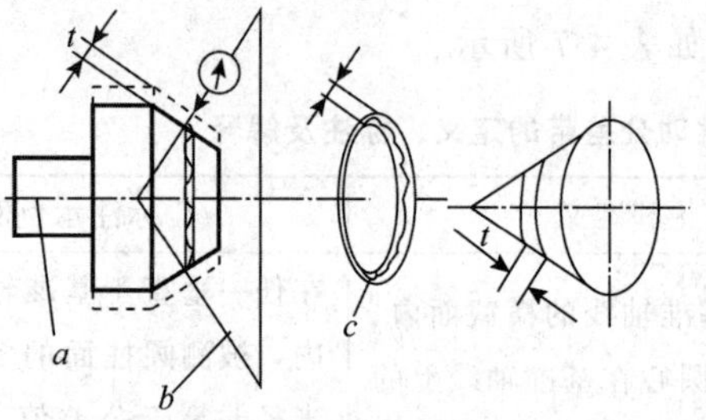 a—基准轴线；b—圆锥截面；c—公差带	在与基准轴线 C 同轴线的任一圆锥截面上，实际线应限定在素线方向间距等于 0.1 mm 的直径不相等的两个圆之间 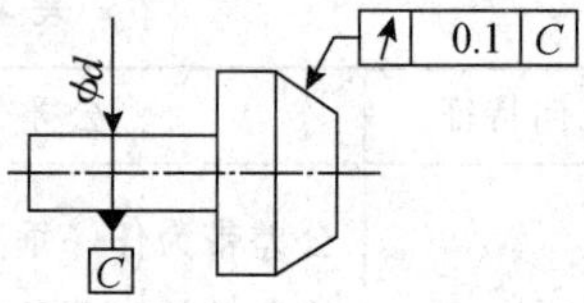
全跳动	径向全跳动	公差带为半径差等于公差值 t 且轴线与基准轴线重合的两个圆柱面所限定的区域 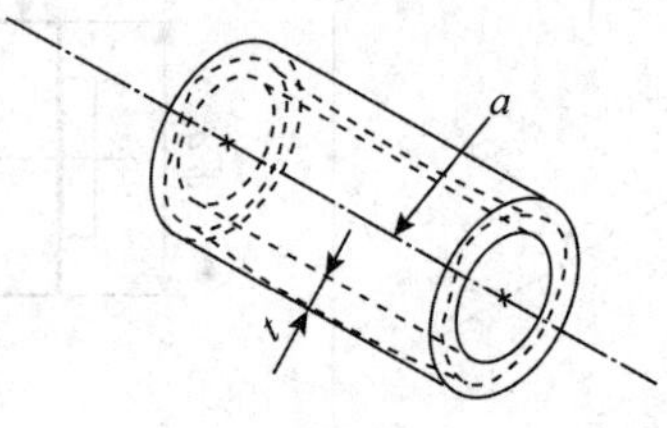 a—基准轴线	被测圆柱面的整个实际表面应限定在半径差等于 0.1 mm 且轴线与公共基准轴线 $A-B$ 重合的两个圆柱面之间 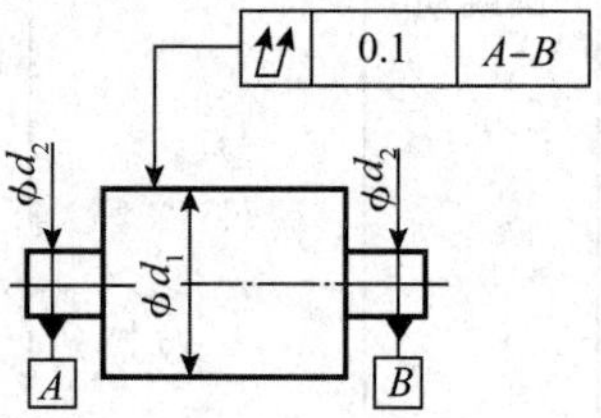
	轴向（端面）全跳动	公差带为间距等于公差值 t 且垂直于基准轴线的两平行平面所限定的区域 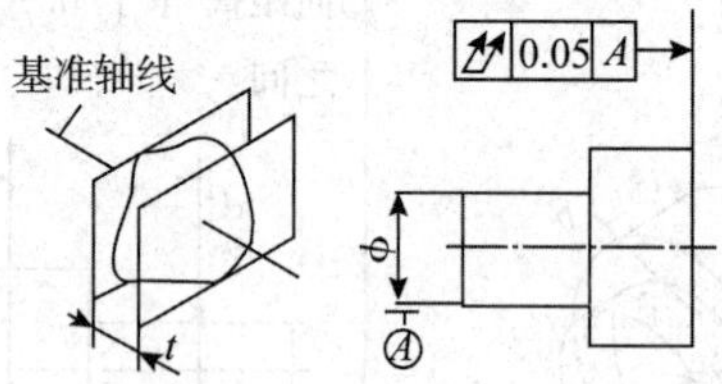 	实际端表面应限定在间距等于 0.1 mm 且垂直基准轴线 D 的两平行平面之间 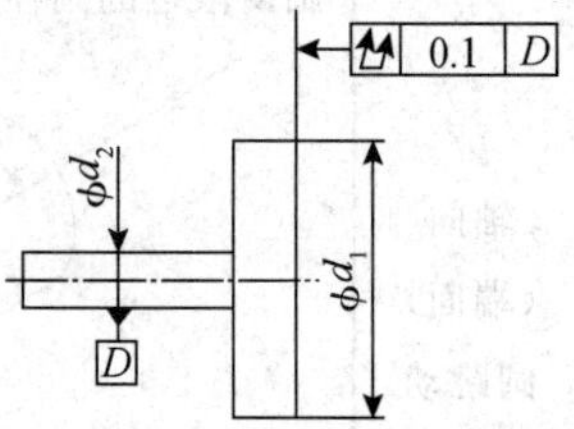

4.4.3 方向、位置及其评定

1. 方向误差的评定

方向误差值用定向最小包容区域（简称定向最小区域）的宽度或直径表示。

定向最小包容区域是按理想要素的方向来包容被测实际要素，且具有最小宽度 f 或直径 ϕf 的包容区域，如图 4-22 所示。

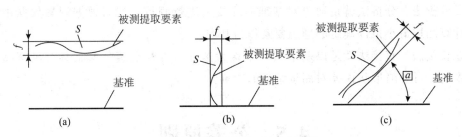

图 4-22　定向最小包容区域示例

（a）评定平行度误差；（b）评定垂直度误差；（c）评定倾斜度误差

2. 位置误差评定

（1）基准的建立及体现。实际基准要素的理想要素的位置应符合最小条件，在确定理想要素的位置时应使实际基准要素对其理想要素的最大变动量为最小。

其基本方法有如下几个。

①模拟法。模拟法就是采用足够精确的实际要素来体现基准平面、基准轴线、基准点等，如图 4-23 所示。如图 4-24 所示为检测和评定平行度误差的情况，长方体的上表面为被测实际要素，下表面为实际基准要素。

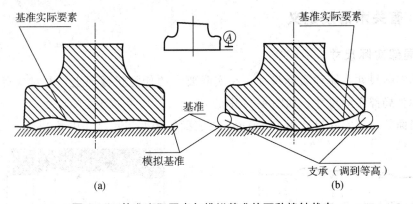

图 4-23　基准实际要素与模拟基准的两种接触状态

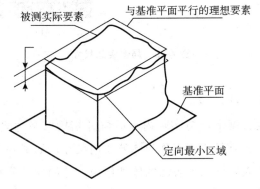

图 4-24　检测和评定平行度误差的情况

②分析法。分析法就是通过对基准实际要素进行测量，然后根据测量数据用图解法或计算法按最小条件确定的理想要素作为基准。

③直接法。直接法就是以基准实际要素为基准，当基准实际要素具有足够高的形状精度时，可忽略形状误差对测量结果的影响。

4.5 公差原则

尺寸公差用于控制零件的尺寸误差，保证零件的尺寸精度要求；几何公差用于控制零件的几何误差，保证零件的几何精度要求。它们是影响零件质量的两个方面。

在同一提取要素上，既有尺寸公差又有几何公差时，确定尺寸公差与几何公差之间相互关系的原则称为公差原则。

根据零件功能的要求，尺寸公差和几何公差可以相对独立，也可以相互影响、互为补偿。为了保证设计要求、正确判断零件是否合格，必须明确尺寸公差和几何公差的内在联系。根据国家标准，处理尺寸公差和几何公差的原则有独立原则和相关要求（包容要求、最大实体要求、最小实体要求、可逆要求）。

4.5.1 有关术语及定义

1. 局部实际尺寸

局部实际尺寸，简称实际尺寸。在实际要素的任意正截面上，两对应点之间测得的距离称为局部实际尺寸。如图 4-25 中的 d_{a1}、D_{a1} 均为局部实际尺寸。

内表面的局部实际尺寸用 D_a 表示，外表面的局部实际尺寸用 d_a 表示。

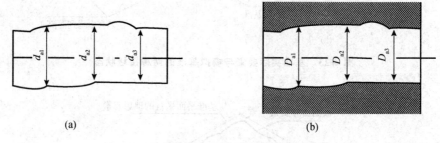

(a)   (b)

图 4-25 局部实际尺寸

2. 体外作用尺寸（D_{fe}、d_{fe}）

在被测要素的给定长度上，与实际内表面体外相接的最大理想面或与实际外表面体外相接的最小理想面的直径或宽度称为体外作用尺寸，如图 4-26 所示。

对于单一要素，其内表面和外表面的体外作用尺寸的代号分别用 D_{fe}、d_{fe} 表示。

对于关联要素，该理想面的轴线或中心平面必须与基准保持图样给定的几何关系，如图 4-26 所示。

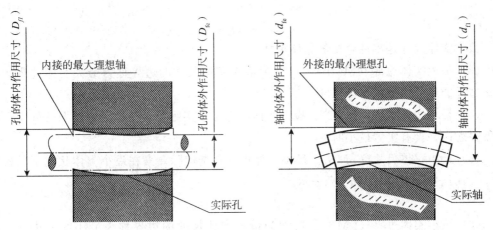

图 4-26　孔、轴作用尺寸

该图表示孔、轴只存在着轴线的直线度误差 f_t，可得：

孔的体外作用尺寸为

$$D_{fe} = D_a - f_t \qquad\qquad (4\text{-}1)$$

轴的体外作用尺寸为

$$d_{fe} = d_a + f_t \qquad\qquad (4\text{-}2)$$

3. 体内作用尺寸（D_{fi}、d_{fi}）

在被测要素的给定长度上，与实际内表面体内相接的最小理想面或与实际外表面体内相接的最大理想面的直径或宽度，称为体内作用尺寸，如图 4-26 所示。

对于单一要素，其内表面和外表面的体内作用尺寸的代号分别用 D_{fi} 和 d_{fi} 表示。

对于关联要素，该理想面的轴线或中心平面必须与基准保持图样给定的几何关系。如图 4-26 所示，该图表示孔、轴只存在着轴线的直线度误差 f_t。可得：

孔的体内作用尺寸为

$$D_{fi} = D_a + f_t \qquad\qquad (4\text{-}3)$$

轴的体内作用尺寸为

$$d_{fi} = d_a - f_t \qquad\qquad (4\text{-}4)$$

4. 实体状态、实体尺寸、边界

（1）最大实体状态（maximum material condition，MMC）。实际要素在给定长度上处处位于尺寸极限之内，并具有实体最大（即材料最多）时的状态称为最大实体状态。最大实体状态是最不利于装配的状态。

（2）最大实体尺寸（maximum material size，MMS）。实际要素在最大实体状态下的极限尺寸称为最大实体尺寸。内表面（孔）和外表面（轴）的最大实体尺寸分别用 D_M 和 d_M 表示。对于内表面，最大实体尺寸是其下极限尺寸 D_{min}，对于外表面，最大

实体尺寸是其上极限尺寸 $d_{\max}$，即

$$d_M = d_{\max} \tag{4-5}$$
$$D_M = D_{\min} \tag{4-6}$$

最大实体尺寸是零件合格的起始尺寸。

（3）最大实体边界（MMB）。尺寸为最大实体尺寸的边界称为最大实体边界。显然，边界的尺寸为最大实体尺寸。

（4）最小实体状态（LMC）。最小实体状态是指实际要素在给定长度上处处位于尺寸极限之内并具有实体最小时的状态。

（5）最小实体尺寸（LMS）。最小实体尺寸是指实际要素在最小实体状态下的极限尺寸，其代号分别用 d_L 和 D_L 表示。

$$d_L = d_{\min}, \ D_L = D_{\max}$$

（6）最小实体边界（LMB）。尺寸为最小实体尺寸的边界称为最小实体边界。显然，边界的尺寸为最小实体尺寸

5. 实效状态、实效尺寸、实效边界

（1）最大实体实效状态（MMVC）。最大实体实效状态是指在给定长度上，实际要素处于最大实体状态，且其中心要素的形状或位置误差等于给出公差值时的综合极限状态。

（2）最小实体状态（LMC）。最小实体状态是指实际要素在给定长度上处处位于尺寸极限之内并具有实体最小时的状态。

（3）最大实体实效尺寸（MMVS）。最大实体实效尺寸是指要素在最大实体实效状态下的体外作用尺寸，其代号分别用 D_{MV} 和 d_{MV} 表示，用公式表示为

$$D_{MV} = D_M - t \quad d_{MV} = d_M + t$$

（4）最小实体尺寸（LMS）。最小实体尺寸是指实际要素在最小实体状态下的极限尺寸，其代号分别用 d_L 和 D_L 表示，即

$$d_L = d_{\min}, \ D_L = D_{\max}$$

（5）最大实体实效边界（MMVB）。最大实体实效边界是指要素处于最大实体实效状态时的边界。显然，边界的尺寸为最大实体实效尺寸。

（6）最小实体边界（LMB）。尺寸为最小实体尺寸的边界称为最小实体边界。显然，边界的尺寸为最小实体尺寸。

4.5.2 独立原则

独立原则（independence principle，IP）是指图样上给定的各个尺寸和几何（形状、方向或位置）要求都是独立的，应该分别满足各自要求的公差原则，是形位公差和尺寸公差相互关系遵循的基本公差原则。

具体地说，就是尺寸公差仅控制提取要素的实际尺寸的变动量（把实际尺寸控制在给定的极限尺寸范围内），不控制该要素本身的几何公差（如圆柱要素的圆度和轴线

的直线度误差、平面要素的平面度误差等），而几何公差控制实际提取要素对其理想要素的形状、方向、位置等的变动量，与该要素的实际尺寸无关如图 4-27 所示。

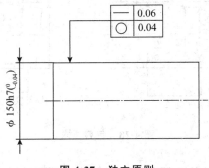

图 4-27　独立原则

1. 独立原则的标注

采用独立原则时，图样上不做任何附加标记，表明尺寸误差由尺寸公差控制，几何误差由几何公差控制，两者互不联系，相互之间也不存在补偿关系。

2. 独立原则的应用

独立原则是尺寸公差和形位公差相互关系遵循的基本原则。其应用范围最广，一般用于非配合零件或对形状和位置要求严格而对尺寸精度要求相对较低的场合。例如，印刷机的滚筒尺寸精度要求不高，但对圆柱度要求高，以保证印刷清晰，因而按独立原则给出了圆柱度公差 t，而其尺寸公差则按未注公差处理。又如，液压传动中常用的液压缸的内孔，为防止泄漏对液压缸内孔的形状精度（圆柱度、轴线直线度）提出了较严格的要求，而对其尺寸精度则要求不高，故尺寸公差与形位公差按独立原则给出。

4.5.3　相关要求

相关要求是指图样上给定的尺寸公差与形位公差相互有关的公差要求。

1. 包容要求

包容要求（ER）是指被测实际要素处处位于具有理想形状的包容面内的一种公差要求，该理想形状的尺寸为最大实体尺寸，如图 4-28 所示。

采用包容要求时，被测要素应遵守最大实体边界，即对于外表面

$$d_{fe} \leqslant d_M (d_{max})$$

$$d_a \geqslant d_L (d_{min})$$

对于内表面

$$D_{fe} \geqslant D_M (D_{min})$$

$$D_a \leqslant D_L (D_{max})$$

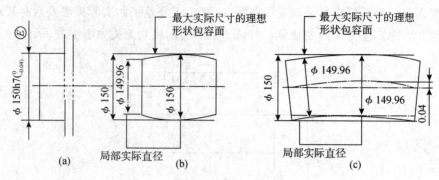

图 4-28　包容要求

包容要求主要用于必须保证配合性质的要素，用最大实体边界保证必要的最小间隙或最大过盈，用最小实体尺寸防止间隙过大或过盈过小。

包容要求常用于机器零件上的配合性质要求较严格的配合表面。如回转轴的轴颈和滑动轴承、滑动套筒和孔、滑块和滑块槽等。

2. 最大实体要求

最大实体要求（MMR）是控制被测要素的实际轮廓处于其最大实体实效边界（即尺寸为最大实体实效尺寸的边界）之内的一种公差要求。

最大实体要求适用于中心要素有形位公差要求的情况，如螺栓和螺钉连接中孔的位置度公差、阶梯孔和阶梯轴的同轴度公差。

采用最大实体要求遵守最大实体实效边界，在一定条件下扩大了形位公差，提高了零件合格率，有良好的经济性。

（1）最大实体要求用于被测要素。图样上形位公差框格内公差值后标注 Ⓜ 时，表示最大实体要求用于被测要素，如图 4-29 所示。

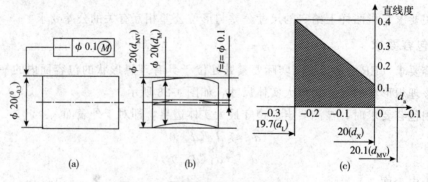

图 4-29　最大实体要求用于被测要素

对于外表面

$$d_{fe} \leqslant d_{MV} = d_{max} + t \quad d_{max} \geqslant d_a \geqslant d_{min}$$

对于内表面

$$D_{\text{fe}} \geqslant D_{\text{MV}} = D_{\min} - t \quad D_{\max} \geqslant D_{\text{a}} \geqslant D_{\min}$$

（2）最大实体要求用于基准要素。图样上公差框格中基准字母后标注符号 Ⓜ 时，表示最大实体要求用于基准要素，如图 4-30 所示。

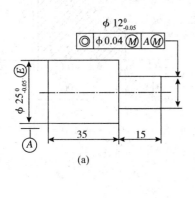

(a)

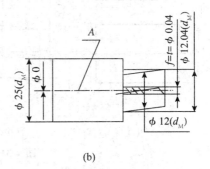

(b)

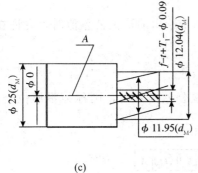

(c)

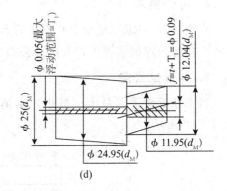

(d)

图 4-30　最大实体要求同时应用于基准要素

3. 最小实体要求

最小实体要求（LMR）是控制被测要素的实际轮廓处于其最小实体实效边界之内的一种公差要求。其适用场合为最小实体要求用于被测要素。

图样上形位公差框格内公差值后面标注符号 Ⓛ 时，表示最小实体要求用于被测要素，如图 4-31 所示。

其局部实际尺寸在最大与最小实体尺寸之间，对于外表面

$$d_{\text{fi}} \geqslant d_{\text{LV}} = d_{\min} - t,\ d_{\max} \geqslant d_{\text{a}} \geqslant d_{\min}$$

对于内表面

$$D_{\text{fi}} \leqslant D_{\text{LV}} = D_{\max} + t,\ D_{\max} \geqslant D_{\text{a}} \geqslant D_{\min}$$

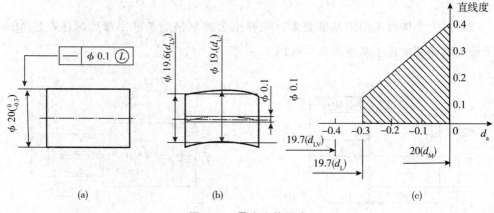

图 4-31   最小实体要求

4. 可逆要求

可逆要求（RR）是指中心要素的形位误差值小于给出的形位公差值时，允许在满足零件功能要求的前提下扩大尺寸公差的一种要求。

5. 零形位公差

当关联要素采用最大（最小）实体要求且形位公差为零时，则称为零形位公差，如图 4-32 所示。

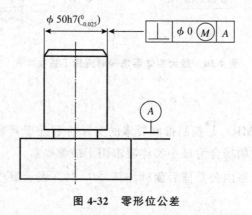

图 4-32   零形位公差

4.6   几何公差的选择

4.6.1   几何公差项目的选择

选择几何公差项目时可以从以下几个方面考虑。

1. 零件的几何特征

零件的几何特征不同，会产生不同的形位误差。例如：回转类（轴类、套类）零件中的阶梯轴，其轮廓要素是圆柱面、端面，中心要素是轴线。

从项目特征来看，同轴度主要用于轴线，这是为了限制轴线的偏离。跳动能综合限制要素的形状和跳动公差。

2. 零件的功能要求

机器对零件不同功能的要求，决定零件需选用不同的形位公差项目。若阶梯轴两轴承位置明确要求限制轴线间的偏差，就应采用同轴度。如果阶梯轴对形位精度有要求，而无需区分轴线的位置误差与圆柱面的形状误差，就可选择跳动项目。

3. 方便检测

在满足功能要求的前提下，为了方便检测，应该选用测量简便的项目代替难于测量的项目，有时可将所需的公差项目用控制效果相同或相近的公差项目来代替。

总之，设计者只有在充分地明确所设计零件的精度要求，熟悉零件的加工工艺和有一定的检测经验的情况下，才能对零件提出合理、恰当的形位公差特征项目。

4.6.2　几何公差等级的选择

几何公差值的确定是根据零件的功能要求，并考虑加工的经济性和零件的结构、刚性等情况，几何公差值的大小又决定于几何公差等级（结合主参数），因此，确定几何公差值实际上就是确定几何公差等级。如表 4-8 至表 4-16 所示。

表 4-8　直线度和平面度公差值（GB1184－1996）　　　单位：μm

主参数	公差等级											
L/mm	1	2	3	4	5	6	7	8	9	10	11	12
≤10	0.2	0.4	0.8	1.2	2	3	5	8	12	20	30	60
>10—16	0.25	0.5	1	1.5	2.5	4	6	10	15	25	40	80
>16—25	0.3	0.6	1.2	2	3	5	8	12	20	30	50	100
>25—40	0.4	0.8	1.5	2.5	4	6	10	15	25	40	60	120
>40—63	0.5	1	2	3	5	8	12	20	30	50	80	150
>63—100	0.6	1.2	2.5	4	6	10	15	25	40	60	100	200
>100—160	0.8	1.5	3	5	8	12	20	30	50	80	120	250
>160—250	1	2	4	6	10	15	25	40	60	100	150	300
>250—400	1.2	2.5	5	8	12	20	30	50	80	120	200	400
>400—630	1.5	3	6	10	15	25	40	60	100	150	250	500
>630—1 000	2	4	8	12	20	30	50	80	120	200	300	600
>1 000—1 600	2.5	5	10	15	25	40	60	100	150	250	400	800

（续表）

主参数 L/mm	公差等级											
	1	2	3	4	5	6	7	8	9	10	11	12
>1 600—2 500	3	6	12	20	30	50	80	120	200	300	500	1000
>2 500—4 000	4	8	15	25	40	60	100	150	250	400	600	1200
>4 000—6 300	5	10	20	30	50	80	120	200	300	500	800	1500
>6 300—10 000	6	12	25	40	60	100	150	250	400	600	1000	2000

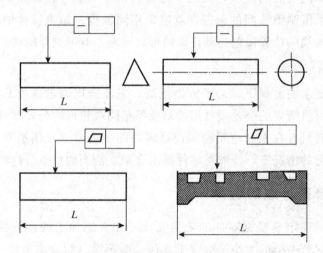

表 4-9　圆度与圆柱度公差值（GB/T 1184—1996）

公差 等级	主参数 d（D）/mm												
	≤3	>3 ~6	>6 ~10	>10 ~18	>18 ~30	>30 ~50	>50 ~80	>80 ~120	>120 ~180	>180 ~250	>250 ~315	>315 ~400	>400 ~500
	公差值/μm												
0	0.1	0.1	0.12	0.15	0.2	0.25	0.3	0.4	0.6	0.8	1	1.2	1.5
1	0.2	0.2	0.25	0.25	0.3	0.4	0.5	0.6	1	1.2	1.6	2	2.5
2	0.3	0.4	0.4	0.5	0.6	0.6	0.8	1	1.2	2	2.5	3	4
3	0.5	0.6	0.6	0.8	1	1	1.2	1.5	2	3	4	5	6
4	0.8	1	1	1.2	1.5	1.5	2	2.5	3.5	4.5	6	7	8
5	1.2	1.5	1.5	2	2.5	2.5	3	4	5	7	8	9	10
6	2	2.5	2.5	3	4	4	5	6	8	10	12	13	15
7	3	4	4	5	6	7	8	10	12	14	16	18	20
8	4	5	6	8	9	11	13	15	18	20	23	25	27
9	6	8	9	11	13	16	19	22	25	29	32	36	40
10	10	12	15	18	21	25	30	35	40	46	52	57	63

（续表）

公差等级	主参数 d（D）/mm												
	≤3	>3 ~6	>6 ~10	>10 ~18	>18 ~30	>30 ~50	>50 ~80	>80 ~120	>120 ~180	>180 ~250	>250 ~315	>315 ~400	>400 ~500
	公差值/μm												
11	14	18	22	27	33	39	46	54	63	72	81	89	97
12	25	30	36	43	52	62	74	87	100	115	130	140	155

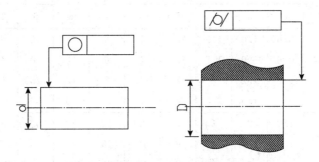

表 4-10　平行度、垂直度、倾斜度公差值（GB/T1184—1996）

公差等级	主要参数 L、d（D）mm														
	≤10	>10 ~16	>16 ~25	>25 ~40	>40 ~63	>63 ~100	>100 ~160	>160 ~250	>250 ~400	>400 ~630	>630 ~1 000	>1 000 ~1 600	>1 600 ~2 500	>2 500 ~4 000	>4 000 ~6 300	>6 300 ~10 000
	公差值/μm														
1	0.4	0.5	0.6	0.8	1	1.2	1.5	2	2.5	3	4	5	6	8	10	12
2	0.8	1	1.2	1.5	2	2.5	3	4	5	6	8	10	12	15	20	25
3	1.5	2	2.5	3	4	5	6	8	10	12	15	20	25	30	40	50
4	3	4	5	6	8	10	12	15	20	25	30	40	50	60	80	100
5	5	6	8	10	12	15	20	25	30	40	50	60	80	100	120	150
6	8	10	12	15	20	25	30	40	50	60	80	100	120	150	200	250
7	12	15	20	25	30	40	50	60	80	100	120	150	200	250	300	400
8	20	25	30	40	50	60	80	100	120	150	200	250	300	400	500	600
9	30	40	50	60	80	100	120	150	200	250	300	400	500	600	800	1 000
10	50	60	80	100	120	150	200	250	300	400	500	600	800	1 000	1 200	1 500
11	80	100	120	150	200	250	300	400	500	600	800	1 000	1 200	1 500	2000	2500
12	120	150	200	250	300	400	500	600	800	1 000	1 200	1 500	2 000	2 500	3 000	4 000

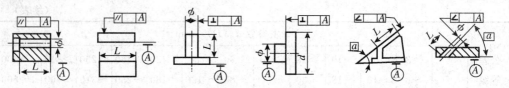

直线和平面度未注公差值如表 4-11 所示，垂直度未注公差值如表 4-18 所示，对称度未注公差值如表 4-19 所示，圆跳动未注公差值如表 4-20 所示。

表 4-11　同轴度、对称度、圆跳动和全跳动公差值

主参数 L/mm	公差等级											
	1	2	3	4	5	6	7	8	9	10	11	12
≤1	0.4	0.6	1.0	1.5	2.5	4	6	10	15	25	40	60
>1—3	0.4	0.6	1.0	1.5	2.5	4	6	10	20	40	60	120
>3—6	0.5	0.8	1.2	2	3	5	8	12	25	50	80	150
>6—10	0.6	1	1.5	2.5	4	6	10	15	30	60	100	200
>10—18	0.8	1.2	2	3	5	8	12	20	40	80	120	250
>18—30	1	1.5	2.5	4	6	10	15	25	50	100	150	300
>30—50	1.2	2	3	5	8	12	20	30	60	120	200	400
>50—120	1.5	2.5	4	6	10	15	25	40	80	150	250	500
>120—250	2	3	5	8	12	20	30	50	100	200	300	600
>250—500	2.5	4	6	10	15	25	40	60	120	250	400	800
>500—800	3	5	8	12	20	30	50	80	150	300	500	1 000
>800—1 250	4	6	10	15	25	40	60	100	200	400	600	1 200
>1 250—2 000	5	8	12	20	30	50	80	120	250	500	800	1 500
>2 000—3 150	6	10	15	25	40	60	100	150	300	600	1 000	2 000
>3 150—5 000	8	12	20	30	50	80	120	200	400	800	1 200	2 500
>5 000—8 000	10	15	25	40	60	100	150	250	500	1 000	1 500	3 000
>8 000—10 000	12	20	30	50	80	120	200	300	600	1 200	2 000	4 000

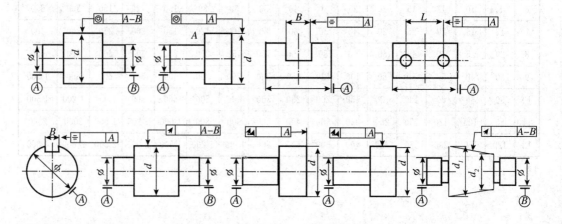

表 4-12　位置公差值数系

1	1.2	1.5	2	2.5	3	4	5	6	8
1×10^n	1.2×10^n	1.5×10^n	2×10^n	2.5×10^n	3×10^n	4×10^n	5×10^n	6×10^n	8×10^n

表 4-13　直线度、平面度公差等级及应用场合

公差等级	应用场合
1、2	用于精密量具、测量仪器以及精度要求极高的精密机械零件，如 0 级样板、平尺、0 级宽平尺、工具显微镜等精密测量仪器的导轨面，喷油嘴针阀体端面平面度，油泵柱塞套端面的平面度等
3	用于 0 级及 1 级宽平尺工作面、1 级样板平尺的工作面、测量仪器圆弧导轨的直线度、测量仪器的测杆等
4	用于量具、测量仪器和机床导轨，如 1 级宽平尺、0 级平板、测量仪器的 V 形导轨、高精度平面磨床的 V 形导轨和滚动导轨、轴承磨床及平面磨床床身直线度等
5	用于 1 级平板、2 级宽平尺、平面磨床的纵导轨、垂直导轨、立柱导轨和平面磨床的工作台、液压龙门刨床导轨面、六角车床床身导轨面、柴油机进排气门导杆等
6	用于 1 级平板、普通车床床身导轨面、龙门刨床导轨面、滚齿机立柱导轨、床身导轨及工作台、自动车床床身导轨、平面磨床垂直导轨、卧式镗床、铣床工作台以及机床主轴箱导轨、柴油机进排气门导杆直线度、柴油机机体上部结合面等
7	用于 2 级平板、0.02 游标卡尺尺身的直线度、机床床头箱体、滚齿机床身导轨的直线度、镗床工作台、摇臂钻底座工作台、柴油机气门导杆、液压泵盖的平面度，压力机导轨及滑块等
8	用于 2 级平板、车床溜板箱体、机床主轴箱体、机床传动箱体、自动车床底座的直线度，气缸盖结合面、气缸座、内燃机连杆分离面的平面度，减速器壳体的结合面
9	用于 3 级平板、机床溜板箱、立钻工作台、螺纹磨床的挂轮架、金相显微镜的载物台、柴油机气缸体、连杆的分离面、缸盖的结合面、阀片的平面度、空气压缩机的汽缸体、柴油机缸孔环面的平面度以及液压管件和法兰的连接面等
10	用于 3 级平板、自动车床床身底面的平面度、车床挂轮架的平面度、柴油机汽缸体、摩托车的曲轴箱体、汽车变速箱的壳体、汽车发动机缸盖结合面、阀片的平面度，以及辅助机构及手动机械的支承面等
11，12	用于易变形的薄片、薄壳零件，如离合器的摩擦片、汽车发动机缸盖的结合面、手动机械支架、机床法兰等

表 4-14　圆度、圆柱度公差等级及应用场合

公差等级	应用场合
1	高精度量仪主轴、高精度机床主轴、滚动轴承滚珠和滚柱等

（续表）

公差等级	应用场合
2	精密量仪主轴、外套、阀套；高压油泵柱塞及套；纺锭轴承，高速柴油机进、排气门，精密机床主轴轴颈、针阀圆柱表面、喷油泵柱塞及柱塞套等
3	小工具显微镜套管外圆，高精度外圆磨床、轴承，磨床砂轮主轴套筒、喷油嘴针阀体、高精度微型轴承内外圈等
4	较精密机床主轴、精密机床主轴箱孔；高压阀门活塞，活塞销、阀体孔；小工具显微镜顶针，高压油泵柱塞，较高精度滚动轴承配合的轴、铣床动力头箱体孔等
5	一般量仪主轴、测杆外圆，陀螺仪轴颈，一般机床主轴，较精密机床主轴箱孔，柴油机、汽油机活塞、活塞销孔，铣床动力头、轴承箱座孔，高压空气压缩机十字头销、活塞，较低精度滚动轴承配合的轴等
6	仪表端盖外圆、一般机床主轴及箱孔、中等压力液压装置工作面（包括泵、压缩机的活塞和汽缸），汽车发动机凸轮轴、纺锭、通用减速器轴轴颈、高速船用发动机曲轴、拖拉机曲轴主轴颈等
7	大功率低速柴油机曲轴；活塞、活塞销、连杆、汽缸；高速柴油机箱体孔，千斤顶或压力油缸活塞，液压传动系统的分配机构，机车传动轴，水泵及一般减速器轴轴颈等
8	低速发动机、减速器、大功率曲柄轴轴颈，压气机连杆盖、体；拖拉机缸体、活塞；炼胶机冷铸轴提，印刷机传墨辊；内燃机曲轴，柴油机机体孔，凸轮轴，拖拉机，小型船用柴油机汽缸套等
9	空气压缩机缸体，液压传动筒，通用机械杠杆与拉杆同套筒销子，拖拉机活塞环、套筒孔等
10	印染机导布辊、铰车、吊车、起重机滑动轴承轴颈等

表 4-15　平行度、垂直度公差等级及应用示例

公差等级	面对面平行度应用示例	面对线、线对线平行度应用示例	垂直度应用示例
1	高精度机床、测量仪器以及量具等主要基准面和工作面		高精度机床、测量仪器以及量具等主要基准面和工作面
2、3	精密机床、测量仪器、量具以及夹具的基准面和工作面	精密机床上重要箱体主轴孔对基准面的要求，尾架孔对基准面的要求	精密机床导轨、普通机床主要导轨，机床主轴轴向定位面；精密机床主轴肩端面，滚动轴承座圈端面，齿轮测量仪的心轴，光学分度头心轴，蜗轮轴端面，精密刀具、量具的基准面和工作面

（续表）

公差等级	面对面平行度应用示例	面对线、线对线平行度应用示例	垂直度应用示例
4、5	普通机床、测量仪器、量具及模具的基准面和工作面，高精度轴承座圈、端盖、挡圈的端面	机床主轴孔对基准面要求、重要轴承孔对基准面要求，床头箱体重要孔间要求，一般减速器壳体孔、齿轮泵的轴孔端面等	普通机床导轨、精密机床重要零件，机床重要支承面，普通机床主轴偏摆，发动机轴和离合器的凸缘；汽缸的支承端面，装4、5级轴承的箱体的凸肩，液压传动轴瓦端面，量具、量仪的重要端面
9、10	低精度零件、重型机械滚动轴承端盖	柴油机和煤气发动机的曲轴孔、轴颈等	花键轴轴肩端面、皮带运输机法兰盘等端面对轴心线、手动卷扬机及传动装置中轴承端面，减速器壳体平面等
11、12	零件的非工作面，卷扬机运输机上用的减速器壳体平面		农业机械齿轮端面等

表4-16 同轴度、对称度、跳动公差等级及应用场合

公差等级	应用场合
1、2、3、4	用于同轴度或旋转精度要求很高的零件，一般需要按尺寸公差IT5级或高于IT5级制造的零件。如1、2级用于精密测量仪器的主轴和顶尖，柴油机喷油嘴针阀等；3、4级用于机床主轴轴颈，砂轮轴轴颈，汽轮机主轴，测量仪器的小齿轮轴，高精度滚动轴承内、外圈等
5、6、7	应用范围较广的精度等级，用于精度要求比较高，一般按尺寸公差IT6或IT7级制造的零件。如5级精度常用在机床轴颈，测量仪器的测量杆、汽轮机主轴、柱塞油泵转子，高精度滚动轴承外圈，一般精度轴承内圈；7级精度用于内燃机曲轴、凸轮轴轴颈、水泵轴、齿轮轴、汽车后桥输出轴、电机转子、0级精度滚动轴承内圈、印刷机传墨辊等
8、9、10	用于一般精度要求，通常按尺寸公差IT9～IT10级制造的零件。如8级精度用于拖拉机发动机分配轴轴颈，9级精度以下齿轮轴的配合面，水泵叶轮，离心泵泵体，棉花精梳机前后滚子；9级精度用于内燃机汽缸套配合面，自行车中轴；10级精度用于摩托车活塞、印染机导布辊，内燃机活塞环槽底径对活塞中心，汽缸套外圈对内孔等
1、12	用于无特殊要求，一般按尺寸精度IT12级制造的零件

几何公差等级的选择原则与尺寸公差选用原则相同，即在满足零件使用要求的前提下，尽量选用低的公差等级。

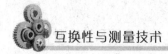

（1）几何公差和尺寸公差的关系一般满足关系式：$T_{形状}<T_{位置}<T_{尺寸}$。

（2）有配合要求时形状公差与尺寸公差的关系 $T_{形状}=KT$，尺寸在常用尺寸公差等级 IT5～IT8 的范围内，通常取 $K=25\%\sim65\%$。

（3）形状公差与表面粗糙度的关系。一般情况下，表面粗糙度的 Ra 值约占形状公差值的 $20\%\sim25\%$。

（4）考虑零件的结构特点。对于结构复杂、刚性较差（如细长轴、薄壁件等）或不易加工和测量的零件，在满足零件功能要求的前提下，可适当选用低一些的公差等级。

（5）凡有关标准已对几何公差作出规定的，如与滚动轴承相配的轴和壳体孔的圆柱度公差、机床导轨的直线度公差、齿轮箱体孔的轴线的平行度公差等，都应按相应的标准确定。

除线轮廓度、面轮廓度以及位置度未规定公差等级外，其余 11 项均有规定。一般划分为 12 级，即 1～12 级，精度依次降低，仅圆度和圆柱度划分为 13 级，即增加了一个 0 级，以便适应精密零件的需要。

位置度常用于控制螺栓或螺钉连接中孔距的位置精度要求，其公差值取决于螺栓与光孔之间的间隙。位置度公差值 T（公差带的直径或宽度）按下式计算

螺栓连接：$T\leqslant KZ$

螺钉零件：$T\leqslant 0.5KZ$

式中　Z——孔与紧固件之间的间隙；

$Z=D_{min}——d_{max}$

D_{min}——最小孔径（光孔的最小直径）；

d_{max}——最大轴径（螺栓或螺钉的最大直径）；

K—间隙利用系数。

推荐值为：不需调整的固定联接，$K=1$；需要调整的固定联接，$K=0.6\sim0.8$。

（6）未注几何公差的规定。应用未注公差的总原则是：实际要素的功能允许几何公差等于或大于未注公差值，一般不需要单独注出，而采用未注公差。如功能要求允许大于未注公差值，而这个较大的公差值能带来经济效益，则可将这个较大的公差值单独标注在要素上。因此，未注公差值是一般机床或中等制造精度就能保证的几何精度，为了简化标注，不必在图样上注出的几何公差。

表 4-17　直线和平面度未注公差值　　　　单位：mm

公差等级	直线度和平面度基本长度的范围					
	～10	>10～30	>30～100	>100～300	>300～1 000	>1 000～3 000
H	0.02	0.05	0.1	0.2	0.3	0.4
K	0.05	0.1	0.2	0.4	0.6	0.8
L	0.1	0.2	0.4	0.8	1.2	1.6

表 4-18　垂直度未注公差值　　　　　　　　　　　单位：mm

公差等级	垂直度公差短边基本长度的范围			
	～100	>100～300	>300～1 000	>1 000～3 000
H	0.2	0.3	0.4	0.5
K	0.4	0.6	0.8	1
L	0.6	1	1.5	2

表 4-19　对称度未注公差值　　　　　　　　　　　单位：mm

公差等级	对称度公差基本长度的范围			
	～100	>100～300	>300～1 000	>1 000～3 000
H	0.5	0.5	0.5	0.5
K	0.6	0.6	0.8	1
L	0.6	1	1.5	2

表 4-20　圆跳动未注公差值　　　　　　　　　　　单位：mm

公差等级	圆跳动公差值
H	0.1
K	0.2
L	0.5

4.6.3　公差原则的选择

在何种情况下，选择用何种公差原则与公差要求应综合考虑下面几个因素。

1. 功能性要求

采用何种公差原则，主要应从零件的使用功能要求考虑。如滚筒类零件的尺寸精度要求很低，圆柱度要求较高；平板的平面精度要求较高，尺寸精度要求不高；冲模架的下模座尺寸精度要求不高，平行度要求较高；导轨的形状精度要求严格，尺寸精度要求次之。以上情况均应采用独立原则。

对零件有配合要求的表面，特别是涉及和影响零件的定位精度、运动精度等重要性能而配合性质要求较严格的表面，一般采用包容要求。

尺寸精度和形位精度要求不高，但要求能保证自由装配的零件，对其中心要素应采用最大实体要求。

2. 设备状况

如果机床加工精度较高，零件的形位误差较小，可采用包容要求或最大实体要求的零形位公差；如果机床设备状况较差，加工零件的形位误差较大，应采用独立原则或最大实体要求。

3. 生产批量

一般情况下，大批量生产时采用相关要求较为经济。当零件的生产批量小到一定程度时，采用通用检具检测形位误差反而比制造量规经济，这时若从经济性原则出发，宜采用独立原则。

4. 操作技能

操作技能的高低在很大程度上决定了尺寸误差的大小。补偿量较大时可采用包容要求或最大实体的零形位公差；补偿量较小时宜采用独立原则或最大实体要求。

4.7 几何误差的检测

4.7.1 几何误差的检测原则

几何误差检测有以下五种原则。

（1）与拟合要素比较的原则。与拟合要素比较的原则是指将被测提取要素与拟合要素比较，也就是将量值和允许误差值比较，这是大多数形位误差检测的原则。

（2）测量坐标值原则。测量坐标值原则是指利用计量器具的固有坐标，测出实际被测要素上各测点的相对坐标值，再经过计算或处理确定其几何误差值。

（3）测量特征参数原则。测量特征参数原则是指测量实际被测要素上具有代表性的参数（即特征参数）来近似表示几何误差值。

（4）测量跳动原则。测量跳动原则是指测量工件径向跳动公差值时，要把被测工件绕轴线回转，此时测量某点的径向跳动为半径公差值。

（5）控制实效边界原则。控制实效边界原则是使用综合检测被测要素是否合格的方法。用量规来检测工件的两个同心孔的同轴度是否合格，量规的外径按最大实体要求的形位公差制作，如果量规能顺利通过孔径，则工件内空合格。

4.7.2 几何误差的检测

1. 几何误差检测的步骤

几何误差检测的步骤如下。

（1）根据误差项目和检测条件确定检测方案，根据方案选择检测器具，并确定测量基准。

（2）进行测量，得到被测实际要素的有关数据。

（3）进行数据处理，按最小条件确定最小包容区域，得到形位误差数值。

2. 直线度误差的检测

（1）指示器测量法，如图 4-33 所示。

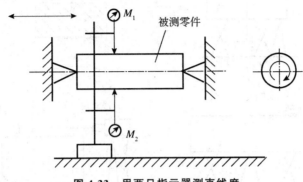

图 4-33　用两只指示器测直线度

（2）刀口尺法：如图 4-34（a）所示。

（3）钢丝法：如图 4-34（b）所示。

（4）水平仪法：如图 4-34（c）所示。

（5）自准直仪法：如图 4-34（d）所示。

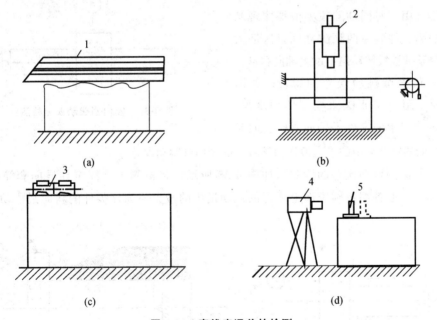

图 4-34　直线度误差的检测

（a）刀口尺法；（b）钢丝法；（c）水平仪法；（d）自准直仪法

3. 平面度误差的检测

常见的平面度测量方法如图 4-35 所示。

115

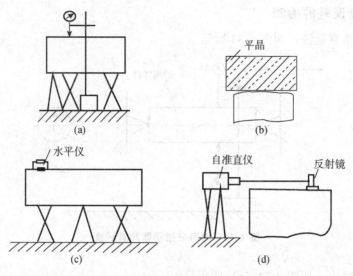

图 4-35　平面度误差的检测

4. 跳动误差的检测

（1）径向圆跳动误差的检测。如图 4-36 所示，用一对同轴的顶尖模拟体现基准，将被测工件装在两顶尖之间，保证大圆柱面绕基准轴线转动但不发生轴向移动。

（2）端面圆跳动误差的检测。如图 4-37 所示，用一 V 形架来模拟体现基准，并用一定位支承使工件沿轴向固定。取各测量圆柱面的跳动量中的最大值作为该零件的端面圆跳动误差。

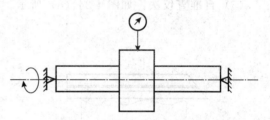

图 4-36　径向圆跳动误差检测

（3）斜向圆跳动误差的检测。如图 4-38 所示，将被测零件固定在导向套筒内，且在轴向固定。取各测量圆锥面上测得的跳动量中的最大值为该零件的斜向圆跳动误差。

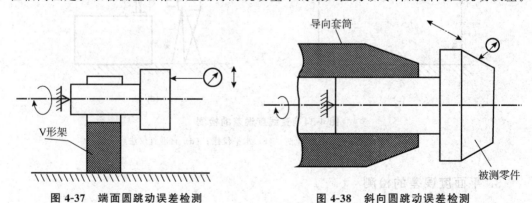

图 4-37　端面圆跳动误差检测

图 4-38　斜向圆跳动误差检测

（4）径向全跳动误差的检测。如图 4-39 所示，将被测零件固定在两同轴导向套筒内，同时在轴向固定零件调整两套筒，使其公共轴线与平板平行。在整个测量过程中，指示器读数的最大差值即为该零件的径向全跳动误差。

（5）端面全跳动误差的检测。如图 4-40 所示，将被测零件支承在导向套筒内，并在轴向固定，导向套筒的轴线应与平板垂直。在整个测量过程中，指示器读数的最大差值即为该零件的端面全跳动误差。

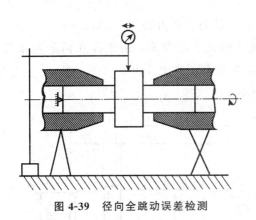

图 4-39　径向全跳动误差检测　　　　图 4-40　端面全跳动误差检测

4.8　应用案例

（1）ϕ55j6 圆柱面。从检测的可能性和经济性分析，可用径向圆跳动公差代替同轴度公差，参照表 4-21 确定公差等级为 7 级。查表 4-11，其公差值为 0.025 mm。查表 4-14 和表 4-9 确定圆柱度公差等级为 6 级，公差值为 0.005 mm。

（2）ϕ56r6、ϕ45m6 圆柱面。均规定了对 2—ϕ55j6 圆柱面公共轴线的径向圆跳动公差，公差等级仍取 7 级，公差值分别为 0.025 mm 和 0.020 mm。

（3）键槽 12N9 和键槽 16N9 查表 4-21，对称度公差数值均按 8 级给出，查表 4-11，其公差值为 0.02 mm。

表 4-21　同轴度、对称度和跳动公差常用等级的应用举例

公差等级	应用举例
5、6、7	应用范围较广的公差等级。用于几何精度要求较高、尺寸公差等级为 IT8 及高于 IT8 的零件。5 级常用于机床主轴轴颈、计量仪器的测杆、汽轮机主轴、柱塞油泵转子、高精度滚动轴承外圈、一般精度滚动轴承内圈；6、7 级用于内燃机曲轴、凸轮轴轴颈、齿轮轴、水泵轴、汽车后轮输出轴，电机转子、印刷机传墨辊的轴颈、键槽等

（续表）

公差等级	应用举例
8、9	常用于几何精度要求一般、尺寸公差等级为 IT9 至 IT11 的零件。8 级用于拖拉机发动机分配轴轴颈、与 9 级精度以下齿轮相配的轴、水泵叶轮、离心泵体、棉花精梳机前后滚子、键槽等；9 级用于内燃机气缸套配合面、自行车中轴等

（4）轴肩公差等级取为 6 级，查表 4-11，其公差值为 0.015 mm。

（5）其他要素。图样上没有具体注明几何公差的要素，由未注几何公差来控制。这部分几何公差，一般机床加工容易保证，不必在图样上注出。

输出轴几何公差标注示例如图 4-41 所示。

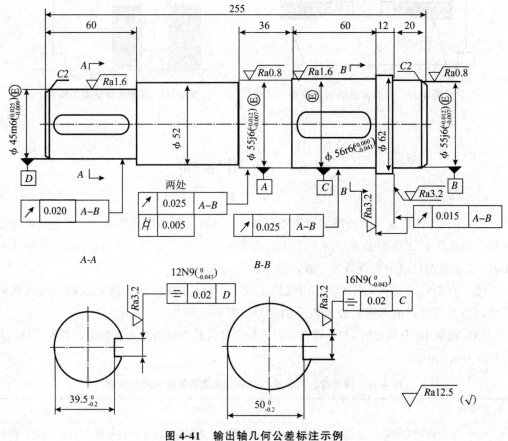

图 4-41　输出轴几何公差标注示例

本章小结

本章主要讲述了几何公差的基本知识，几何公差的标注，几何公差及其公差带，方向、位置、跳动误差及公差，公差原则，几何公差的选择，并有应用举例。

几何误差及其对零件使用性能的影响主要有：影响零件的配合性质、影响零件的功能要求和影响零件的可装配性。

几何公差研究的对象就是零件要素本身的形状精度及相关要求要素之间相互的方向和位置等精度问题。

几何公差的标注包括：公差框格、提取组成要素及指引线、公差特征符号、几何公差值及有关符号、基准符号及相关要求符号。

几何公差带是由一个或几个理想的几何线或面所限定的、由线性公差值表示大小的，用来限制提取（实际）要素变动的区域。几何公差带具有形状、大小、方向和位置四个要素。

方向公差是关联实际提取要素对基准在方向上允许的变动全量，包括平行度、垂直度和倾斜度三项。位置公差是关联实际要素对基准在位置上允许的变动全量。理想要素的位置由基准和理论正确尺寸确定，包括同心度、同轴度、对称度、位置度、线轮廓度和面轮廓度等六项。跳动公差是关联实际要素绕基准轴线回转一周或连续回转时所允许的最大跳动量，包括圆跳动和全跳动。

为了保证设计要求，正确判断零件是否合格，必须明确尺寸公差和几何公差的内在联系。根据国家标准，处理尺寸公差和几何公差的原则有独立原则和相关要求。

几何公差的选择主要有：几何公差项目的选择、几何公差等级的选择和公差原则的选择。

几何误差的检测应遵循 5 个原则。评定形状误差须在实际要素上找出理想要素的位置。这要求遵循一条原则，即使理想要素的位置符合最小条件。

直线度误差检测的方法主要有：指示器测量法、刀口尺法、钢丝法、水平仪法和自准直仪法。

跳动误差的检测主要有：径向圆跳动误差的检测、端面圆跳动误差的检测、斜向圆跳动误差的检测、径向全跳动误差的检测和端面全跳动误差的检测。

本章习题

一、填空题

1. 用项目符号表示几何公差中只能用于中心要素的项目有_____，只能用于轮廓要素的项目有_____，既能用于中心要素又能用于轮廓要素的项目有_____。

2. 直线度公差带的形状有_____几种形状，具有这几种公差带形状的位置公差项目有_____。

3. 最大实体状态是实际尺寸在给定的长度上处处位于_____之内，并具有＿＿＿＿＿＿＿＿时的状态。在此状态下的＿＿＿＿＿＿＿＿＿称为最大实体尺寸。尺寸为最大实体尺寸的边界称为＿＿＿＿＿＿＿＿。

4. 包容要求主要适用于＿＿＿＿＿＿＿＿＿＿的场合；最大实体要求主要适用于＿＿＿＿＿＿＿＿的场合；最小实体要求主要适用于＿＿＿＿＿＿＿＿的场合。

5. 几何公差特征项目的选择应根据＿＿＿＿＿＿＿＿＿＿＿＿＿＿＿＿＿＿等方面的因素，经综合分析后确定。

二、选择题

1. 一般来说零件的形状误差（　　）其位置误差，方向误差（　　）其位置误差。

A. 大于　　　　　B. 小于　　　　　C. 等于

2. 方向公差带的（　　）随被测实际要素的位置而定。

A. 形状　　　　　B. 位置　　　　　C. 方向

3. 某轴线对基准中心平面的对称度公差为 0.1 mm，则允许该轴线对基准中心平面的偏离量为（　　）。

A. 0.1 mm　　　　B. 0.05 mm　　　　C. 0.2 mm

4. 几何未注公差标准中没有规定（　　）的未注公差，是因为它可以由该要素的尺寸公差来控制。

A. 圆度　　　　　B. 直线度　　　　　C. 对称度

5. 对于孔，其体外作用尺寸一般（　　）其实际尺寸；对于轴，其体外作用尺寸一般（　　）其实际尺寸。

A. 大于　　　　　B. 小于　　　　　C. 等于

三、判断题

1. 评定形状误差时，一定要用最小区域法。（　　）

2. 位置误差是关联实际要素的位置对实际基准的变动量。（　　）

3. 独立原则、包容要求都既可用于中心要素，也可用于轮廓要素。（　　）

4. 最大实体要求、最小实体要求都只能用于中心要素。（　　）

5. 可逆要求可用于任何公差原则与要求。（　　）

6. 若某平面的平面度误差为 f，则该平面对基准平面的平行度误差大于 f。（　　）

四、简答题

1. 形位公差项目分类如何？其名称和符号是什么？

2. 形位公差带与尺寸公差带有何区别？形位公差的四要素是什么？

3. 下列形位公差项目的公差带有何相同点和不同点？

(1) 圆度和径向圆跳动公差带。

(2) 端面对轴线的垂直度和端面全跳动公差带。

(3) 圆柱度和径向全跳动公差带。

4. 最小包容区域、定向最小包容区域与定位最小包容区域三者有何差异？若同一要素需同时规定形状公差、定向公差和定位公差时，三者的关系应如何处理？

5. 公差原则有哪些？独立原则和包容要求的含义是什么？

6. 轮廓要素和中心要素的形位公差标注有什么区别？

7. 哪些情况下在形位公差值前要加注符号？哪些场合要用理论正确尺寸？它们是怎样标注的。

8. 如何正确选择形位公差项目和形位公差等级？具体应考虑哪些问题？

9. 如图 4-42 所示，若实测零件的圆柱直径为 $\phi19.97$ mm，其轴线对基准平面 A 的垂直度误差为 $\phi0.04$ mm，试判断其垂直度是否合格，为什么？

10. 指出图 4-43 中两图几何公差的标注错误，并加以改正（不改变几何公差特征符号）。

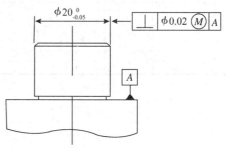

图 4-42　习题 9 图

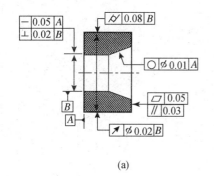

(a)

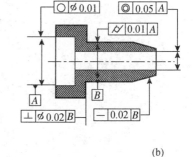

(b)

图 4-43　简答题 10 图

11. 按图 4-44 中公差原则或公差要求的标注填表 4-22。

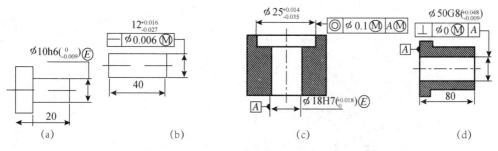

(a)　　　　　　　　(b)　　　　　　　　(c)　　　　　　　　(d)

图 4-44　简答题 11 图

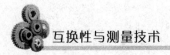

表 4-22　公差原则或公差要求的内容

零件序号	最大实体尺寸	最小实体尺寸	最大实体状态时的几何公差值	可能补偿的最大几何公差值	边界名称及边界尺寸	对某一实际尺寸几何误差的合格范围
a						
b						
c						
d						

第5章 表面粗糙度

本章导读

表面粗糙度一般是由所采用的加工方法和其他因素形成的，例如，加工过程中刀具与零件表面间的摩擦、切屑分离时表面层金属的塑性变形以及工艺系统中的高频振动等。由于加工方法和工件材料的不同，被加工表面留下痕迹的深浅、疏密、形状和纹理都有差别。表面粗糙度与机械零件的配合性质、耐磨性、疲劳强度、接触刚度、振动和噪声等有密切关系，对机械产品的使用寿命和可靠性有重要影响，一般用 R_a。

本章目标

❋了解表面粗糙度的基本知识
❋掌握表面粗糙度的评定和选用
❋了解表面粗糙度符号、代号及其注法
❋掌握表面粗糙度的检测方法

5.1 表面粗糙度的基本知识

5.1.1 表面粗糙度的级别概念

在机械加工过程中，由于切削刀具或砂轮切削后遗留的刀痕、切屑分离时的塑性变形、刀具与零件表面的摩擦及机床工艺系统的高频震动的原因，被加工的零件表面并不是完全理想的表面，会存在一定的几何形状误差，产生微小的峰谷。其中，造成零件表面的凹凸不平，形成微观几何形状误差的较小间距（通常波距小于 1 mm）的峰谷称为表面粗糙度。它是一种微观几何形状误差，也称为微观不平度。

表面粗糙度、表面形状误差（宏观几何形状误差）和表面波度有所区别，可按波距来区分。通常，波距在 1～10 mm 的属于表面波纹度，波距大于 10 mm 的属于形状误差，波距小于 1 mm 的属于表面粗糙度。加工厚零件的截面轮廓形状如图 5-1 所示。

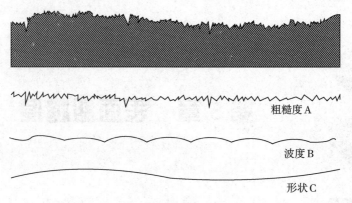

粗糙度A

波度B

形状C

图 5-1　加工后零件的截面轮廓形状

5.1.2　表面粗糙度对机械零件使用性能的影响

表面粗糙度对机械零件使用性能及其寿命影响较大，尤其对在高温、高速和高压条件下工作的机械零件影响更大，主要表现以下几个方面。

1. 影响耐磨性

具有微观几何形状误差的两个表面只能在轮廓的峰顶发生接触，当他们产生相对运动时，波峰间的接触作用产生摩擦力，会使零件磨损。一般来说，零件表面越粗糙，阻力越大，配合接触的有效面积越小，单位面积作用力越大，磨损越快，耐磨性越差。但零件表面过于光滑，不利于轮滑油的储存和吸附，也会使摩擦阻力加大而加快磨损。

2. 影响配合性质的稳定性

对于间隙配合，相对运动的表面因其粗糙不平而迅速磨损，致使间隙增大；对于过盈配合，表面轮廓峰顶在装配时容易被挤平，使实际有效过盈量减小，致使联接强度降低；对于过渡配合，表面粗糙也会使配合产生变松的趋势，导致定心和导向精度降低。

3. 影响疲劳强度

零件表面越粗糙，凹痕就越深。当零件承受交变荷载时，对应力集中很敏感，使疲劳强度降低，会导致零件表面产生裂纹而损坏。

4. 影响耐腐蚀性

粗糙的表面易使腐蚀性物质存积在表面的微观凹谷处，并渗入到金属内部，致使腐蚀加剧。

表面粗糙度对腐蚀性的影响如图 5-2 所示。

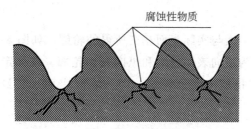

图 5-2　表面粗糙度对腐蚀性的影响

5. 影响接触刚度

接触刚度影响零件的工作精度和抗振性。这是由于表面粗糙度使表面间只有一部分面积接触。一般情况下，实际接触面积只有公称接触面积的百分之几。因此，表面越粗糙受力后局部变形越大，接触刚度也越低。

6. 影响结合面的密封性

粗糙的表面结合时，两表面只在局部点上接触，中间有缝隙，影响密封性。因此，降低表面粗糙度，可提高其密封性。

7. 对零件其他性能的影响

表面粗糙度对零件其他性能，如对测量精度、流体流动的阻力及零件外形的美观等都有很大的影响。

为提高产品使用性能和质量，促进互换性生产，在对零件进行尺寸、形状和位置精度实际时，应考虑表面粗糙度的要求。到目前为止，我国常用的表面粗糙度国家标准为：GB/T 3505—2009《产品几何技术规范（GPS）表面结构轮廓法表面结构的术语、定义及参数》、GB/T1031—2009《产品几何技术规范（GPS）表面粗糙度　参数及其数值》、GB/T131—2006《产品几何技术规范（GPS）技术产品文件中表面结构的表示法》、GB/T10610—2009《产品几何技术规范（GPS）表面结构轮廓法评定表面结构的规则和方法》等。

5.2　表面粗糙度的评定

对于具有表面粗糙度要求的零件表面，加工后需要测量和评定其表面粗糙度的合格性。

5.2.1　基本术语

1. 实际表面

实际表面是指零件上实际存在的表面，是物体与周围介质分离的表面，如图 5-3 所示。

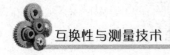

2. 表面轮廓

表面轮廓是指理想平面与实际表面相交所得的轮廓，如图5-3所示。按照相截方向的不同，表面轮廓又分为横向表面轮廓和纵向表面轮廓。在评定和测量表面粗糙度时，除非特别指明，通常均指横向表面轮廓，即与实际表面加工纹理方向垂直的截面上的轮。

3. 坐标系

坐标系是确定表面结构参数的坐标体系。通常采用一个直角坐标系，其轴线形成一个右旋笛卡尔坐标系，X轴与中线方向一致，Y轴也处于实际表面上，而Z轴则在从材料到周围介质的外延方向上，如图5-3所示。

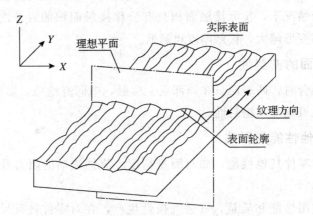

图 5-3 实际表面、表面轮廓及坐标系

4. 取样长度 l_r

取样长度是在X轴方向判别被评定轮廓不规则特征的上的长度，是测量和评定表面粗糙度时所规定的一段基准线长度，它至少包含5个以上轮廓峰和谷，如图5-4所示，取样长度l_r的方向与轮廓走向一致。规定取样长度是为了限制和减弱其他几何形状误差，特别是表面波纹度对测量和评定表面粗糙度的影响。表面越粗糙，取样长度就越大。

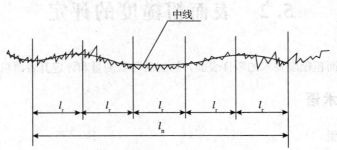

图 5-4 取样长度 l_r 和评定长度 l_n

5. 评定长度 l_n

评定长度是用于判别被评定轮廓的 X 轴方向上的长度。由于零件表面粗糙度不一定均匀，在一个取样长度上往往不能合理地反映整个表面粗糙度特征。因此，在测量和评定时，需规定一段最小长度作为评定长度。

评定长度包含一个或几个取样长度，如图 5-4 所示。一般情况下，默认取 $l_n = 5l_r$；若被测表面比较均匀，可选 $l_n < 5l_r$；若均匀性差，可选 $l_n > 5l_r$。

6. 中线 m

中线是具有几何轮廓形状并划分轮廓的基准线，也就是用以评定表面粗糙度参数值的给定线。中线有下列两种。

(1) 轮廓的最小二乘中线。轮廓最小二乘中线是指在取样长度内，使轮廓上各点至该线的距离 Z_i 的平方和为最小的线，即

$$\int_0^{l_r} Z_i{}^2 \mathrm{d}x = \min$$

(2) 轮廓算术平均中线（近似的图解法）。轮廓算术平均中线是指在取样长度内，划分轮廓为上下两部分，且使上下两部分面积相等的线，即 $F_1 + F_2 + \cdots + F_n = S_1 + S_2 + \cdots + S_m$，如图 5-5 所示。

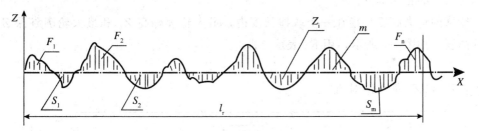

图 5-5　轮廓算术平均中线

在轮廓图形上确定最小二乘中线的位置比较困难，通常可用目测估计确定算术平均中线。

5.2.2　表面粗糙度的评定参数

1. 评定轮廓的算术平均偏差 R_a

评定轮廓的算术平均偏差是指在一个取样长度内纵坐标值 $Z(x)$ 绝对值的算术平均值，如图 5-6 所示，用 R_a 表示。即

$$R_a = \frac{1}{l_r} \int_0^{l_r} |Z(x)| \mathrm{d}x$$

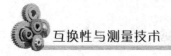
或近似为

$$R_a = \frac{1}{n} \sum_{i=1}^{n} |Z_i|$$

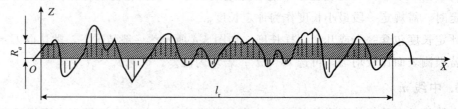

图 5-6　评定轮廓的算术平均偏差

所谓纵坐标值 $Z(x)$，是指被评定轮廓在任一位置距 X 轴的高度。若纵坐标位于 X 轴下方，该高度被视作负值，反之则为正值。测得的 R_a 值越大，则表面越粗糙。R_a 能客观地反映表面微观几何形状误差，但因受到计量器具功能限制，不宜用作过于粗糙或太光滑表面的评定参数。

2. 轮廓的最大高度 R_z

轮廓峰是指被评定轮廓上连接轮廓和 X 轴两相邻交点的向外（从材料到周围介质）的轮廓部分；轮廓谷是指被评定轮廓上连接轮廓和 X 轴两相邻交点的向内（从周围介质到材料）的轮廓部分。

轮廓的最大高度是指在一个取样长度内，最大轮廓峰高 Z_p 和最大轮廓谷深 Z_v 之和的高度，如图 5-7 所示，用 R_z 表示。即：

$$R_z = Z_p + Z_v$$

式中，Z_p 和 Z_v 都取绝对值。

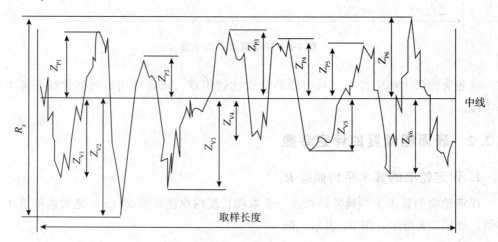

图 5-7　轮廓的最大高度

3. 轮廓单元的平均宽度 R_{sm}

轮廓单元是指某个轮廓峰与相邻轮廓谷的组合。轮廓单元宽度是指一个轮廓单元与 X 轴相交线段的长度。轮廓单元的平均宽度是指在一个取样长度内轮廓单元宽度 X_S 的平均值，如图 5-8 所示，用 R_{sm} 表示，即

$$R_{sm} = \frac{1}{m} \sum_{i=1}^{m} X_{S_i}$$

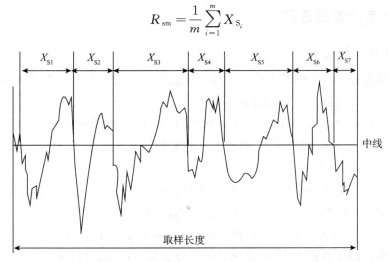

图 5-8 轮廓的算术平均单元

4. 轮廓的支承长度率 $R_{mr}(c)$

轮廓的实体材料长度 $Ml(c)$ 是指在评定长度内一平行于 X 轴的直线从峰顶线向下移一水平截距 c 时与轮廓相截所得的各段截线长度之和，如图 5-9 （a）所示，即

$$Ml(c) = b_1 + b_2 + \cdots + b_i + b_n = \sum_{i=1}^{n} b_i$$

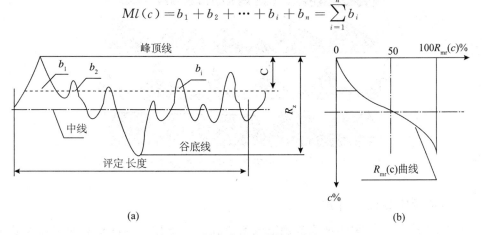

(a)   (b)

图 5-9 轮廓单元的支撑长度率

轮廓的支承长度率 $R_{mr}(c)$ 依据评定长度而不是在取样长度上来定义，这样可以提供更稳定的参数。轮廓的水平截距 c 可用微米或用它占轮廓的最大高度 Rz 的百分比表示。

5.3 表面粗糙度的选用

5.3.1 评定参数的选用

1. 幅度参数的选用

幅度参数是标准规定的基本参数，可以单独选用。对于有表面粗糙度要求的表面，必须选用一个幅度参数。一般情况下可以从 R_a 和 R_z 中任选一个。

在常用值范围内（R_a 为 $0.025\ \mu m \sim 6.3\ \mu m$），优先选用 R_a，因为它能够比较全面地反映被测表面的微小峰谷特征，同时，上述范围内被测表面 R_a 的实际值能够用轮廓仪方便地测出。

当粗糙度要求特别高或特别低（$R_a < 0.025\ \mu m$ 或 $R_a > 6.3\ \mu m$）时，选用 R_z。R_z 用于测量部位小、峰谷小或有疲劳强度要求的零件表面的评定。

如图 5-10 所示，五种表面的轮廓的最大高度参数 R_z 相同，而使用质量显然不同。由此可见，只用幅度参数 R_z 不能全面反映零件表面微观几何形状误差，对于有特殊要求的少数零件的重要表面，需要加选附加参数 R_{sm} 或 $R_{mr}(c)$。

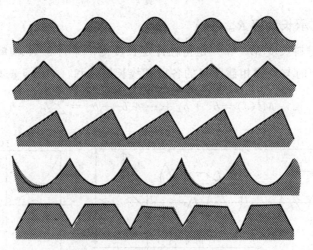

图 5-10 微观形状对质量的影响

2. 附加评定参数的选用

R_{sm} 和 $R_{mr}(c)$ 一般不能作为独立参数选用，只能作为幅度参数的附加参数来进一步控制表面质量时选用。R_{sm} 主要在对涂漆性能、冲压成形时抗裂纹、抗振、抗腐蚀、减小流体流动摩擦阻力等有要求时附加选用，如汽车外形薄钢板表面、电机定子硅钢片表面等。$R_{mr}(c)$ 主要对耐磨性、接触刚度要求较高等表面附加选用。

5.3.2　评定参数值的选用

1. 表面粗糙度的参数值

在国标 GB/T 1031—2009 中，已经将表面粗糙度的参数值标准化，表 5-1 至表 5-4 分别是参数 R_a、R_z、R_{sm} 和 $R_{mr}(c)$ 的规定数值。

表 5-1　R_a 的数值　　　　　单位：μm

0.012	0.2	3.2	50
0.025	0.4	6.3	100
0.05	0.8	12.5	
0.1	1.6	25	

表 5-2　R_z 的数值　　　　　单位：μm

0.025	0.4	6.3	100	1600
0.05	0.8	12.5	200	
0.1	1.6	25	400	
0.2	3.2	50	800	

注：这里的 R_z 对应 GB/T 3505—1983 的 R_y。

表 5-3　R_{sm} 的数值　　　　　单位：μm

0.006	0.1	1.6
0.0125	0.2	3.2
0.025	0.4	6.3
0.05	0.8	12.5

注：这里的 R_{sm} 对应 GB/T 3505—1983 的 S_m。

表 5-4　$R_{mr}(c)$（%）的数值

10	15	20	25	30	40	50	60	70	80	90

注：选用支承长度率 $R_{mr}(c)$ 时，必须同时给出轮廓水平截距 c 的数值。c 值多用 R_z 的百分数表示，其系列为 5%、10%、15%、20%、25%、30%、40%、50%、60%、70%、80%、90%。

在一般情况下，测量 R_a 和 R_z 时，推荐按表 5-5 选用对应的取样长度及评定长度值，此时在图样上可省略标注取样长度值。当有特殊要求时应给出相应的取样长度值，并在图样上或技术文件中注出。

表 5-5　l_r 和 l_n 的数值（摘自 GB/T 1031—2009）

$R_a/\mu m$	$R_z/\mu m$	l_r/mm	l_n/mm（$l_n=5l_r$）
≥0.008~0.02	≥0.025~0.10	0.08	0.4
>0.02~0.1	>0.10~0.50	0.25	1.25
>0.1~2.0	>0.50~10.0	0.8	4.0
>2.0~10.0	>10.0~50.0	2.5	12.5
>10.0~80.0	>50.0~320.0	8.0	40.0

2. 表面粗糙度参数值的选用

设计时应在国标规定的参数值系列中选取各项参数的数值。选用时首先要满足功能要求，其次考虑经济性及工艺的可能性。选用原则是在满足功能要求的前提下，参数的允许值应尽可能大些，R_{mr}（c）尽可能小些。

目前多采用经验统计资料，用类比法初步确定表面粗糙度参数的允许值，再对比工作条件，结合下述一些注意事项，作适当调整。

（1）同一零件上，工作表面比非工作表面的 R_a 或 R_z 值小。

（2）摩擦表面比非摩擦表面、滚动摩擦表面比滑动摩擦表面的 R_a 或 R_z 值小。

（3）运动速度高，单位面积压力大，以及受交变应力作用的重要零件的圆角沟槽处，应有较小的表面粗糙度值。

（4）配合性质要求高的配合表面（如小间隙配合的配合表面）、受重载荷作用的过盈配合表面，都应有较小的表面粗糙度值。

（5）在确定表面粗糙度参数值时，应注意它与尺寸公差和形位公差协调。通常，尺寸、形位公差值越小，表面粗糙度 R_a 或 R_z 值应越小；尺寸公差等级相同时，轴比孔的表面粗糙度值要小；对于同一公差等级的不同尺寸的孔或轴，小尺寸的孔或轴比大尺寸的孔或轴表面粗糙度值要小。

（6）防腐蚀性、密封性要求高，或外形要求美观的表面应选用较小的表面粗糙度值。

（7）凡有关标准已对表面粗糙度作出规定的标准件或常用典型零件的表面（如与滚动轴承配合的轴颈和外壳孔、与键配合的轴槽和轮毂槽的工作面），应按相应的标准确定表面粗糙度参数值。

轴和孔的表面粗糙度参考推荐值如表 5-6 所示，表面粗糙度的表面特征、加工方法及应用举例如表 5-7 所示，各种常见加工方法可能达到的表面粗糙度如表 5-8 所示。

表 5-6　轴和孔的表面粗糙度参考推荐值

配合要求			$R_a/\mu m$		
轻度装卸零件的配合表面（如挂轮、滚刀等）	公差等级	表面	公称尺寸/mm		
			≤50	>50～500	
	IT5	轴	≤0.2	≤0.4	
		孔	≤0.2	≤0.8	
	IT6	轴	≤0.4	≤0.8	
		孔	0.4～0.8	0.8～1.6	
	IT7	轴	0.4～0.8	0.8～1.6	
		孔	≤0.8	≤1.6	
	IT8	轴	≤0.8	≤1.6	
		孔	0.8～1.6	1.6～3.2	
过盈配合的配合表面：①装配按机械压入法；②装配按热处理法	公差等级	表面	公称尺寸/mm		
			≤50	>50～120	>120～500
	IT5	轴	0.1～0.2	≤0.4	≤0.4
		孔	0.2～0.4	≤0.8	≤0.8
	IT6～IT7	轴	≤0.4	≤0.8	≤1.6
		孔	≤0.8	≤1.6	≤1.6
	IT8	轴	≤0.8	0.80～1.6	1.6～3.2
		孔	≤1.6	1.6～3.2	1.6～3.2
	—	轴	≤1.6		
		孔	1.6～3.2		

精密定心用配合的零件表面	表面	径向跳动公差/μm					
		2.5	4	6	10	16	25
		$R_a/\mu m$					
	轴	≤0.05	≤0.1	≤0.1	≤0.2	≤0.4	≤0.8
	孔	≤0.1	≤0.2	≤0.2	≤0.4	≤0.8	≤1.6

滑动轴承的配合表面	表面	公差等级		液体湿摩擦条件
		6～9	10～12	
		$R_a/\mu m$		
	轴	0.4～0.8	0.8～3.2	0.1～0.4
	孔	0.8～1.6	1.6～3.2	0.2～0.8

表 5-7 表面粗糙度的表面特征、加工方法及应用举例

$R_a/\mu m$	表面形状特征		加工方法	应用举例
12.5～100	粗糙表面	微见刀痕	粗车、镗、钻、刨	粗制后所得到的粗加工面，焊接前的焊缝、粗钻孔壁等
6.3～12.5		可见加工痕迹	粗车、刨、钻、铣	一般非结合表面，如轴的端面、倒角、齿轮及带轮的侧面、键槽的非工作表面，减重孔眼表面等
3.2～6.3	半光表面	微见加工痕迹	车、镗、刨、钻、铣、磨、锉、粗铰、铣齿	不重要的非配合表面，如支柱、支架、外壳、衬套、轴、盖等的端面。紧固件的自由表面，紧固件通孔的表面，内、外花键的非定心表面，不作为计量基准的齿轮顶圆表面等
1.6～3.2		不可见加工痕迹	车、镗、刨、铣、铰、拉、磨、滚压、刮1～2点/cm²、铣齿	与其他零件连接不形成配合的表面，如箱体、外壳、端盖等零件的端面。要求有定心及配合特性的固定支承面，如定心的轴肩，键和键槽的工作表面，不重要的紧固螺纹的表面，需要滚花或氧化处理的表面等
0.8～1.6	光表面	看不清加工痕迹	车、镗、拉、磨、铣、铰、刮1～2点/cm²、磨、滚压	安装直径超过80 mm的G级轴承的外壳孔、普通精度齿轮的齿面、定位销孔、V带轮的表面、外径定心的内花键外径、轴承盖的定中心凸肩表面等
0.4～0.8		可辨加工痕迹的方向	车、磨、立铣、刮3～10点/cm²、镗、拉、滚压	要求保证定心及配合特性的表面，如锥销与圆柱销的表面，与G级精度滚动轴承相配合的轴颈和外壳孔，中速转动的轴颈，直径超过80 mm的E、D级滚动轴承配合的轴颈及外壳孔，内、外花键的定心内径，外花键键侧及定心外径，过盈配合IT7级的孔，间隙配合IT8～IT9级的孔，磨靡削的齿轮表面等
0.2～0.4		微辨加工痕迹的方向	铰、磨、镗、拉、刮3～10点/cm²、滚压	要求长期保持配合性质稳定的配合表面，IT7级的轴、孔配合表面，精度较高的轮齿表面，受变应力作用的重要零件，与直径小于80 mm的E、D级轴承配合的轴颈表面，与橡胶密封件接触的表面，尺寸大于120 mm的IT13～IT16级孔和轴用量规的测量表面

（续表）

$R_a/\mu m$	表面形状特征		加工方法	应用举例
0.1~0.2		加工痕迹方向不可辨	精磨、研磨、普通抛光	工作时承受变应力的重要零件表面，保证零件的疲劳强度、防蚀性及耐久性，并在工作时不破坏配合性质的表面，如轴颈表面、要求气密的表面和支承表面、圆锥定心表面等。IT5、IT6 级配合表面、高精度齿轮的齿面，与 C 级滚动轴承配合的轴颈表面，尺寸大于 315 mm 的 IT7~IT9 级孔和轴用量规及尺寸为 120~315 mm 的 IT10~IT12 级孔和轴用量规的测量表面
0.05~0.1	极光表面	暗光泽面	超精研、精抛光、镜面磨削	工作时承受较大变应力作用的重要零件的表面，保证精确定心的锥体表面、液压传动用的孔表面、汽缸套的内表面、活塞销的外表面、仪器导轨面、阀的工作面。尺寸小于 120 mm 的 IT10~IT12 级孔和轴用量规测量面等
0.025~0.05		亮光泽面		保证高气密性的接合表面，如活塞、柱塞和汽缸内表面、摩擦离合器的摩擦表面，对同轴度有精确要求的轴和孔。滚动导轨中的钢球或滚子和高速摩擦的工作表面
0.012~0.025		镜状光泽面	镜面磨削、超精研	高压柱塞泵中柱塞和柱塞套的配合表面，中等精度仪器零件配合表面，尺寸大于 120 mm 的 IT6 级孔用量规、小于 120 mm 的 IT7~IT9 级轴用和孔用量规测量表面
小于 0.012		雾状镜面		仪器的测量表面和配合表面，块规的工作表面，高精度测量仪器的测量面，高精度仪器摩擦机构的支承表面

表 5-8 各种常见加工方法可能达到的表面粗糙度

加工方法	表面粗糙度 $R_a/\mu m$													
	0.012	0.025	0.05	0.1	0.2	0.4	0.8	1.6	3.2	6.3	12.5	25	50	100
砂模铸造											···········			
压力铸造						···········								
模锻									···········					
挤压					···········									

（续表）

加工方法		表面粗糙度 $R_a/\mu m$													
		0.012	0.025	0.05	0.1	0.2	0.4	0.8	1.6	3.2	6.3	12.5	25	50	100
刨削	粗										——	——	——		
	半精								——	——	——				
	精							——	——	——					
插削									——	——	——				
钻孔										——	——	——			
金刚镗孔				——	——	——									
镗孔	粗										——	——			
	半精								——	——	——				
	精						——	——	——						
端面铣	粗									——	——				
	半精							——	——	——					
	精						——	——	——						
车外圆	粗										——	——	——		
	半精							——	——	——					
	精					——	——	——							
磨平面	粗							——	——						
	半精						——	——							
	精				——	——	——								
研磨	粗					——	——								
	半精			——	——	——									
	精		——	——	——										

5.4 表面粗糙度符号、代号及其注法

5.4.1 表面粗糙度的符号

图上所标注的表面粗糙度符号是加工完成后的要求。如表 5-9 所示，列出了图上表示零件表面粗糙度符号及其含义。

表 5-9 表面粗糙度的符号及含义（摘自 GT/131—2006）

符 号	说 明
	基本图形符号。表示未指定工艺方法的表面（表面可用任何方法获得）。当不加注粗糙度参数值或有关说明（例如：表面处理、局部热处理状况等）时，仅适用于简化代号标注
	扩展图形符号。表示用去除材料的方法获得的表面。例如：车、铣、钻、磨、剪切、抛光、腐蚀、电火花加工、气割等
	扩展图形符号。表示用不去除材料的方法获得的表面。例如：铸、锻、冲压变形、热轧、冷轧、粉末冶金等，或者是用于保持原供应状况的表面（包括保持上道工序的状况）
	完整图形符号。在上述三个符号的长边上均可加一横线，用于标注有关参数和说明
	工件轮廓各表面的图形符号。在上述三个符号上，均可加一小圆，表示图样某个视图上构成封闭轮廓的各表面具有相同的表面粗糙度要求

5.4.2 表面粗糙度符号的标注

表面粗糙度的评定参数、数值和对零件表面其他要求在表面粗糙度符号中的标注位置如图 5-11 所示，它们和表面粗糙度符号共同构成表面粗糙度代号。

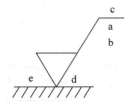

a、b—粗糙度参数代号及其数值；c—加工方法；

d—表面纹理和方向；e—加工余量

图 5-11 表面粗糙度代号注法（GB/T 131—2006）

1. 基本参数的标注

表面粗糙度幅度参数是基本参数。在图 5-11 中的 a 处：幅度参数值为其上限值或最大值（表示上限值时，在参数代号前加 U 或不加；表示最大值时，在参数代号后加 max）。在图 5-11 中的 b 处：幅度参数值为其下限值或最小值（表示下限值时，在参数代号前加 L；表示最小值时，在参数代号后加 min）。

当允许在表面粗糙度参数的所有实测值中超过规定值的个数少于总数的 16% 时，应在图样上标注表面粗糙度参数的上限值或下限值。当要求在表面粗糙度参数的所有实测值中不得超过规定值时，应在图样上标注表面粗糙度参数的最大值或最小值。

表 5-10　表面粗糙度 16％和最大规则的应用

代　号	意　义
R_a 3.2	用去除材料方法获得的表面，R_a 的上限值为 3.2 μm。16％规则
$R_{a\,max}$ 3.2	用去除材料方法获得的表面，R_a 的最大值为 3.2 μm。最大规则
R_a 3.2	用不去除材料方法获得的表面，R_a 的上限值为 3.2 μm。16％规则
$R_{a\,max}$ 3.2	用不去除材料方法获得的表面，R_a 的最大值为 3.2 μm。最大规则

2. 附加参数的标注

表面粗糙度的间距参数和形状参数称为辅助参数，或者附加参数。当需要 R_{sm} 值或 R_{mr}（c）值，数值应写在相应代号后面，如图 5-12 所示。

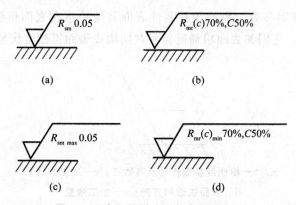

(a)　　　　　　　　　　　(b)

(c)　　　　　　　　　　　(d)

图 5-12　表面粗糙度附加参数的标注

3. 其他项目的标注

若按表 5-5 的有关规定选用对应的取样长度时，在图样上可省略标注，否则应按如图 5-12（a）所示方法标注取样长度（此时为 0.8 mm）。若按表 5-5 的有关规定选用对应的评定长度时，在图样上可省略标注，如果评定长度内的取样长度个数不等于 5，应按如图 5-13（b）所示方法在相应参数代号后标注个数。

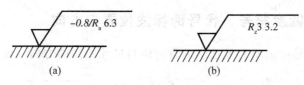

图 5-13　其他项目参数的标注

若某表面的粗糙度要求由指定的加工方法（如铣削）获得时，可用文字标注在规定之处，如图 5-14 所示。若需要标注加工余量（设加工总余量为 5 mm），应将其标注在规定之处。

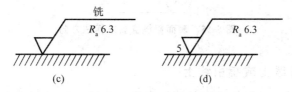

图 5-14　表面的粗糙度要求指定的加工方法

若需要控制表面加工纹理方向时，可在规定之处，加注加工纹理方向符号。国家标准标中规定的加工纹理方向符号如表 5-11 所示。

表 5-11　表面加工纹理方向

符号	示意图	符号	示意图
=	纹理方向 纹理平行于标注代号的视图投影面	P	纹理呈微粒、凸起，无方向
⊥	纹理方向 纹理垂直于标注代号的视图投影面	M	纹理呈多方向
×	纹理方向 纹理呈两相交的方向	C	纹理呈近似同心圆
		R	纹理呈近似放射状且与表面圆心相关

5.4.3 表面粗糙度符号、代号的标注位置与方向

表面粗糙度代号中的符号及数字的方向应与尺寸标注的方向一致，如图 5-15 所示。

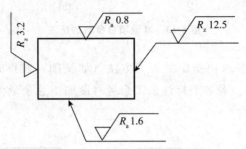

图 5-15　表面粗糙度要求标注方向

1. 标注在轮廓线上或指引线上

符号的尖端必须从材料外指向并接触表面，必要时也可用带箭头或黑点的指引线引出标注，如图 5-16 所示。

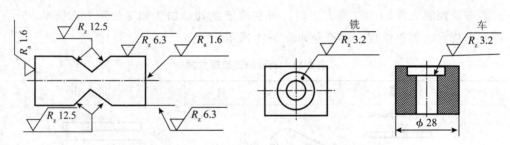

图 5-16　表面粗糙度标注在轮廓线上或指引线

2. 标注在特征尺寸的尺寸线上

在不引起误解时，可以把表面粗糙度标注在给定的尺寸线上，如图 5-17 所示。

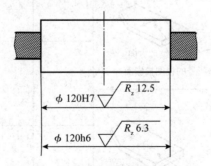

图 5-17　表面粗糙度标注在尺寸线上

3. 标注在形位公差框格的上方

表面粗糙度可以标注在几何公差框格的上方，如图 5-18 所示。

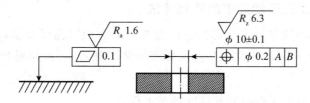

图 5-18　表面粗糙度可以标注在几何公差框格的上方

4. 标注在延长线上

表面粗糙度要求可以直接标注在延长线上，或用带有箭头的指引线引出进行标注，如图 5-19 所示。

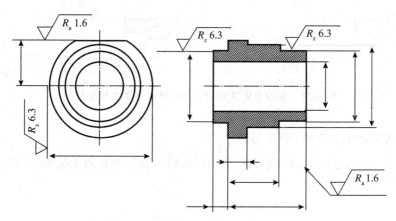

图 5-19　表面粗糙度标注在延长线上

5. 标注在圆柱和棱柱表面上

圆柱和棱柱表面的表面粗糙度要求一致时只标注一次，如图 5-20 所示。如果每个棱柱表面有不同的表面粗糙度要求，则应分别单独标注。

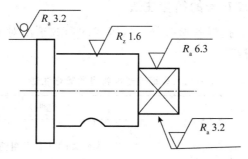

图 5-20　表面粗糙度在圆柱面的标注

5.4.4 表面粗糙度要求的简化注法

1. 有相同表面粗糙度要求的简化注法

如果在工件的多数（包括全部）表面有相同的表面粗糙度要求，就标注在图样的标题栏附近。此时（除全部表面有相同要求的情况外），表面粗糙度要求的符号后面应有：

（1）在括号内给出无任何其他标注的基本符号；

（2）在括号内给出不同的表面粗糙度要求。

多数表面有相同表面粗糙度要求的简化标注如图 5-21 所示。

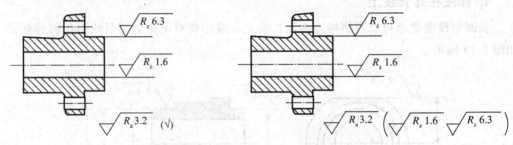

图 5-21　多数表面有相同表面粗糙度要求的简化标注

2. 图纸空间有限时的简化标注

以等式的形式在图形或标题栏附近，对有相同表面粗糙度要求的表面进行简化标注，如图 5-22 所示。

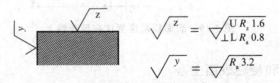

图 5-22　图纸空间有限时的标注

3. 只用表面粗糙度符号的简化注法

可用基本图形符号、扩展图形符号，以等式的形式给出对多个表面共同的表面粗糙度要求，如表 5-12 所示。

表 5-12　表面粗糙度符号的简化注法

代号	说明
$\sqrt{} = \sqrt{R_a\,3.2}$	未指定工艺方法的多个表面共同的表面粗糙度要求的简化注法

代号	说明
$\sqrt{}\ =\ \sqrt{R_a\,3.2}$	要求去除材料的多个表面共同的表面粗糙度要求的简化注法
$\sqrt{}\ =\ \sqrt{R_a\,3.2}$	不允许去除材料的多个表面共同的表面粗糙度要求的简化注法

5.4.5 两种或者多种工艺获得的同一表面的注法

由几种不同的工艺方法获得的同一表面，当需要明确每种工艺方法的表面粗糙度要求时，可按图 5-23 标注。

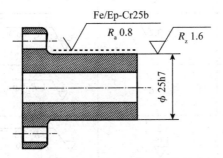

图 5-23 同时给出镀覆前后的表面粗糙度标注

5.4.6 表面粗糙度注法的演变

表面粗糙度的图样标注 GB/T 131 发展到现在已经是第 3 版，如表 5-13 所示。

表 5-13 表面粗糙度要求的图形标注的演变

序号	GB/T 131 的版本			
	1983（第一版）	1993（第二版）	2006（第三版）	说明主要问题
1	$1.6\ \vee$	$1.6\ \vee$　$1.6\ \vee$	$\sqrt{R_a\,1.6}$	R_a 只采用"16%规则"
2	$R_y\,3.2\ \vee$	$R_y\,3.2\ \vee$　$R_y\,3.2\ \vee$	$\sqrt{R_z\,3.2}$	除了 R_a "16%规则"的参数
3	$\_d$	$1.6_{max}\ \vee$	$\sqrt{R_{a\,max}\,1.6}$	"最大规则"

（续表）

序号	GB/T 131 的版本			说明主要问题
	1983（第一版）	1993（第二版）	2006（第三版）	
4	1.6 / 0.8	1.6 / 0.8	√ -0.8/R_a 1.6	R_a 加取样长度
5	_d	_d	√ 0.025-0.8/R_a 1.6	传输带
6	R_y 3.2 / 0.8	R_y 3.2 / 0.8	√ -0.8/R_z 6.3	除了 R_a 外其他参数及取样长度
7	R_y 6.3 / 1.6	R_y 6.3 / 1.6	√ R_a 1.6 R_z 6.3	R_a 及其他参数
8	_d	R_y 3.2	√ R_z 3 6.3	评定长度中的取样长度不是 5 而是 3
9	_d	_d	√ L R_a 1.6	下限值
10	3.2 1.6	3.2 1.6	√ U R_a 3.2 L R_a 1.6	上、下限值

5.5　表面粗糙度的检测

目前，常用的表面粗糙度的检测方法主要有比较法、光切法、针描法、干涉法和印模法等。

5.5.1　比较法

比较法是将被测表面与已知其评定参数值的粗糙度样板相比较，如被测表面精度较高时，可借助于放大镜、比较显微镜进行比较，以提高检测精度。样板的选择应使其材料、形状和加工方法与被测工件尽量相同。

比较法简单实用，适合于车间条件下判断较粗糙的表面，其判断准确程度与检验人员的技术熟练程度有关。

5.5.2　光切法

光切法是利用"光切原理"测量表面粗糙度的方法。光切原理示意图如图 5-24 所示。图 5-24（a）表示被测表面为阶梯面，其阶梯高度为 h。由光源发出的光线经狭缝后形成一个光带，此光带与被测表面以夹角为 45°的方向 A 与被测表面相截，被测表面的轮廓影像沿 B 向反射后可由显微镜中观察得到图 5-24（b）。其光路系统如图 5-24（c）所示，光源 1 通过聚光镜 2、狭缝 3 和物镜 5，以 45°的方向投射到工件表面 4 上，形成一窄细光带。光带边缘的形状，即光束与工件表面的交线，也就是工件在 45°截面上的轮廓形状，此轮廓曲线的波峰在 S_1 点反射波谷在 S_2 点反射，通过物镜 5，分别成像在分划板 6 上的 S_1 和 S_2 点，其峰、谷影像高度差为 h''。由仪器的测微装置可读出此值，按定义测出评定参数 R_z 的数值。

按光切原理设计制造的表面粗糙度测量仪器称为光切显微镜（或双管显微镜），其测量范围 R_z 为 0.8～80 μm。

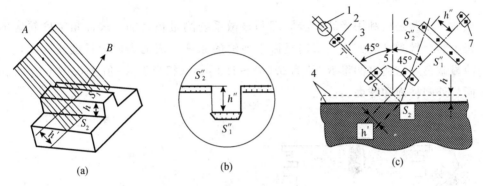

图 5-24　光切法测量原理图

1—光源；2—聚光镜；3—狭缝；4—工件表面；5—物镜；6—分划板；7—目镜

5.5.3　针描法

针描法是利用仪器的触针在被测表面上轻轻划过，被测表面的微观不平度将使触针作垂直方向的位移，再通过传感器将位移量转换成电量，经信号放大后送入计算机，在显示器上显示出被测表面粗糙度的评定参数值，也可由记录器绘制出被测表面轮廓的误差图形，其工作原理如图 5-26 所示。

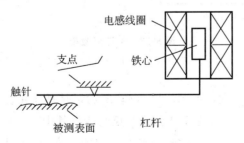

图 5-26　针描法的工作原理

按针描法原理设计制造的表面粗糙度测量仪器通常称为轮廓仪。根据转换原理的不同，可以有电感式轮廓仪、电容式轮廓仪、压电式轮廓仪等。轮廓仪可测 R_a、R_z、R_{Sm} 及 R_{mr} (c) 等多个参数。除上述轮廓仪外，还有光学触针轮廓仪，它适用于非接触测量，以防止划伤零件表面，这种仪器通常直接显示 R_a 值，其测量范围为 $0.02\sim5~\mu m$。

测量时，对没有指定测量方向时，工件的安放应使其测量截面方向与得到粗糙度幅度参数（R_a、R_z）最大值的测量方向相一致。该方向垂直于被测表面的加工纹理方向，对无方向性的表面，测量截面的方向可以是任意的。同时，应在被测表面可能产生极值的部位进行测量，可通过目测来估计，在表面这一部分均匀分布的位置上分别测量，以获得各个独立的测量结果。

5.5.4 显微干涉法

显微干涉法是指利用光波干涉原理和显微系统测量精密加工表面粗糙度轮廓的方法，属于非接触测量的方法。采用显微干涉法的原理制成的表面粗糙度轮廓测量仪称为干涉显微镜，它适宜测量 R_z 值为 $0.063\sim1.0~\mu m$（相当于 R_a 值为 $0.01\sim0.16~\mu m$）的平面、外圆柱面和球面。

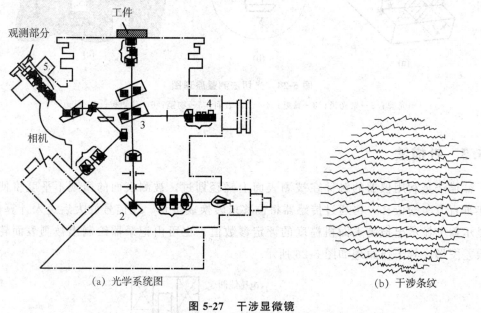

(a) 光学系统图   (b) 干涉条纹

图 5-27　干涉显微镜

1—光源；2—反射镜；3—分光镜；4—标准镜；5—目镜

干涉显微镜的测量原理，如图 5-27（a）所示，是基于由测量仪光源 1 发出的一束光线，经测量仪反射镜 2、分光镜 3 分成两束光线。其中，一束光线投射到工件被测表面，再经原光路返回；另一束光线投射到测量仪的标准镜 4，再经原光路返回。这两束返回的光线相遇叠加，产生干涉而形成干涉条纹，在光程差每相差半个光波波长处就产生一条干涉条纹。由于被测表面轮廓存在微小峰、谷，而峰、谷处的光程差不相同，因此，造成干涉条纹弯曲，如图 5-27（b）所示。通过测量仪目镜 5 观察到这些干涉条纹（被测表面粗糙度轮廓的形状）。干涉条纹弯曲量的大小反映了被测部位微小峰、谷之间的高度。在一个取样长度范围内，测出同一条干涉条纹所有的峰中最高的一个峰尖至所有的谷中最低的一个谷底之间的距离，即求出 R_z 值。

5.5.5　印模法

印模法是指用塑性材料贴合在被测表面上，将被测表面复制成印模，然后再测量印模的表面粗糙度值的间接方法。通常用于深孔、盲孔、凹槽、内螺纹、大型零件及其他难以测量的表面。常用的印模材料有石蜡和低熔点的合金等。由于印模材料不可能完全填满被测表面的谷底，取下时印模又会使波峰被削平，因此，印模的幅度参数值通常比被测表面的实际值小，可根据有关资料或实验得出修正系数进行修正。

本章小结

本章主要讲述了表面粗糙度的基本知识，表面粗糙度的评定和选用，表面粗糙度符号、代号及其注法，表面粗糙度的检测方法。

表面粗糙度应与表面形状误差（宏观几何形状误差）和表面波度的区别，大致可按波距划分。通常波距在 1～10 mm 的属于表面波纹度，波距大于 10 mm 的属于形状误差，波距小于 1 mm 的属于表面粗糙度

表面粗糙度对机械零件使用性能的影响主要表现在耐磨性、配合性质的稳定性、疲劳强度、耐腐蚀性、接触刚度、结合面的密封性的影响以及对零件其他性能的影响。

表面粗糙度的评定的基本术语有：实际表面、表面轮廓、坐标系、取样长度 l_r、评定长度 l_n 和中线 m。

表面粗糙度的评定参数主要有评定轮廓的算术平均偏差 R_a、轮廓的最大高度 R_z、轮廓单元的平均宽度 R_{sm} 和轮廓的支承长度率 $R_{mr}(c)$。评定参数的选用主要包括幅度参数的选用和附加评定参数的选用。评定参数值的选用主要包括表面粗糙度的参数值和表面粗糙度参数值的选用。

目前，常用的表面粗糙度的检测方法主要有比较法、光切法、针描法、显微干涉法和印模法等。

本章习题

一、填空题

1. ＿＿＿＿＿是指零件表面出现的许多间距较小的、凹凸不平的微小的峰和谷。表

面粗糙度越小，表面越_____。

2._____是指用于判别被评定轮廓表面粗糙度所必需的一段长度，它可以包含一个或几个_____。

3. 国家标准中规定表面粗糙度的主要评定参数有_____和_____两项。

4. 表面粗糙度的选用，应在满足表面功能要求的情况下，尽量选用_____的表面粗糙度数值。

5. 同一零件表面，工作表面的粗糙度参数值_____非工作表面的粗糙度参数值。

6. 当零件所有表面具有_____的表面粗糙度时，其代号、符号可在图样右上角统一标注。

7. 常用的表面粗糙度的检测方法主要有比较法、_____、_____、干涉法和印模法等。

二、选择题

1. 表面粗糙度是（   ）误差。

A. 宏观几何形状   B. 微观几何形状

C. 宏观相互位置   D. 微观相互位置

2. 选择表面粗糙度评定参数值时，下列论述不正确的有（   ）。

A. 同一零件上工作表面应比非工作表面参数值大

B. 摩擦表面应比非摩擦表面的参数值小

C. 配合质量要求高，表面粗糙度参数值应小

D. 受交变载荷的表面，表面粗糙度参数值应小

3. 评定表面粗糙度的取样长度至少包含（   ）个峰和谷。

A. 3   B. 5   C. 7   D. 9

4. 表面粗糙度代号在图样标注时尖端应（   ）。

A. 从材料外指向标注表面

B. 从材料内指向标注表面

C. 以上二者均可

5. 通常车削加工可使零件表面粗糙度 R_a 达到（   ）μm。

A. 0.8～6.3   B. 0.4～6.3

C. 0.4～12.5   D. 0.2～1.6

6. 车间生产中评定表面粗糙度最常用的方法是（   ）。

A. 光切法   B. 针描法   C. 干涉法   D. 比较法

三、判断题

1. 表面粗糙度是微观的形状误差，所以对零件使用性能影响不大。（   ）

2. 表面粗糙度的取样长度一般即为评定长度。（   ）

3. R_a 能充分反映表面微观几何形状的高度特征，是普遍采用的评定参数。（   ）

4. 零件的尺寸精度越高，通常表面粗糙度参数值相应取得越小。（　　）

5. 表面粗糙度值越大，越有利于零件耐磨性和抗腐蚀性的提高。（　　）

6. 表面粗糙度不划分精度等级，直接用参数代号及数值表示。（　　）

7. 表面粗糙度数值越小越好。（　　）

四、简答题

1. 将下列要求标注在图 5-28 中，各加工面均采用去除材料法获得。

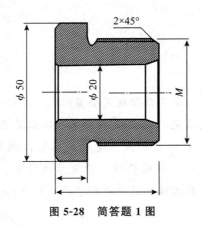

图 5-28　简答题 1 图

（1）直径为 50 mm 的圆柱外表面粗糙度 R_a 的允许值为 3.2 μm。

（2）左端面的表面粗糙度 R_a 的允许值为 1.6 μm。

（3）直径为 50 mm 的圆柱的右端面的表面粗糙度 R_a 的允许值为 1.6 μm。

（4）内孔表面粗糙度 R_a 的允许值为 0.4 μm。

（5）螺纹工作面的表面粗糙度 R_z 的最大值为 1.6 μm，最小值为 0.8 μm。

（6）其余各加工面的表面粗糙度 R_a 的允许值为 25 μm。

2. 表面粗糙度评定参数的含义是什么？对零件的工作性能有什么样的影响？

3. 评定表面粗糙度的主要轮廓参数有哪些？分别论述其含义和代号。

4. 常用的表面粗糙度测量方法有哪几种？电动轮廓仪、光切显微镜、干涉显微镜各适用于测量哪些参数？

5. 试述粗糙度轮廓中线的意义及其作用。为什么要规定取样长度和评定长度？两者有何关系？

第6章 光滑极限量规

本章导读

要实现零部件的互换性，除了合理规定公差以外，还必须正确地进行加工和检测。只有检测合格的零件，才能满足产品的使用要求，保证其互换性。光滑极限量规是指被检验工件为光滑孔或光滑轴所用的极限量规的总称，简称量规。在大批量生产时，为了提高产品质量和检验效率而采用量规，量规结构简单、使用方便、省时可靠，并能保证互换性。因此，量规在机械制造中得到了广泛的应用。

本章目标

❋ 了解光滑极限量规的基本知识
❋ 掌握量规设计的原则
❋ 掌握工作量规设计

6.1 光滑极限量规的基本知识

6.1.1 量规的作用

量规是一种无刻度定值的专用量具。用量规检验工件时，只能判断工件是否在允许的极限尺寸范围内，而不能测量出工件的实际尺寸。当图样上被测要素的尺寸公差和几何公差按独立原则标注时，一般使用通用计量器具分别测量。当单一要素的尺寸公差和形状公差采用包容要求标注时，应使用量规来检验，把尺寸误差和形状误差都控制在尺寸公差范围内。

检验孔用的量规称为塞规，如图 6-1（a）所示，检验轴用的量规称为卡规（或环规）如图 6-1（b）所示。塞规和卡规统称为量规。量规有通规和止规之分，量规通常成对使用。

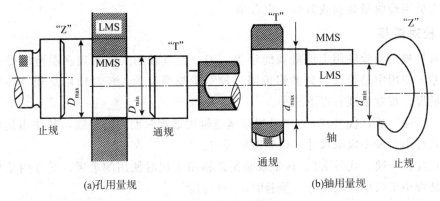

(a)孔用量规　　　　　　　　　　(b)轴用量规

图 6-1　光滑极限量规

塞规的通规以被检验孔的最大实体尺寸（下极限尺寸）作为公称尺寸，塞规的止规以被检验孔的最小实体尺寸（上极限尺寸）作为公称尺寸。检验工件时，塞规的通规应通过被检验孔，表示被检验孔的体外作用尺寸大于下极限尺寸（最大实体边界尺寸）；止规应不能通过被检验孔，表示被检验孔实际尺寸小于上极限尺寸。当通规通过被检验孔而止规不能通过时，说明被检验孔的尺寸误差和形状误差都控制在尺寸公差范围内，被检孔是合格的。

卡规的通规以被检验轴的最大实体尺寸（上极限尺寸）作为公称尺寸，卡规的止规以被检验轴的最小实体尺寸（下极限尺寸）作为公称尺寸。检验轴时，卡规的通规应通过被检验轴，表示被检验轴的体外作用尺寸小于上极限尺寸（最大实体边界尺寸）；止规应不能通过被检验轴，表示被检验轴实际尺寸大于下极限尺寸。当通规通过被检验轴而止规不能通过时，说明被检验轴的尺寸误差和形状误差都控制在尺寸公差范围内，被检验轴是合格的。

综上所述，量规的通规用于控制工件的体外作用尺寸，止规用于控制工件的提取要素的局部尺寸。用量规检验工件时，其合格标志是通规能通过，止规不能通过；否则即为不合格。因此，用量规检验工件时，必须通规和止规成对使用，才能判断被检验孔或轴是否合格。

6.1.2　量规的种类

量规按其用途不同分为工作量规、验收量规和校对量规三种。

1. 工作量规

工作量规是生产过程中操作者检验工件时所使用的量规。通常用代号"T"表示，止规用代号"Z"表示。

2. 验收量规

验收量规是验收工件时，检验人员或用户代表所使用的量规。验收量规一般不需要另行制造，其通规是从磨损较多但未超过磨损极限的工作量规中挑选出来的，验收量规的止规应接近工件的最小实体尺寸。这样，操作者用工作量规自检合格的工件，

当检验人员用验收量规验收时也一定合格。

3. 校对量规

校对量规是检验轴用工作量规的量规。用以检查轴用工作量规在制造时是否符合制造公差，使用中是否已达到磨损极限。校对量规是检验、校对轴用量规（环规或卡规）的量规。校对量规有以下三种。

（1）校通—通，代号 TT。该量规是制造轴用通规时使用的量规，其作用是检验通规尺寸是否小于最小极限尺寸，检验时应通过。

（2）校止—通，代号 ZT。该量规是制造轴用止规时使用的量规，其作用是检验止规尺寸是否小于最小极限尺寸，检验时也应通过。

（3）校通—损，代号 TS。该量规是校对轴用通规的量规，其作用是校对轴用通规是否已磨损到磨损极限，校对时不应通过。如通过，则表明轴用通规已磨损到极限，不能再用，应予废弃。

6.2　量规设计原则

6.2.1　泰勒原则

设计量规应遵守泰勒原则（即极限尺寸判断原则）。泰勒原则是指遵守包容要求的单一要素（孔或轴）的实际尺寸和几何误差综合形成的体外作用尺寸不允许超越最大实体尺寸，在孔或轴的任何位置上的实际尺寸不允许超越最小实体尺寸。符合泰勒原则的量规如下。

1. 量规的设计尺寸

通规的公称尺寸应等于工件的最大实体尺寸（MMS），止规的公称尺寸应等于工件的最小实体尺寸（LMS）。

2. 量规的形状要求

通规用来控制工件的体外作用尺寸，其测量面应是与孔或轴形状相对应的完整表面（即全形量规），且测量长度等于配合长度。止规用来控制工件的实际尺寸，其测量面应是点状的（即不全形量规），且测量长度尽可能短些，止规表面与工件是点接触。用符合泰勒原则的量规检验工件时，若通规能通过并且止规不能通过，则表示工件合格，否则即为不合格。

如图 6-2 所示，孔的实际轮廓已超出尺寸公差带，应为不合格品。用全形量规检验时不能通过，而用点状止规检验，虽然沿 x 方向不能通过，但沿 y 方向却能通过。于是，该孔被正确地判断为废品。反之，若用两点状通规检验，则可能沿 y 方向通过，用全形止规检验，则不能通过。这样一来，由于量规的测量面形状不符合泰勒原则，结果导致把该孔误判为合格。

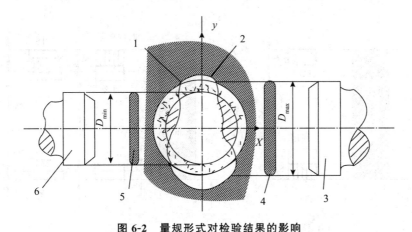

图 6-2　量规形式对检验结果的影响

1—孔公兼带；2—工件实际轮廓；3—全形客规的止规；

4—不全形客规的止规；5—不全形塞规的通规；6—全形塞规的通规

在量规的实际应用中，由于量规制造和使用方面的原因，要求量规形状完全符合泰勒原则是有一定困难的。因此，国家标准规定，在被检验工件的形状误差不影响配合性质的条件下，允许使用偏高泰勒原则的量规。例如，对于尺寸大 100 mm 的孔，为了不让量现过于笨重，通规很少制成全形轮廓。同样，为了提高检验效率，检验大尺寸轴的通规也很少制成全形环规。此外，全形环规不能检验已装夹在顶尖上的被加工零件以及曲轴零件等。当采用不符合泰勒原则的量规检验工件时，应在工件的多方位上作多次检验，并从工艺上采取措施以限制工件的形状误差。

6.2.2　量规公差带

虽然量规是一种精密的检验工具，量规的制造精度比被检验工件的精度要求更高，但在制造时也不可避免地会产生误差，不可能将量规的工作尺寸正好加工到某一规定值，因此，对量规也必须规定制造公差。

由于通规在使用过程中经常通过工件，因此，会逐渐磨损。为了使通规具有一定的使用寿命，应当留出适当的磨损储备量。因此，对通规应规定磨损极限，即将通规公差带从最大实体尺寸向工件公差带内缩一个距离；而止规通常不通过工件，不需要留磨损储备量，因此，将止规公差带放在工件公差带内紧靠最小实体尺寸处。校对量规也不需要留磨损储备量。

国家标准 CB/1957—2006 规定，量规的公差带不得超越工件的公差带。这样有利于防止误收，保证产品质量与互换性。但有时会把一些合格的工件检验成不合格，实质上缩小了工件公差范围，提高了工件的制造精度。工作量规的公差带分布如图 6-3 所示。在图 6-3 中，T_1 为量规制造公差，Z_1 为位置要素（即通规制造公差带中心到工作最大实体民寸之间的距离），T_1、Z_1 的大小取决于工件全整的大小、国家标准规定的了 T_1 值和 Z_1 值如表 6-2 所示，通规磨损极限尺寸等于工件的最大实体尺寸。

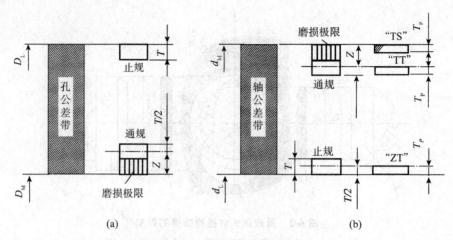

图 6-3　量规的公差带分布

表 6-2　量规制造公差值 T_1 和位置要素 Z_1 值

工件公称	IT6			IT7			IT8			IT9			IT10			IT11			IT12		
尺寸/mm	IT6	T_1	Z_1	IT7	T_1	Z_1	IT8	T_1	Z_1	IT9	T_1	Z_1	IT10	T_1	Z_1	IT11	T_1	Z_1	IT12	T_1	Z_1
≤3	6	1	1	10	1.2	1.6	14	1.6	2	25	2	3	40	2.4	4	60	3	6	100	4	9
>3~6	8	1.2	1.4	12	1.4	2	18	2	2.6	30	2.4	4	48	3	5	75	4	8	120	5	11
>6~10	9	1.4	1.6	15	1.8	2.4	22	2.4	3.2	36	2.8	5	58	3.6	6	90	5	9	150	6	13
>10~18	11	1.6	2	18	2	2.8	27	2.8	4	43	3.4	6	70	4	8	110	6	11	180	7	15
>18~30	13	2	2.4	21	2.4	3.4	33	3.4	5	52	4	7	84	5	9	130	7	13	210	8	18
>30~50	16	2.4	2.8	25	3	4	39	4	6	62	5	8	100	6	11	160	8	16	250	10	22
>50~80	19	2.8	3.4	30	3.6	4.6	46	4.6	7	74	6	9	120	7	13	190	9	19	300	12	26
>80~120	22	3.2	3.8	35	4.2	5.4	54	5.4	8	87	7	10	140	8	15	220	10	22	350	14	30
>120~180	25	3.8	4.4	40	4.8	6	63	6	9	100	8	12	160	9	18	250	12	25	400	16	35
>180~250	29	4.4	5	46	5.4	7	72	7	10	115	9	14	185	10	20	290	14	29	460	18	40
>250~315	32	4.8	5.6	52	6	8	81	8	11	130	10	16	210	12	22	320	16	32	520	20	45
>315~400	26	5.4	6.2	57	7	9	89	9	12	140	11	18	230	14	25	360	18	36	570	22	50
>400~500	40	6	7	63	8	10	97	10	14	155	12	20	250	16	28	400	20	40	630	24	55

6.3 工作量规设计

工作量规的设计就是根据工件图样上的要求，设计出能够把工件尺寸控制在允许的公差范围内的适用的量具。工作量规的设计步骤一般如下。

（1）根据被检工件的尺寸大小和结构特点等因素选择量规结构形式。

（2）根据被检工件的公称尺寸和公差等级查出量规的制造公差 T 和位置要素 Z，值，画量规公差带图，计算量规工作尺寸的上、下偏差。

（3）确定量规结构尺寸，计算量规工作尺寸，绘制量规工作图，标注尺寸及技术要求。

6.3.1 量规的结构形式

光滑极限量规的结构形式很多，图 6-4、图 6-5 分别给出了几种常用的孔用和轴用量规的结构形式，表 6-3 列出了不同量规形式的应用尺寸范围，供设计时选用。更详细的内容可参见 GB/T 10920－2008《螺纹量规和光滑极限量规型式与尺寸》及有关资料。

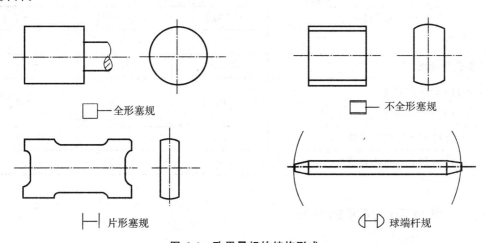

图 6-4 孔用量规的结构形式

图 6-5 轴用量规的结构形式

6.3.2 量规的技术要求

1. 量规材料

量规测量面的材料与硬度对量规的使用寿命有一定的影响。量规可用合金具钢（如 CrMn、CrMnW、CrMoV）、碳素工具钢（如 T10A、T12A）、渗碳钢（如 15 钢、20 钢）及其他耐磨材料（如硬质合金）等材料制造。手柄一般用 Q235 钢、LY11 铝等材料制造。量规测量面硬度不应小于 700HV（或 60HRC），并应经过稳定性处理。

2. 几何公差

国家标准规定了检验 IT6～IT16 级工件的量规公差。量规的几何公差一般为量规尺寸公差的 50%。考虑到制造和测量的困难，当量规的尺寸公差小于 0.002 mm 时，其几何公差仍取 0.001 mm。

3. 表面粗糙度

最规测量面不应有锈迹、毛刺、黑斑、划痕等明显影响外观和使用质量。量规测量面的表面粗糙度参数 R_a 的上限值如表 6-4 所示。

表 6-4　量规测量面的表面租糙度 R_a（摘自 GB/T 1957－20060）

工作量规	工作基本尺寸/μm		
	≤120	＞120～315	＞315～500
	R_a/μm		
IT6 级孔用量规	≤0.025	≤0.05	≤0.1
IT9 至 IT9 级轴用量规 IT6 至 IT9 级孔用量规	≤0.05	≤0.2	≤0.2
IT10 至 IT12 级孔、轴用量规	≤0.1	≤0.2	≤0.4
IT13 至 IT16 级孔、轴用量规	≤0.2	≤0.4	≤0.4

6.3.3 量规工作尺寸的计算

通常，量规工作尺寸的计算步骤如下。

（1）查出被检验工件的极限偏差。

（2）查出工作量规的制造公差 T 和位置要素 Z 的值，并确定量规的几何公差。

（3）画出工件和量规的公差带图。

（4）计算量规的极限偏差。

（5）计算量规的极限尺寸以及磨损极限尺寸。

【例 6-1】设计检验 $\phi 30H8/f7$ 孔、轴用工作量规。

【解】

（1）查 6-1 表得，$\phi 30H8$ 孔的极限偏差为：$ES=+0.033$ mm，$EI=0$；$\phi 3018$ 轴的极限偏差为：$es=-0.020$ mm，$ei=-0.053$ mm。

（2）由表 6-4 查出工作量规制造公差 T_1 和位置要素 Z_1 值，并确定几何公差 $T_1=0.003\ 4$ mm，$Z_1=0.005$ mm，则 $T_1/2=0.001\ 7$ mm。

（3）画出工件和量规的公差带图，如图 6-6 所示。

（4）计算量规的极限偏差，并将偏差值标注在图 6-6 中。

上偏差 $=E_1+Z_1+T_1/2=$（$0+0.005+0.001\ 7$）mm $=+0.006\ 7$ mm

下偏差 $=E_1+Z_1-T_1/2=$（$0+0.005-0.001\ 7$）mm $=+0.003\ 3$ mm

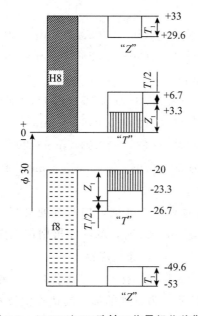

图 6-6　$\phi 80H8/h8E$ 孔轴工作量规公差带图

磨损极限偏差 $=EI=0$

孔用量规止规（Z）：

上偏差 $=ES=+0.033$ mm

下偏差 $=ES-T_1=$（$+0.033-0.003\ 4$）mm $=+0.029\ 6$ mm

轴用量规通规（T）：

上偏差 $=es-Z_1+T_1/2=$（$-0.020-0.005+0.001\ 7$）mm $=-0.023\ 3$ mm

下偏差 $=es-Z_1-T_1/2=$（$-0.020-0.005-0.001\ 7$）mm $=-0.026\ 7$ mm

磨损极限偏差 $=es=-0.020$ mm

轴用量规止规（Z）：

上偏差 $=ei+T_1=$（$-0.053+0.003\ 4$）mm $=-0.049\ 6$ mm

下偏差 $=ei=-0.053$ mm

（5）计算量规的极限尺寸和磨损极限尺寸

孔用量规通规：上极限尺寸＝（30＋0.006 7）mm＝30.006 7 mm

下极限尺寸＝（30＋0.003 3）mm＝30.003 3 mm

磨损极限尺寸＝30 mm

所以，塞规的通规尺寸为 $\phi 30+0.006\ 7+0.003\ 3$ mm

按工艺 R 寸标注为 $\phi 30.000\ 7-0.003\ 40$ mm

孔用量规止规：上极限尺寸＝（30＋0.033）mm＝30.033 mm

下极限尺寸＝（30＋0.029 6）mm＝－30.0296 mm

所以，塞规的止规尺寸为 $\phi 30+0.029\ 6+0.0330$ mm，按工艺尺寸标注为 $\phi 30.033-0.0034\ 0$ mm。

轴用量规通规：上极限尺寸＝（30－0.023 3）mm＝29.976 7 mm

下极限尺寸＝（30－0.026 7）mm＝29.973 3 mm

磨损极限尺寸＝29.98 mm

所以卡规的通规尺寸为 30－0.023 3－0.026 7 mm，按工艺尺寸标注为 29.973 3 mm。

轴用量规止规：上极限尺寸＝（30－0.049 6）mm＝29.950 4 mm

下极限尺寸＝（30－0.053）mm＝29.947 mm

所以，卡规的止规尺寸为 30－0.053 0－0.049 6 mm，按工艺尺寸标注为 29.947＋0.003 40 mm。

在使用过程中，量规的通规不断磨损，如塞规通规尺寸可以小于 30.003 3 mm，但当其尺寸接近磨损极限尺寸 30 mm 时，就不能再用作工作量规，而只能转为验收量规使用；当通规尺寸磨损到 30 mm，通规应报废。

（6）按量规的常用形式绘制量规图样并标注工作尺寸。绘制量规的工作图样就是把设计结果通过图样表示出来，从而为量规的加工制造提供技术依据。上述设计例子中孔用量规选用锥柄双头塞规，如图 6-7 所示；轴用量规选用单头双极限卡规，如图 6-8 所示。

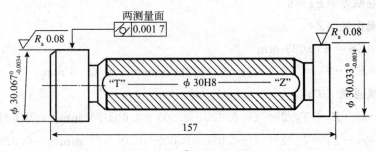

图 6-7　检验 ϕ30H8Ⓔ孔的工作量规工作图

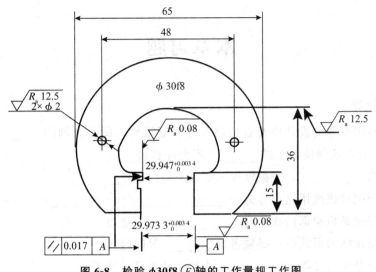

图 6-8　检验 $\phi 30f8$ Ⓔ 轴的工作量规工作图

本章小结

　　本章主要讲述了光滑极限量规的基本知识、量规设计的原则、工作量规的公差带的分布及设计方法。

　　光滑极限量规是一种没有刻度的专用检验工具，用它来检验工件时，只能确定是否在允许的尺寸范围之内，不能测出工件的实际尺寸。通规和止规成对使用，通规是按被检零件的最大实体尺寸制造，止规是按被检零件的最小实体尺寸制造，检验时，通规通过，止规通不过为合格。在成批、大量生产中多用极限量规来检验，它有工作量规、验收量规、校对量规三种。

　　量规设计应遵守泰勒原则（极限尺寸判断原则）。符合泰勒原则的量规，通规应该做成全形，而止规做成点状。但由于制造或使用等方面的原因，量规设计在保证被检零件的形状误差不影响配合性质的条件下，允许偏离泰勒原则。

　　国家标准对工作量规、校对量规规定了制造公差。对工作量规"通规"还规定了磨损极限。并规定工作量规和校对量规的尺寸公差带全部位于被检验尺寸的公差带以内。量规的形位误差应在尺寸公差带内，即其公差为量规制造公差的 50%。

　　在量规标准中，要注意分清"T"和"Z"两个代号的意义。当它们表示量规种类时，是汉语拼音字母，分别表示"通"和"止"。当表示量规公差时，则分别表示工作量规的尺寸公差和工作量规通端尺寸公差带中心至被检验零件最大实体尺寸之间的距离，即位置要素。

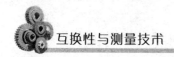

本章习题

一、填空题

1. 光滑极限量规的设计应符合极限尺寸判断原则，即孔和轴的_____不允许超过_____，且在任何位置上的_____不允许超过_____。

2. 止规由于_____，磨损极少，所以只规定了_____。

3. 光滑极限量规按用途可分为_____、_____、_____。

4. 验收量规是检验部门或用户_____是使用的量规。

5. 选用量规结构形式时，必须考虑_____等问题。

6. 通规的基本尺寸等于_____，止规的基本尺寸等于_____。

7. 通规的测量面应具有与被测孔或轴相应的_____。

8. 光滑极限量规是_____量具用以判断孔，轴尺寸是否在_____范围以内。

9. 量规可分为_____、_____、_____三种。

10. 工作量规和验收量规的使用顺序是操作者应使用_____量规，验收量规应尽量接近工件_____尺寸。

11. 轴的工作量规是_____规，其通规是控制_____尺寸_____与_____尺寸，其止规是制_____尺寸_____与_____尺寸。

12. 孔的工作量规是_____规，其通规是控制_____尺寸_____与_____尺寸，其止规是制_____尺寸_____与_____尺寸。

13. 量规通规的公差由_____公差和_____公差两部分组成，其公差带的大小与_____有关，标准规定了公差带的_____。

14. 对于符合极限尺寸判断原则的量规通规是检验_____尺寸的测量面应是_____形规，止规是检验_____测量面应是_____形规。

15. 标准规定量规的形状与位置公差值为_____50%，并应限制在_____之内。

二、选择题

1. 光滑极限量规是检验孔、轴的尺寸公差和形状公差之间的关系采用（　　）的零件。

A. 独立原则   B. 相关原则

C. 最大实体原则   D. 包容原则

2. 光滑极限量规通规的设计尺寸应为工件的（　　）。

A. 最大极限尺寸   B. 最小极限尺寸

C. 最大实体尺寸   D. 最小实体尺寸

3. 光滑极限量规止规的设计尺寸应为工件的（　　　）。

A. 最大极限尺寸 　　　　　　　　　B. 最小极限尺寸

C. 最大实体尺寸 　　　　　　　　　D. 最小实体尺寸

4. 为了延长量规的使用寿命，国标除规定量规的制造公差外，对（　　　）还规定了磨损公差。

A. 工作量规 　　　　　　　　　　　B. 验收量量规

C. 校对量规 　　　　　　　　　　　D. 止规

E. 通规

5. 极限量规的通规是用来控制工件的（　　　）。

A. 最大极限尺寸 　　　　　　　　　B. 最小极限尺寸

C. 最大实体尺寸 　　　　　　　　　D. 最小实体尺寸

E. 作用尺寸 　　　　　　　　　　　F. 实效尺寸

G. 实际尺寸

6. 极限量规的止规是用来控制工件的（　　　）。

A. 最大极限尺寸 　　　　　　　　　B. 最小极限尺寸

C. 实际尺寸 　　　　　　　　　　　D. 作用尺寸

E. 最大实体尺寸 　　　　　　　　　F. 最小实体尺寸

G. 实效尺寸

7. 用符合光滑极限量规标准的量规检验工件时，如有争议，使用的通规尺寸应更接近（　　　）。

A. 工件最大极限尺寸 　　　　　　　B. 工件的最小极限尺寸

C. 工件的最小实体尺寸 　　　　　　D. 工件的最大实体尺寸

8. 用符合光滑极限量规标准的量规检验工件时，如有争议，使用的止规尺寸应接近（　　　）。

A. 工件的最小极限尺寸 　　　　　　B. 工件的最大极限尺寸

C. 工件的最大实体尺寸 　　　　　　D. 工件的最小实体尺寸

9. 符合极限尺寸判断原则的通规的测量面应设计成（　　　）。

A. 与孔或轴形状相对应的不完整表面

B. 与孔或轴形状相对应的完整表面

C. 与孔或轴形状相对应的不完整表面或完整表面均可

10. 符合极限尺寸判断原则的止规的测量面应设计成（　　　）。

A. 与孔或轴形状相对应的完整表面

B. 与孔或轴形状相对应的不完整表面

C. 与孔或轴形状相对应的完整表面或不完整表面均可

三、判断题

1. 光滑量规止规的基本尺寸等于工件的最大极限尺寸。（　　　）

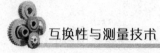

2. 通规公差由制造公差和磨损公差两部分组成。（　　　）

3. 检验孔的尺寸是否合格的量规是通规，检验轴的尺寸是否合格的量规是止规。
（　　　）

4. 光滑极限量规是一种没有刻线的专用量具，但不能确定工件的实际尺寸。（　　　）

5. 光滑极限量规不能确定工件的实际尺寸。（　　　）

6. 当通规和止规都能通过被测零件，该零件即是合格品。（　　　）

7. 止规和通规都需规定磨损公差。（　　　）

8. 通规、止规都制造成全形塞规，容易判断零件的合格性。（　　　）

四、简答题

1. 极限量规按其不同用途可分为哪几类？

2. 怎样确定量规的工作尺寸？

3. 用立式光学比较仪测得 ϕ32D11 塞规直径为：通规 ϕ32.1 mm，止规 ϕ32.242 mm，试判断该塞规是否合格（该测量仪器 $i=0.001$ mm）？

第7章　常用结合件的公差及检测

本章导读

键连接和花键连接广泛应用于轴和轴上零件（如齿轮、带轮、联轴器、手轮等）之间的连接，用以传递扭矩和运动，需要时，配合件之间还可以有轴向相对运动。键和花键连接属于可拆卸连接，常用于需要经常拆卸和便于装配之处。滚动轴承是具有互换性的标准件，作为轴的支撑部件，应用范围广泛。普通螺纹连接要实现互换性，必须保证良好的旋合性和一定的连接强度。齿轮传动在机器和仪器仪表中应用极为广泛，是一种重要的机械传动形式，通常用来传递运动或动力。

本章目标

✲ 了解键、花键的公差及检测
✲掌握滚动轴承的公差与配合
✲掌握普通螺纹结合的公差及检测
✲掌握渐开线圆柱齿轮传动精度及检测

7.1　键、花键的公差及检测

键连接可分为单键连接和花键连接，具有结构简单、紧凑和装拆方便等优点。单键分为平键、半圆键和构头楔键等几种，如图7-1所示。其中，平键的应用最广泛。

(a)平键　(b)半圆键　(c)钩头楔键

图7-1　单键连接的种类

花键按键齿形状可分为矩形花键、渐开线花键和三角形花键三种，其中，以矩形花键的应用最为广泛，花键连接的种类如图7-2所示。

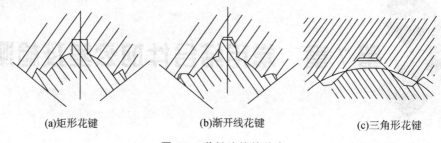

（a)矩形花键　　　　　　　　（b)渐开线花键　　　　　　　　(c)三角形花键

图7-2　花键连接的种类

本节主要讨论平键和矩形花键的公差配合和检测。

7.1.1　平键的公差与检测

平键连接由键、轴槽和轮毂槽三部分组成，如图7-3所示。在平键连接中，结合尺寸有键宽与键槽宽（轴槽宽和轮毂槽宽）b、键高h、槽深（轴槽深t_1、轮毂槽深t_2）、键和槽长L等参数。键的键宽和键槽宽是决定配合性质的主要互换性参数，是配合尺寸，应规定较小的公差。键的高度和长度以及轴键槽深度和轮毂键槽深度均为非配合尺寸，应给予较大的公差。平键和键槽的尺寸与极限偏差如表7-1和表7-2所示。为保证键与键槽侧面接触良好而又便于装拆，键和键槽配合的过盈量或间隙量应小。导向平键要求键与轮毂槽之间作相对滑动，并有较好的导向性，配合的间隙也要适当。在键连接中，几何误差的影响较大，应加以限制。

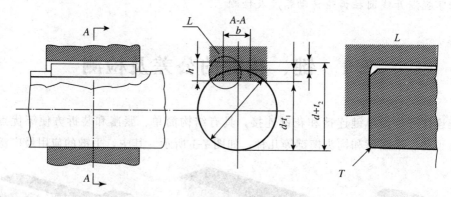

图7-3　普通平键键槽的剖面尺寸

表 7-1　普通平键键槽的尺寸与公差（摘自 GB/T1096－2003）　　　　单位：mm

键尺寸 b×h	键槽 宽度b 公称尺寸	宽度b 松连接 轴 H9	宽度b 松连接 毂 D10	宽度b 正常连接 轴 N9	宽度b 正常连接 毂 JS9	宽度b 紧密连接 轴和毂 P9	深度 轴 t1 公称尺寸	深度 轴 t1 极限偏差	深度 轮毂 t2 公称尺寸	深度 轮毂 t2 极限偏差	半径 r min	半径 r max
4×4	4	+0.030 / 0	+0.078 / +0.030	0 / -0.030	±0.015	-0.012 / -0.042	2.5	+0.1 / 0	1.8	+0.1 / 0	0.08	0.16
5×5	5						3.0		2.3			
6×6	6						3.5		2.8		0.16	0.025
8×7	8	+0.036 / 0	+0.098 / +0.040	0 / -0.036	±0.018	-0.015 / -0.051	4.0		3.3			
10×8	10						5.0		3.3			
12×8	12	+0.043 / 0	+0.120 / +0.050	0 / -0.043	±0.021	-0.018 / -0.061	5.0	+0.2 / 0	3.3	+0.2 / 0	0.25	0.40
14×9	14						5.5		3.8			
16×10	16						6.0		4.3			
18×11	18						7.0		4.4			
20×12	20	+0.052 / 0	+0.149 / +0.065	0 / -0.052	±0.026	-0.022 / -0.074	7.5		4.9			
22×14	22						9.0		5.4			
25×14	25						9.0		5.4		0.40	0.60
28×16	28						10.0		6.4			

表 7-2　普通平键的尺寸与极限偏差（摘自 GB/T1096－2003）　　　　单位：mm

宽度 b	公称尺寸	4	5	6	8	10	12	14	16	18	20	22	25	28
	极限偏差（h8）	0 / -0.018			0 / -0.022		0 / -0.027				0 / -0.033			

高度 h		公称尺寸	4	5	6	7	8	9	10	11	12	14	16
	极限偏差	矩形（h11）	—			0 / -0.090			0 / -0.110				
		方形（h8）	0 / -0.018			—			—				

1. 平键连接的公差配合

（1）配合尺寸的公差带和配合种类。键为标准件，在键宽与键槽宽的配合中，键宽是"轴"，键槽宽是"孔"，所以键宽和键槽宽的配合应采用基轴制。

GB/T 1096—2003 对键宽规定了一种公差带 h8；对轴和轮毂的键槽宽各规定了三种公差带，构成三种不同性质的配合，以满足各种不同性质的需要，如图 7-4 所示。

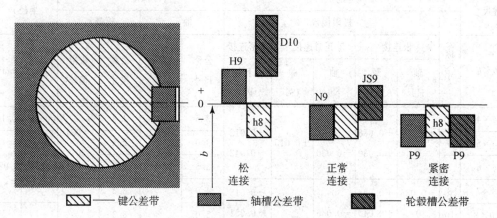

图 7-4　键宽与键槽宽的公差带

平键连接的三种配合及应用如表 7-3 所示。

表 7-3　普通型平键连接的三种配合及应用

连接类型	宽度 b 的公差带			应用
	键	轴键槽	轮毂键槽	
松连接		H9	D10	用于导向平键、轮毂在轴上移动
正常连接	h8	N9	JS9	键在轴槽中和轮毂槽中均固定，用于载荷不大的场合
紧密连接		P9	P9	键牢固地固定在轴槽和轮毂槽中，用于载荷较大、有冲击和双向扭矩的场合

（2）非配合尺寸的公差带。在平键连接中，轴槽深 t_1 和轮毂槽深 t_2 的极限偏差由 GB/T 1095—2003 专门规定。轴槽长的极限偏差为 H14。矩形普通平键键高 h 的极限偏差为 h11，方形普通平键键高 h 的极限偏差为 h8，键长 L 的极限偏差为 h14。在键连接工作图中，考虑到测量方便，轴槽深 t_1 用（$d-t_1$）标注，其极限偏差与 t_1 相反；轮毂槽深 t_2 用（$d+t_2$）标注，其极限偏差与 t_2 相同，如图 7-3 所示。

2. 平键连接的形位公差及表面粗糙度

（1）为保证键宽与键槽宽之间有足够的接触面积和避免装配困难，应分别规定轴槽和轮毂槽的对称度公差。对称度公差等级按国家标准 GB/T 1184—1996，一般取 7～9 级。

（2）当键长 L 与键宽 b 之比大于或等于 8 时（$L/b \geqslant 8$），还应规定键的两工作侧面在长度方向上的平行度要求。$b \leqslant 6$ mm 时，公差等级取 7 级；$8 \leqslant b \leqslant 36$ mm 时，公差等级取 6 级；$b \geqslant 40$ mm 时，公差等级取 5 级。

（3）作为主要配合表面，轴槽和轮毂槽的键槽宽度 b 两侧面的表面粗糙度 R_a 值一般取 1.6 μm～3.2 μm，轴槽底面和轮毂槽底面的表面粗糙度参数 R_a 取 6.3～

12.5 μm。

键槽尺寸和几何公差图样标注如图 7-5 所示。

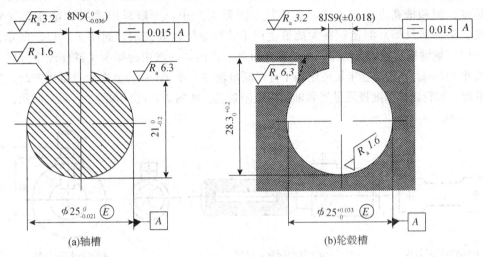

(a)轴槽　　　　　　　　　　　　(b)轮毂槽

图 7-5　键槽尺寸和几何公差图样标注示例

【例 1】有一减速器中的轴和齿轮间采用普通平键连接，已知轴和齿轮孔的配合是 56H7/r6，试确定轴槽和轮毂槽的剖面尺寸及其公差带、相应的形位公差和各个表面的粗糙度参数值，并把它们标注在断面图中。

【解】（1）查表 7-1，得直径为 56 的轴孔用平键的尺寸为 $b \times h = 16 \times 10$。

（2）确定键连接：减速器中轴与齿轮承受一般载荷，故采用正常连接。查表 7-1，则轴槽公差带为 16N9（0−0.043），轮毂槽公差带为 16JS9（±0.0215）。

轴槽深 $t_1 = 6.0 + 0.20$，$d - t_1 = 50 - 0.2$；轮毂槽深 $t_2 = 4.3 + 0.20$，$d + t_2 = 60.3 + 0.20$。

（3）确定键连接形位公差和表面粗糙度：轴槽对轴线及轮毂槽对孔轴线的对称度公差按 GB/T 1184—1996 中的 8 级选取，公差值为 0.020 mm。

轴槽及轮毂槽侧面表面粗糙度 R_a 值为 3.2 μm，底面为 6.3 μm。键槽尺寸和公差图样标注如图 7-6 所示。

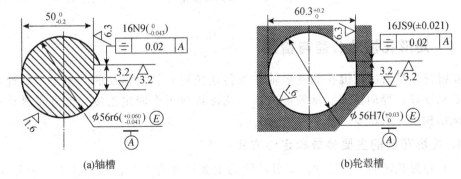

(a)轴槽　　　　　　　　　　　　(b)轮毂槽

图 7-6　键槽尺寸和公差图样标注

3. 平键的检测

对于平键连接，需要检测的项目有键宽、轴键槽和轮毂键槽的宽度、深度及槽的对称度。键和槽宽为单一尺寸，在单件小批量生产中，一般采用通用计量器具（如千分尺、游标卡尺等）测量；在大批量生产中，用极限量规控制，如图 7-7（a）所示。

（1）轴键槽和轮毂键槽深。在单件小批量生产时，一般用游标卡尺或外经千分尺测量轴尺寸（$d-t_1$），用游标卡尺或内径千分尺测量轮毂尺寸（$d+t_2$）。在大批量生产时，用专用量规，如轮毂槽深度极限量规和轴槽深极限量规。如图 7-7（b）和图 7-7（c）所示。

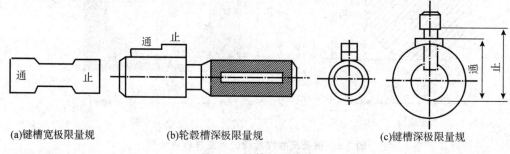

(a)键槽宽极限量规   (b)轮毂槽深极限量规   (c)键槽深极限量规

图 7-7　键槽尺寸量规

（2）键槽对称度。在单件小批量生产时，可用分度头、V 型块和百分表测量，在大批量生产时一般用综合量规检验，如对称度极限量规，只要量规通过即为合格。如图 7-8 所示，图 7-8（a）为轮毂键槽对称度量规，图 7-8（b）为轴键槽对称度量规。

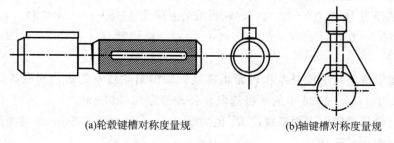

(a)轮毂键槽对称度量规   (b)轴键槽对称度量规

图 7-8　键槽对称度量规

7.1.2　矩形花键的公差与检测

花键连接是通过花键孔和花键轴作为传递扭矩和轴向移动的。相比于平键连接，其定心精度高、导向性好、承载能力强。花键连接可作固定连接，也可作滑动连接，在机械结构中应用较多。

1. 矩形花键的主要参数和定心方式

（1）矩形花键的主要尺寸。矩形花键的主要尺寸有三个，即大径 D、小径 d、键宽（键槽宽）B，如图 7-9 所示。

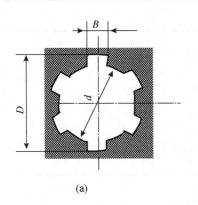
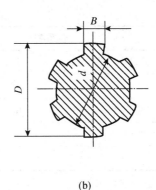

(a)　　　　　　　　　　　　　　(b)

图 7-9　矩形花键的主要尺寸

（2）矩形花键的定心。矩形花键具有大径、小径和侧面三个结合面，为简化花键的加工工艺，提高花键的加工质量，保证定心精度，要选取其中一个作为定心表面，依此确定花键联结的配合性质。

在实际生产中，大批量生产的花键孔主要采用拉削加工方式加工，花键孔的加工质量主要由拉刀来保证。如果采用大径定心，生产中当花键孔要求硬度较高时，热处理后花键孔变形就难以用拉刀进行修正。对于定心精度和表面质量要求较高的花键，拉削工艺也难以保证加工精度要求。如果采用小径定心，热处理后的花键孔小径可通过内圆磨削进行修复，使其具有更高的精度要求和表面质量要求，同时，花键轴的小径也可通过成型磨削达到所要求的精度。

为保证花键连结具有较高的定心精度、较好的定心稳定性、较长的使用寿命，所以国家标准规定采用小径定心。

为便于加工和测量，国家标准规定矩形花键的键数为偶数，有 6、8、10 三种，沿圆周均布。按承载能力不同，矩形花键分为轻、中两个系列。轻系列的键高尺寸比较小，承载能力低；中系列的键高尺寸较大，承载能力强。矩形花键公称尺寸系列如表7-4 所示。

表 7-4　矩形花键公称尺寸系列（摘自 GB/T 1144—2001）　　　　单位：mm

d	轻系列				中系列			
	标记	N	D	B	标记	N	D	B
23	6×23×26	6	26	6	6×23×28	6	28	6
26	6×26×30	6	30	6	6×26×32	6	32	6
28	6×28×32	6	32	7	6×28×34	6	34	7
32	6×32×36	8	36	6	6×32×38	8	38	6
36	6×36×40	8	40	7	6×36×42	8	42	7
42	6×42×46	8	46	8	6×42×48	8	48	8
46	6×46×50	8	50	9	6×46×54	8	54	9

（续表）

D	轻系列				中系列			
	标记	N	D	B	标记	N	D	B
52	6×52×58	8	58	10	6×52×60	8	60	10
56	6×56×62	8	62	10	6×56×65	8	65	10
62	6×62×67	8	68	12	6×62×72	8	72	12
72	6×72×78	10	78	12	6×72×82	10	82	12

2. 矩形花键的公差与配合

国家标准 GB/T 1144—2001 规定，矩形花键的尺寸公差采用基孔制，以减少拉刀的数目。内、外花键小径、大径和键宽（键槽宽）的尺寸公差带分为一般用和精密传动用两类，内、外花键的尺寸公差带如表 7-5 所示。

表 7-5　内、外花键的尺寸公差带

内花键				外花键			装配型式
d	D	键宽 B		小径 d	大径 D	键宽 B	
		拉削后不热处理	拉削后热处理				
一般传动							
H7	H10	H9	H11	f7	a11	d10	滑动
				g7		f9	紧滑动
				h7		h10	固定
精密传动							
H5	H10	H7、H9		f5	a11	d8	滑动
				g5		f7	紧滑动
				h5		h8	固定
H6				f6		d8	滑动
				g6		f7	紧滑动
				h6		h8	固定

花键尺寸公差带选用的一般原则是：定心精度要求高或传递扭矩大时，应选用精密传动用尺寸公差带；反之，可选用一般用的尺寸公差带。

通过改变外花键的小径和外花键宽的尺寸公差带，可以形成不同的配合性质。矩形花键的配合按装配形式分为滑动连接、紧滑动连接和固定连接三种配合。

滑动连接：用于移动距离较长、移动频率较高的条件下工作的花键。

紧滑动连接：用于内、外花键的定心精度要求高、传递扭矩大并常伴有反向转动的情况下。

固定连接：用于内花键在轴上固定不动，只用来传递扭矩的情况。

花键配合的定心精度要求较高、传递扭矩较大时，花键应选用较高的公差等级。例如，汽车变速箱中多采用一般级别的花键，精密机床变速箱中多采用精密级别的花键。

3. 矩形花键的几何公差与表面粗糙度

几何误差是影响花键连接质量的主要因素，因此，国家标准对其几何误差作了以下具体的要求。

（1）内、外花键小径定心表面的几何公差和尺寸公差应遵守包容要求。

（2）为控制内、外花键的分度误差，一般应规定位置度公差，并采用相关要求。矩形花键的位置度及键宽的对称度公差值如表 7-6 所示。花键位置度公差标注如图 7-9 所示。

表 7-6　矩形花键的位置度及键宽的对称度公差值（摘自 GB/T1144－2001）　单位：mm

键宽（键槽宽）B			3	3.5～6	7～10	12～18
位置度公差 t_1	键槽宽		0.010	0.015	0.020	0.025
	键宽	滑动、固定	0.010	0.015	0.020	0.025
		紧滑动	0.005	0.010	0.013	0.016
对称度公差 t_2	一般传动用		0.010	0.012	0.015	0.018
	紧密传动用		0.006	0.008	0.009	0.011

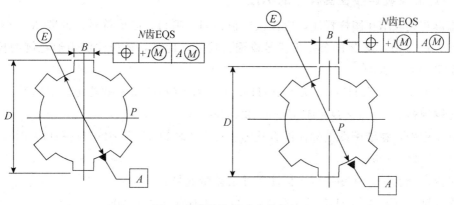

图 7-9　花键位置度公差标注

（3）在单件小批生产时，一般规定键或键槽的两侧面的中心平面对定心表面轴线的对称度公差和花键等分度公差，并遵守独立原则，对称度公差值如表 7-6 所示。花键对称度公差图样标注如图 7-10 所示。

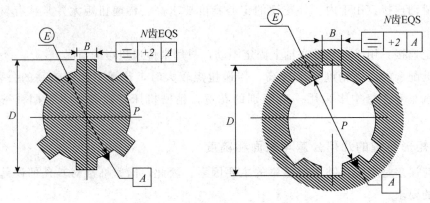

图 7-10　花键对称度公差图样标注

（4）对于较长的花键，应规定内花键各键槽侧面和外花键各键槽侧面对定心表面轴线的平行度公差，其公差值根据产品性能来确定。

矩形花键各结合表面的表面粗糙度推荐值如表 7-7 所示。

表 7-7　矩形花键各结合面的表面粗糙度推荐值　　　　　　　　　　μm

加工表面	内花键	外花键
	R_a 不大于	
大径	6.3	3.2
小径	1.6	0.8
键侧	3.2	1.6

4. 矩形花键连接在图样上的标注

矩形花键联结在图样标注，应按次序包含如下项目。图形符号、键数 N、小径 d、大径 D、键（槽）宽 B 的公差带代号或配合代号，此外，还应注明矩形花键的标准代号 GB/T 1144－2001。

对 $N=6$、$d=23\mathrm{H7/f7}$、$D=26\mathrm{H10/a11}$、$B=6\mathrm{H11/d10}$ 的花键标记如下。

花键规格：$N×d×D×B$　⊓　$6×23×26×6$

对花键副，在装配图上标注配合代号：⊓　$6×23\mathrm{H7/f7}×26\mathrm{H10/a11}×6\mathrm{H11/d10}$ GB/T 1144—2001

对内、外花键，在零件图上标注尺寸公差带代号：

内花键　⊓　$6×23\mathrm{H7}×26\mathrm{H10}×6\mathrm{H11}$　GB/T 1144—2001

外花键　⊓　$6×23\mathrm{f7}×26\mathrm{a11}×6\mathrm{d10}$　GB/T 1144—2001

矩形花键图样标注如图 7-11 所示。

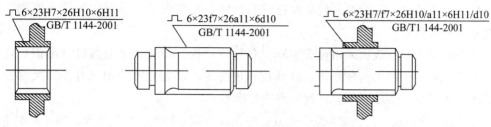

图 7-11　矩形花键标注

5. 矩形花键的检测

矩形花键的检测包括单项检测和综合检测两种。

(1) 单项检测。单项检测主要用于单件、小批量生产。

单项检测就是对花键的单项参数小径、大径、键（槽）宽等尺寸、大径对小径的同轴度误差以及键（键槽）的位置误差进行测量或检验，以保证各尺寸偏差及几何误差在其公差范围内。

当花键小径定心表面采用包容要求时，各键（键槽）的对称度公差及花键各部位均遵守独立原则时，一般就采用单项检测。

采用单项检测时，小径定心表面应采用光滑极限量规检验。大径、键宽的尺寸在单件、小批量生产时采用普通计量器具测量；在成批大量生产中，可用专用极限量规来检验。如图 7-12 所示。

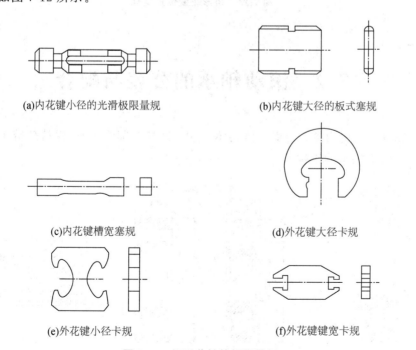

(a)内花键小径的光滑极限量规　　　　　(b)内花键大径的板式塞规

(c)内花键键槽宽塞规　　　　　　　　　(d)外花键大径卡规

(e)外花键小径卡规　　　　　　　　　　(f)外花键键宽卡规

图 7-12　矩形花键的极限量规

173

（2）综合检测。综合检测就是对花键的尺寸、几何误差按控制实效边界原则，用综合量规进行检验。

当花键小径定心表面采用包容要求，各键（键槽）位置度公差与键（键槽）宽的尺寸公差关系采用最大实体要求，且该位置度公差与小径定心表面（基准）尺寸公差的关系也采用最大实体要求时，就采用综合检测。

花键的综合量规（内花键为综合塞规，外花键为综合环规）均为全形通规，如图 7-13 所示。其作用是检验内外花键的实际尺寸和几何误差的综合结果，即同时检验花键的小径、大径、键（键槽）宽表面的实际尺寸和几何误差，以及各键（键槽）的位置误差，大径对小径的同轴度误差等综合结果。

综合检测内、外花键时，若综合量规通过，单项止端量规不通过，则花键合格，反之为不合格。

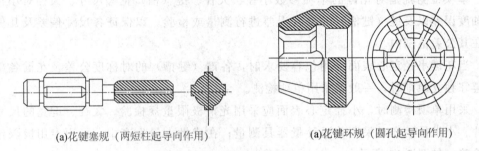

(a)花键塞规（两短柱起导向作用）　　　　　(a)花键环规（圆孔起导向作用）

图 7-13　矩形花键位置量规

7.2　滚动轴承的公差与配合

滚动轴承一般由内圈、外圈、滚动体（球、圆柱、圆锥等）、保持架等组成。如图 7-14 所示为滚动轴承的结构。

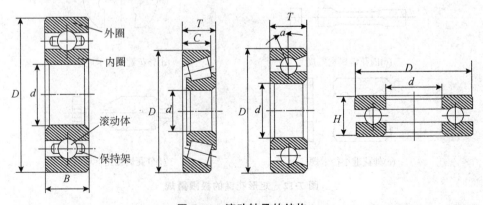

图 7-14　滚动轴承的结构

合理选用滚动轴承内圈与轴颈、外圈与外壳孔的配合，是保证滚动轴承具有良好的旋转精度、可靠的工作性能以及合理寿命的前提。为了保证滚动轴承与外部件的配合、正确选用轴承的类型和精度等级，国家制定了滚动轴承公差与配合相关的标准。涉及的标准有：GB/T 275－1993《滚动轴承与轴和外壳的配合》、GB/T 307.1－2005《滚动轴承　向心轴承　公差》、GB/T 307.3－2005《滚动轴承　通用技术规则》等。

7.2.1　滚动轴承的公差等级

1. 滚动轴承的精度等级

　　滚动轴承按承受载荷方向不同，分成向心轴承（主要承受径向载荷）和推力轴承（主要承受轴向载荷）。滚动轴承按尺寸公差与旋转精度分级。滚动轴承的尺寸精度包括轴承内、外径及轴承宽度等的制造精度。滚动轴承的旋转精度主要有轴承内、外圈的径向跳动，成套轴承内、外圈端面对滚道的跳动，内圈基准端面对内孔的跳动等。

　　向心轴承（圆锥滚子轴承除外）分为 0、6、5、4、2 五级；圆锥滚子轴承分为 0、$6x$、5、4、2 五级；推力轴承分为 0、6、5、4 四级。轴承精度等级代号用字母"P"和数字的组合表示。

　　P0、P6、P5、P4、P2 分别表示轴承精度为 0、6、5、4 和 2 级。

2. 轴承精度等级的选用

　　P0 级——通常称为普通级。用于低、中速及旋转精度要求不高的一般旋转机构，在机械中应用最广。例如，用于普通机床变速箱、进给箱的轴承；汽车、拖拉机变速箱的轴承；普通电动机、水泵、压缩机等旋转机构中的轴承等。

　　P6 级——用于转速较高、旋转精度要求较高的旋转机构。例如，用于普通机床的主轴后轴承、精密机床变速箱的轴承等。

　　P5、P4 级——用于高速、高旋转精度要求的机构。例如，用于精密机床的主轴承，精密仪器仪表的主要轴承等。

　　P2 级——用于转速很高、旋转精度要求也很高的机构。例如，用于齿轮磨床、精密坐标镗床的主轴轴承，高精度仪器仪表及其他高精度精密机械的主要轴承。

7.2.2　滚动轴承内径、外径公差带及特点

　　国家标准 GB 307.1－2005 对向心轴承内径 d 和外径 D 规定了两种尺寸公差。滚动轴承内外圈均为薄壁件，在自由状态下容易变形，所以规定了单一径向平面内的平均直径偏差，内径的平均直径偏差用 Δd_{mp} 表示，外径的平均直径偏差用 ΔD_{mp} 表示。另一种轴承的尺寸公差是单一径向平面的直径偏差，内径偏差用 Δd_s 表示，外径直径偏差 ΔD_s 用表示。规定尺寸偏差的目的是保证轴承与轴、壳体孔配合的尺寸精度和控制轴承的变形程度。所有精度的轴承均给出了平均直径偏差，直径偏差只对高精度的 2、4 级轴承做出规定。表 7-8 给出了向心轴承（不包括圆锥滚子轴承）内径和外径公差。

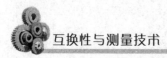
表 7-8　向心轴承（不包括圆锥滚子轴承）内径和外径公差

内圈技术条件

基本内径/mm		外形尺寸公差												旋转精度/μm												
		内径 Δ										Δd_x				宽度 Δh_s		K_{in}					S_d			S_{in}		
		0		6		5		4		2		4		2		0、6、5、4、2		0	6	5	4	2	5	4	2	5	4	2
超过	到	上偏差	下偏差	上偏差	下偏差	上偏差	下偏差	上偏差	下偏差	上偏差	下偏差	上偏差	下偏差	上偏差	下偏差	上偏差	下偏差	max	max	max	max	max	max	max	max	max	max	max
18	30	0	−10	0	−8	0	−6	0	−5	0	−2.5	0	−5	0	−2.5	0	−120	13	8	4	3	2.5	8	4	1.5	8	4	2.5
30	50	0	−12	0	−10	0	−8	0	−6	0	−2.5	0	−6	0	−2.5	0	−120	15	10	5	4	2.5	8	4	1.5	8	4	2.5
50	80	0	−15	0	−12	0	−9	0	−7	0	−4	0	−7	0	−4	0	−150	20	10	5	4	2.5	8	5	1.5	8	5	2.5
80	120	0	−20	0	−15	0	−10	0	−8	0	−5	0	−8	0	−5	0	−20	25	13	6	5	2.5	9+	5	2.5	9	5	2.5
120	150	0	−25	0	−18	0	−13	0	−10	0	−7	0	−10	0	−7	0	−250	30	18	8	6	2.5	10	6	2.5	10	7	2.5
150	180	0	−25	0	−18	0	−13	0	−10	0	−7	0	−10	0	−7	0	−250	30	18	8	6	5	10	6	4	10	7	5
180	250	0	−30	0	−22	0	−15	0	−12	0	−8	0	−12	0	−8	0	−300	40	20	10	8	5	11	7	5	13	8	5

续表

外圈技术条件

基本内径/mm 超过	到	外形尺寸公差 内径 Δ — 0 上偏差	0 下偏差	6 上偏差	6 下偏差	5 上偏差	5 下偏差	4 上偏差	4 下偏差	2 上偏差	2 下偏差	Δd_x 4 上偏差	4 下偏差	Δd_x 2 上偏差	2 下偏差	宽度 Δh_s（0、6、5、4、2）上偏差/下偏差	旋转精度/μm K_in 0 max	K_in 6 max	K_in 5 max	K_in 4 max	K_in 2 max	K_in 5 max	K_in 4 max	K_in 2 max	S_d 5 max	S_d 4 max	S_d 2 max	S_in 5 max	S_in 4 max	S_in 2 max
30	50	0	-11	0	-9	0	-7	0	-6	0	-4	0	-6	0	-4	0 / 与同一轴承内圈的 Δ_1 相同	20	10	7	5	2.5	8	4	1.5	8	5	2.5	11	7	4
50	80	0	-13	0	-11	0	-9	0	-7	0	-4	0	-7	0	-4		25	13	8	5	4	8	4	1.5	10	5	4	14	7	6
80	120	0	-15	0	-13	0	-10	0	-8	0	-5	0	-8	0	-5		35	18	10	6	5	9	5	2.5	11	6	5	16	8	7
120	150	0	-18	0	-15	0	-11	0	-9	0	-5	0	-9	0	-5		40	20	11	8	5	10	5	2.5	13	8	5	18	10	7
150	180	0	-25	0	-18	0	-13	0	-10	0	-7	0	-10	0	-7		45	23	13	10	5	10	5	2.5	14	10	5	20	11	7
180	250	0	-30	0	-20	0	-15	0	-11	0	-8	0	-11	0	-8		50	25	15	11	7	11	7	4	15	10	7	21	14	10
250	315	0	-35	0	-25	0	-18	0	-13	0	-8	0	-13	0	-8		60	30	18		7	13	8	5	18		7	25	14	10

滚动轴承配合：轴承内圈内径与轴采用基孔制配合，外圈外径与外壳孔采用基轴制配合。作为基准孔和基准轴的滚动轴承内、外径公差带，规定了不同于 GB/T 1800.3—1998《极限与配合》中任何等级的基准件（H、h）公差带。

轴承外圈外径：单一平面平均直径 D_{mp} 的公差带的上偏差为零，如图 7-15 所示，与一般的基准轴公差带分布位置相同，数值不同。

轴承内圈内径：单一平面平均直径 d_{mp} 公差带的上偏差也为零，如图 7-15 所示，与一般基准孔的公差带分布位置相反，数值也不同。

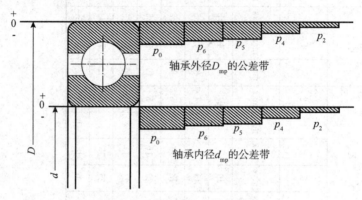

图 7-15　轴承内、外径公差带

将轴承内径公差带偏置在零线下侧，即上偏差为零，下偏差为负值。当其与 GB/T 1800.3—1998《极限与配合》中的任何基本偏差组成配合时，其配合性质将有不同程度的变紧以满足轴承配合的需要。轴承外径公差带由于公差值不同于一般基准轴，是一种特殊公差带，与基准制中的同名配合性质相似，但在间隙和过盈量上是不同的，选择时要注意。

7.2.3　滚动轴承与轴和外壳孔的配合及其选择

1. 轴和外壳孔的公差带

国家标准 GB/T 275—1993 对与 P0 级和 P6 级轴承配合的轴颈公差带规定了 17 种，对外壳孔的公差带规定了 16 种，如图 7-16 所示。这些公差带分别选自 GB/T 1800.3—1998 中规定的轴公差带和孔公差带。

2. 滚动轴承与轴和外壳孔配合的选择

配合的选择就是如何确定与轴承相配合的轴颈和外壳孔的公差带。图 7-16 中的轴承与轴颈和外壳孔的配合公差带共有 16、17 种，具体选择哪种与轴承配合的轴颈和外壳孔公差带，要考虑以下几个因素。

（1）轴承套圈相对于负荷的状况。在大多数情况下，轴承的内圈与轴一起旋转，外圈不转，如减速器上的轴承。汽车轮轴上的轴承是外圈旋转，内圈固定。旋转的轴承套圈称动圈，不转动的轴承套圈为静圈。

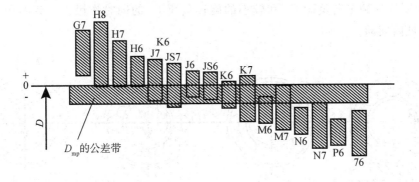

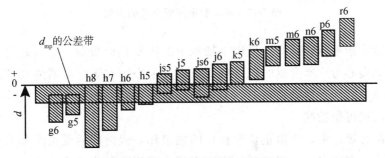

图 7-16　轴承与轴和外壳孔的配合

　　套圈相对于负荷方向固定——径向负荷。径向负荷始终作用在套圈滚道的局部区域，如图 7-17 （a） 所示不旋转的外圈和图 7-17 （b） 所示不旋转的内圈均受到一个方向一定的径向负荷 F_0 的作用。

　　轴承套圈相对于负荷方向旋转（如减速器上的轴承内圈和汽车车轮上轴承的外圈），随着轴承套圈（动圈）的转动，负荷依次作用在轴承套圈的各个部位上，这时套圈所受的负荷为旋转负荷。为了防止轴承动圈与其配合件（轴颈或外壳孔）之间相互滑动而产生磨损，两者之间应选择过盈配合或平均能得到过盈的过渡配合，如可选择 k5、k6、m5、m6 等轴颈的公差带，外壳孔的公差带选择 N6、N7、P6、P7 等。

　　套圈相对于负荷方向旋转——旋转负荷。作用于轴承上的合成径向负荷与套圈相对旋转，并依次作用在该套圈的整个圆周滚道上。如图 7-17 （a） 所示旋转的内圈和如图 7-17 （b） 所示旋转的外圈均受到一个作用位置依次改变的径向负荷 F_0 的作用。

　　轴承固定不动的套圈，其所受的负荷为固定负荷。套圈受固定负荷时，负荷集中作用在轴承套圈的某一很小的局部区域，在套圈局部区域上的滚道容易产生磨损。为了使固定套圈能在摩擦力矩的带动下缓慢转动使套圈滚道各部分均匀磨损和使轴承装拆方便，相对于负荷方向固定的套圈（静圈）应选择间隙配合或平均是间隙的过渡配合，如选择 H7、JS7 等作为外壳孔的公差带，轴颈的公差带选择 f6、g5、h6 等。

　　套圈相对于负荷方向摆动——摆动负荷。大小和方向按一定规律变化的径向负荷作用在套圈的部分滚道上，如图 7-17 （c） 所示不旋转的外圈和如图 7-17 （d） 所示不旋转的内圈均受到定向负荷 F_0 和较小的旋转负荷 F_1 的同时作用，二者的合成负荷在 A、B 区域内摆动。

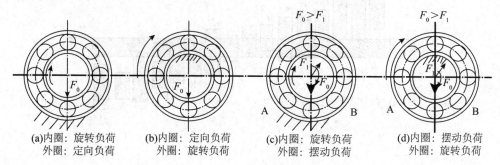

图 7-17　轴承套圈承受负荷的类型

摆动负荷是指轴承转动时，作用于轴承上的固定径向负荷（如齿轮力）与旋转的径向负荷（如离心力）所合成的径向负荷依次反复作用在固定套圈的局部区域上的一种负荷。轴承套圈承受摆动负荷时，与套圈受转动负荷的情况类似，应选择过盈配合或过渡配合，但可稍松些。

轴承的组合设计中，为防止长度较长的轴工作一段时间后受温度影响而伸长，应将轴承设计成一端固定，一端游动。当以不可分离型轴承作游动支承时（如深沟球轴承），应以相对于负荷方向为固定的套圈作为游动套圈，轴承套圈与配合件应选择间隙或过渡配合。

（2）负荷的大小。向心轴承负荷的大小用径向当量动负荷 P_r 与径向基本额定动负荷 C_r 的比值区分。当量动负荷 P_r 是通过轴承受力分析经计算得到，不同型号轴承的 C_r 值可查轴承手册得到。$P_r/C_r \leqslant 0.07$ 称为轻负荷，$0.07 > P_r/C_r \leqslant 0.15$ 称为正常负荷，$P_r/C_r > 0.15$ 称为重负荷。承受重负荷或冲击负荷的套圈，容易产生变形、使配合面受力不均匀而引起配合松动。所以应选较紧的配合，负荷越大配合过盈越大。承受较轻负荷的轴承，可选较松的配合。旋转的内圈受重负荷时，其配合轴颈的公差带可选 n6、p6 等；轴受正常负荷时，轴颈的公差带可选 k5、m5 等。

（3）公差等级的选择。轴承与轴颈和外壳孔配合的公差等级与轴承精度有关。与 P0、P6（P6x）级轴承相配合的轴颈公差等级一般取 IT6，外壳孔公差等级一般取 IT7。对旋转精度和运转平稳性有较高要求的场合，应选用较高精度的轴承，同时，与轴承配合部位也应提高相应精度。

（4）其他因素的影响。影响滚动轴承配合选用的因素很多，在选择轴承配合时应考虑轴承游隙（轴承游隙是指轴承未安装于轴或轴承箱时，将内圈或外圈一方固定，然后使轴承游隙未被固定的一方做径向或者轴向移动的移动量）、轴承的工作温度、轴承尺寸、轴和轴承座的材料、支承安装和调整性能等方面的影响。

如滚动轴承在高于 100 ℃ 温度时，轴承内圈的配合将变松，外圈配合将变紧，在选择配合时要给予注意；采用剖分式的轴承座孔时，为避免轴承的外圈装配到座孔后产生椭圆变形，应采用较松的配合。随着轴承尺寸的增大，选择的过盈配合过盈量应越大、间隙配合的间隙量越大。采用过盈配合会导致轴承游隙的减小，应检验安装后轴承的游隙是否满足使用要求，以便正确选择配合及轴承游隙。

根据上述因素，选择向心轴承和轴、外壳孔的配合分别参考表 7-9 和表 7-10。

表 7-9　向心轴承和轴的配合　轴公差带代号

运转状态		负荷状态	深沟球轴承、调心轴承和角接触轴承	圆柱滚子轴承和圆锥滚子轴承	调心滚子轴承	公差带
说明	举例		轴承公称内径/mm			
旋转的内圈负荷及摆动负荷	一般通用机械、电动机、机床主轴、泵、内燃机、齿轮传动装置、铁路机车车辆轴箱、破碎机等	轻负荷	≤18	—	—	h5
			>18~100	≤40	≤40	j6①
			>100~200	>40~140	>40~140	k6①
			—	>140~200	>140~200	m6①
		正常负荷	≤18	—	—	j5、js5
			>18~100	≤40	≤40	k5②
			>100~140	>40~100	>40~65	m5②
			>140~200	>100~140	>65~100	m6
			>200~280	>140~200	>100~140	n6
			—	>200~400	>140~280	p6
			—	—	>280~500	r6
		重负荷	—	>50~140	>50~100	n6
			—	>140~200	>100~140	p6③
			—	>200	>140~200	r6
			—	—	>200	r7
固定的内圈负荷	静止轴上的各种轮子、张紧轮、振动筛、惯性振动器	所有负荷	所有尺寸			f6、g6① h6、j6
	仅轴向负荷		所有尺寸			j6、js6
所有负荷	铁路机车车辆轴箱		装在退卸套上的所有尺寸			h8 (IT6)⑤④
	一般机械传动		装在紧定套上的所有尺寸			h9 (IT7)③④

注：①凡对精度有较高要求的场合，应用 j5、k5、…代替 j6、k6、…；

　　②圆锥滚子轴承、角接触球轴承配合对游隙影响不大，可用 k6、m6 代替 k5、m5；

　　③重钢荷下轴承游隙应选大于 0 组；

　　④凡有较高精度或转速要求的场合，应选用 h7 (IT5) 代替 h8 (IT6) 等；

　　⑤IT6、IT7 表示圆柱度公差数值。

— 181 —

表 7-10　向心轴承和外壳孔的配合　孔公差带代号

运转状态		负荷状态	其他状态	公差带	
说明	举例			球轴承	滚子轴承
固定的外圈负荷	一般机械、铁路机车车辆轴箱、电动机、泵、曲轴主轴承	轻、正常、重	轴向易移动，可采用剖分式外壳	H7、G7②	
摆动负荷		冲击	轴向能移动，可采用整体式或剖分式外壳	J7、JS7	
		轻、正常			
		正常、重		K7	
		冲击		M7	
旋转的外圈负荷	张紧滑轮轮毂轴承	轻	轴向不移动，采用整体式外壳	J7	K7
		正常		K7、M7	M7、N7
		重		—	N7、P7

注：①并列公差带随尺寸的增大从左至右选择，对旋转精度有较高的要求时，可相应提高一个公差等级；

②不适用于剖分式外壳。

7.2.4　配合表面的形位公差和表面粗糙度要求

　　轴承的内外圈为薄壁件，轴颈和外壳孔表面的形状偏差会映射到轴承的内外圈上。因此，要规定与轴承相结合件的圆柱度公差。另外，轴肩及外壳孔肩对其轴线如果不垂直，会造成轴承偏斜，影响轴承的旋转精度，因此，应规定轴肩和外壳孔肩的端面圆跳动公差。轴和外壳的形位公差如表 7-11 所示，具体的标注部位和公差项目如图 7-18 所示。为了保证轴承与轴颈、外壳孔的配合性质，轴颈、外壳孔应采用包容要求的公差原则，同一轴上安装轴承的两轴颈部位应规定其对自身公共轴线的同轴度公差，支撑轴承的两个轴承孔也应规定同轴度公差。

表 7-11　轴和外壳孔的几何公差　　　　　　　　　　单位：μm

公称尺寸/mm		圆柱度 t				轴向圆跳动 t_1			
		轴颈		外壳孔		轴肩		外壳孔肩	
		轴承公差等级							
		0	6 (6x)	0	6 (6x)	0	6 (6x)	0	6 (6x)
超过	到	公差值/μm							
	6	2.5	1.5	4	2.5	5	3	8	5
6	10	2.5	1.5	4	2.5	6	4	10	6
10	18	3.0	2.0	5	3.0	8	5	12	8

（续表）

公称尺寸/mm		圆柱度 t				轴向圆跳动 t_1			
		轴颈		外壳孔		轴肩		外壳孔肩	
		轴承公差等级							
		0	6（6x）	0	6（6x）	0	6（6x）	0	6（6x）
18	30	4.0	2.5	6	4.0	10	6	15	10
30	50	4.0	2.5	7	4.0	12	8	20	12
50	80	5.0	3.0	8	5.0	15	10	25	15
80	120	8.0	4.0	10	6.0	15	10	25	15
120	180	8.0	5.0	12	8.0	20	12	30	20
180	250	10.0	7.0	14	10.0	20	12	30	20
250	315	12.0	8.0	16	12.0	25	15	40	25
315	400	13.0	9.0	18	13.0	25	15	40	25
400	500	15.0	10.0	20	15.0	25	15	40	25

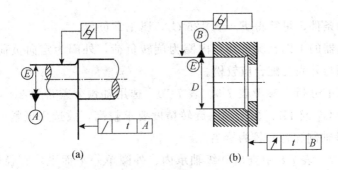

图 7-18　与轴承配合面及端面的几何公差

与滚动轴承配合的轴颈和外壳孔的表面粗糙度达不到要求，在装配后会使理论过盈量减小。为了保证轴承的工作性能，规定了两者的表面粗糙度要求。表 7-12 是与轴承配合面的表面粗糙度的限定值。

表 7-12　配合面的表面粗糙度　　　　　　单位：μm

轴和轴承座直径/mm		轴或外壳配合表面直径公差等级								
		IT7			IT6			IT5		
		表面粗糙度/μm								
超过	到	R_z	R_a		R_z	R_a		R_z	R_a	
			磨	车		磨	车		磨	车
	80	10	1.6	3.2	6.3	0.8	1.6	4	0.4	0.8

（续表）

轴和轴承	轴或外壳配合表面直径公差等级								
座直径/mm	IT7			IT6			IT5		
	表面粗糙度/μm								
超过	到	R_z	R_a		R_z	R_a		R_z	R_a	
			磨	车		磨	车		磨	车
80	500	16	1.6	3.2	10	1.6	3.2	6.3	0.8	1.6
端面		25	3.2	6.3	25	3.2	6.3	10	1.6	3.2

【例】有一圆柱齿轮减速器，小齿轮要求有较高的旋转精度，装有 0 级单列深沟球轴承，轴承尺寸为 50 mm×110 mm×27 mm，额定动负荷 C_r＝32 000 N，轴承承受的当量径向负荷 F_r＝4 000 N。试用类比法确定轴颈和外壳孔的公差带代号，画出公差带图，并确定孔、轴的形位公差值和表面粗糙度参数值，将它们分别标注在装配图和零件图上。

【解】

（1）按已知条件，可算得 F_r＝0.125 C_r，属正常负荷。

（2）按减速器的工作状况可知，内圈为旋转负荷，外圈为定向负荷，内圈与轴的配合应紧，外圈与外壳孔配合应较松。

（3）根据以上分析，参考表 7-9、表 7-10，选用轴颈公差带为 k6（基孔制配合），外壳孔公差带为 G7 或 H7。由于轴的旋转精度要求较高，故选用更紧一些的配合，孔公差带为 J7（基轴制配合）较为恰当。

（4）从表 7-7、表 7-8 中查出 0 级轴承内、外圈单一平面平均直径的上、下偏差，再由标准公差数值表和孔、轴基本偏差数值表查出 50k6 和 110J7 的上、下偏差，从而画出公差带图，如图 7-19 所示。

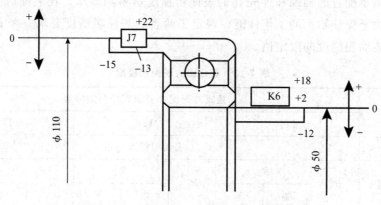

图 7-19　轴承与轴、孔配合的公差带图

（5）从图 7-19 中公差带关系可知：

内圈与轴颈配合的 $Y_{max}=-0.030$ mm，$Y_{min}=-0.002$ mm；外圈与外壳孔配合的 $X_{max}=+0.037$ mm，$Y_{max}=-0.013$ mm。

（6）按表 7-11 选取形位公差值。圆柱度公差：轴颈为 0.004 mm，外壳孔为 0.010 mm。端面跳动公差：轴肩为 0.012 mm，外壳孔肩为 0.025 mm。

（7）按表 7-12 选取表面粗糙度数值。

轴颈表面 $R_a\leqslant0.8\ \mu m$

轴肩端面 $R_a\leqslant3.2\ \mu m$

外壳孔表面 $R_a\leqslant1.6\ \mu m$

轴肩端面 $R_a\leqslant3.2\ \mu m$

（8）将选择的上述各项公差标注在图上，如图 7-20 所示。

由于滚动轴承是标准部件，因此，在装配图上只需注出轴颈和外壳孔公差带代号，不标注基准件公差带代号，如图 7-20（a）所示。轴和外壳上的标注如图 7-20（b）和图 7-20（c）所示。

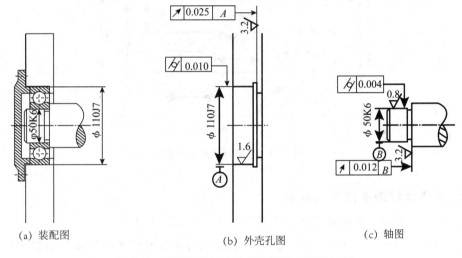

(a) 装配图　　(b) 外壳孔图　　(c) 轴图

图 7-20　轴颈和外壳孔公差在图样上标注示例

7.3　普通螺纹结合的公差及检测

7.3.1　普通螺纹的几何参数及对互换性的影响

1. 螺纹种类

通常，螺纹主要有以下几种。

（1）普通螺纹。这主要用于连接和紧固零件，是应用最为广泛的一种螺纹，分粗牙和细牙两种。对这类螺纹结合的主要要求有两个：一是可旋合性，二是连接的可靠性。

（2）传动螺纹。这主要用于传递精确的位移、动力和运动，如机床中的丝杠和螺母，千斤顶的起重螺杆等。对这类螺纹结合的主要要求是传动准确、可靠，螺牙接触良好及耐磨等。

（3）密封螺纹。这主要用于密封的螺纹连接，如管螺纹的连接，要求结合紧密，不漏水、不漏气、不漏油。对这类螺纹结合的主要要求是具有良好的旋合性及密封性。

2. 普通螺纹的基本牙型

普通螺纹的基本牙型是指在原始的等边三角形基础上，削去顶部和底部所形成的螺纹牙型，如图 7-21 所示。该牙型具有螺纹的公称尺寸。

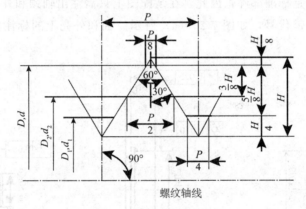

图 7-21　普通螺纹基本牙型

3. 普通螺纹的主要几何参数

由图 7-21 所示，普通螺纹的主要几何参数主要有以下几个。

（1）基本大径（d，D）。大径是与外螺纹牙顶或内螺纹牙底相切的假想圆柱的直径。国家标准规定，普通螺纹大径的基本尺寸为螺纹的公称直径。相互结合的普通螺纹，内外螺纹大径的公称尺寸是相等的。

（2）基本小径（d_1，D_1）。小径是与外螺纹牙底或内螺纹牙顶相切的假想圆柱的直径。相互结合的普通螺纹，内外螺纹小径的公称尺寸是相等的。

（3）基本中径（d_2，D_2）。中径是一个假想圆柱的直径，该圆柱的母线通过螺纹牙型上沟槽和凸起宽度相等的地方。相互结合的普通螺纹，内外螺纹中径的公称尺寸是相等的。注意：普通螺纹的中径不是大径和小径的平均值。

（4）螺距（P）。螺距是相邻两牙在中径线对应两点间的轴向距离。普通螺纹的螺距分为粗牙和细牙两种。相同的公称直径，细牙螺纹的螺距要比粗牙螺距的小，具体可以查相关表格。

（5）导程。在同一螺旋线上，相邻两牙在中径线上对应两点间的轴向距离。对于单线螺纹，导程与螺距相同，对于多线螺纹，导程等于螺距与螺纹线数 n 的乘积，即导程 $Ph = nP$。普通螺纹的公称尺寸如表 7-13 所示。

表 7-13　普通螺纹的公称尺寸　　　　　　　　单位：mm

公称直径（大径）D、d	螺距 P	中径 D_2、d_2	小径 D_1、d_1	公称直径（大径）D、d	螺距 P	中径 D_2、d_2	小径 D_1、d_1	公称直径（大径）D、d	螺距 P	中径 D_2、d_2	小径 D_1、d_1
3	0.5	2.675	2.459		1.5	9.026	8.376		2.5	16.376	15.294
	0.35	2.773	2.621	10	1.25	9.188	8.647	18	2	16.701	15.835
3.5	0.6	3.110	2.850		1	9.350	8.917		1.5	17.026	16.376
	0.35	3.273	3.121		0.75	9.513	9.188		1	17.350	16.917
4	0.7	3.545	3.242		1.75	10.863	10.106		2.5	18.376	17.294
	0.5	3.675	3.459	12	1.5	11.026	10.376	20	2	18.701	17.835
4.5	0.75	4.013	3.688		1.25	11.188	10.647		1.5	19.026	18.376
	0.5	4.175	3.859		1	11.350	10.917		1	19.350	18.917
5	0.8	4.480	4.134		2	12.701	11.835		2.5	20.376	19.294
	0.5	4.675	4.459	14	1.5	13.026	12.376	22	2	20.701	19.835
6	1	5.530	4.917		1.25	13.188	12.647		1.5	21.026	20.376
	0.75	5.513	5.188		1	13.350	12.917		1	21.350	20.917
7	1	6.350	5.917						3	22.051	20.752
	0.75	6.513	6.188		2	14.701	13.835		2	22.701	21.835
8	1.25	7.188	6.647	16	1.5	15.026	14.376	24	1.5	23.026	22.376
	1	7.350	6.917		1	15.350	14.917		1	23.350	22.917
	0.75	7.513	7.188								

注：公称直径 D、d 为 1～2.5 和 27～300 的部分未列入，第三系列未列入。

（5）单一中径（d_a，D_a）。单一中径是一个假想圆柱的直径，该圆柱的母线通过牙型上沟槽宽度等于基本螺距一半的地方。单一中径代表螺距中径的实际尺寸。当无螺距偏差时，单一中径与中径相等；有螺距偏差的螺纹，其单一中径与中径数值不相等，如图 7-22 所示。ΔP 为螺距偏差。

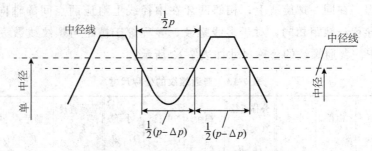

图 7-22　螺纹的单一中径与中径

（6）牙型角（α）和牙型半角（$\alpha/2$）。牙型角是螺纹牙型上相邻两牙侧间的夹角，如图 7-23 中的 α。公制普通螺纹的牙型角 $\alpha = 60°$。牙型半角是牙型角的一半。

公制普通螺纹的牙型半角 $\alpha_2 = 30°$，如图 7-23（a）中的 α_2。

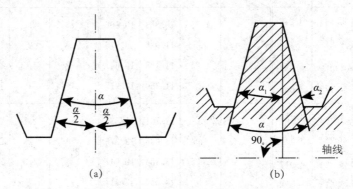

图 7-23　牙型角、牙型半角和牙侧角

（7）牙侧角（α_1、α_2）。牙侧角是在螺纹牙型上牙侧与螺纹轴线的垂线之间的夹角，如图 7-23（b）中的 α_1 和 α_2。对于普通螺纹，在理论上，$\alpha = 60°$，$\alpha/2 = 30°$，$\alpha_1 = \alpha_2 = 30°$。

（8）螺纹旋合长度。螺纹旋合长度就是两个相互配合的螺纹沿螺纹轴线方向上相互旋合部分的长度，如图 7-24 所示。

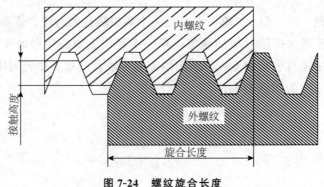

图 7-24　螺纹旋合长度

4. 普通螺纹几何参数偏差对螺纹互换性的影响

普通螺纹连接要实现互换性，必须保证良好的旋合性和一定的连接强度。影响螺纹互换性的主要几何参数有大径、小径、中径、螺距和牙侧角五个。这些参数在加工过程中不可避免地会产生一定的加工误差，不仅会影响螺纹的旋合性、接触高度、配合松紧，还会影响螺纹连接的可靠性，从而影响螺纹的互换性。

为了保证螺纹的旋合性，外螺纹的大径和小径要分别小于内螺纹的大径和小径，但过小又会使牙顶和牙底间的间隙变大，实际接触高度减小，降低连接强度。螺纹旋合后主要依靠牙侧面工作，如果内外螺纹的牙侧接触不均匀，就会造成负荷分布不均，势必会降低螺纹的配合均匀性和连接强度。因此，影响螺纹连接互换性的主要因素是中径误差、螺距误差和牙侧角误差。

（1）普通螺纹中径偏差对螺纹互换性的影响。螺纹中径的实际尺寸与中径基本尺寸存在偏差，当外螺纹中径比内螺纹中径大就会影响螺纹的旋合性；反之，当外螺纹中径比内螺纹中径小，就会使内外螺纹配合过松而影响连接的可靠性和紧密性，削弱连接强度。可见中径偏差的大小直接影响螺纹的互换性，因此对中径偏差必须加以限制。

（2）螺距偏差对螺纹互换性的影响。螺距偏差分为单个螺距偏差 ΔP 和螺距累积偏差 ΔP_Σ，前者指在螺纹全长上，任意单个螺距的实际值与其公称值的最大差值，与旋合长度无关，后者指在规定的长度内（如旋合长度），任意两同名牙侧与中径交点的实际轴向距离与其公称值得最大差值，它与和旋合长度有关。螺距累积偏差对螺纹互换性的影响更明显。

为便于分析，假设仅有螺距误差 ΔP_Σ 的外螺纹与没有任何误差的理想内螺纹结合，内、外螺纹将会在牙侧处产生干涉，如图 7-25 中剖面线部分所示，外螺纹不能旋入内螺纹。为了消除该干涉区，可将外螺纹的中径减少一个数值 f_p。同理，当内螺纹具有螺距累积误差时，为避免产生干涉，可将内螺纹的中径增长一个数值 f_p。可见，f_p 是为了补偿螺距累积误差而这算到中径上的数值，称为螺距误差的中径当量。由图 7-25 中的△ABC 可知

$$f_p = |\Delta P_\Sigma| \cot \frac{\alpha}{2}$$

对于普通螺纹，$\alpha/2 = 30°$，则有

$$f_p = 1.732 |\Delta P_\Sigma|$$

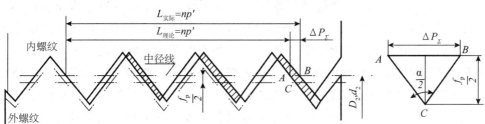

图 7-25   螺距累积误差对旋合性的影响

由于 ΔP_Σ 不论是正值或是负值，都影响螺纹的旋合性，故 ΔP_Σ 应取绝对值。

对于普通螺纹，由于螺距误差可以折算到中径上，所以在国家标准中没有直接规定螺距误差，而是通过中径公差间接控制螺距误差。

(3) 牙型半角偏差对螺纹互换性的影响。即使螺纹的牙型角正确，牙侧角也可能存在一定的误差。螺纹牙侧角偏差为实际牙侧角与理论牙侧角之差，是牙侧相对于螺纹轴线的位置偏差。牙侧角偏差对螺纹的旋合性和连接强度均有影响。

假设内螺纹具有理论牙型，与其相结合的外螺纹仅存在牙侧角误差。当左牙侧角误差 $\triangle\alpha_1<0$，右牙侧角误差 $\triangle\alpha_2>0$ 时，将在外螺纹牙顶左侧和牙根右侧处产生干涉，如图 7-26 中剖面线部分所示。为了消除干涉，保证旋合性，必须使外螺纹的牙型沿垂直于螺纹轴线的方向下移至图 7-26 中细双点画线以下，从而使外螺纹的中径减小一个数值 f_{ai}。同理，内螺纹存在牙侧角误差时，为了保证旋合性，就须将内螺纹中径增大一个数值 f_{ai}。可见，f_{ai} 是为补偿牙侧角误差而折算到中径上的数值，称为牙侧角误差的中径当量。

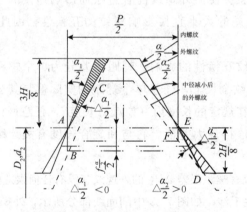

图 7-26　牙侧角偏差对旋合性的影响

根据任意三角形的正弦定理，考虑到左、右牙侧角误差可能同时出现的各种情况及必要的单位换算，得

$$f_{ai}=0.073P(K_1|\triangle\alpha_1|+K_2|\triangle\alpha_2|)$$

式中　P——螺距，mm；

　　$\triangle\alpha_1$、$\triangle\alpha_2$——左、右牙侧角误差，$(')$，$\triangle\alpha_1=\alpha1-30°$，$\triangle\alpha_2=\alpha_2-30°$；

　　K_1、K_2——左、右牙侧角误差系数，对外螺纹，当牙侧角误差为正值时 K_1 和 K_2 取 2，为负值时 K_1 和 K_2 取 3；对内螺纹，左、右牙侧角误差系数的取值相反。

(4) 螺纹作用中径及中径合格条件。由于螺距误差和牙侧角误差可以折算到相当于中径有误差的情况，因而可以不单独规定螺距公差和牙侧角公差，仅规定中径总公差，用来控制中径本身的误差、螺距误差和牙侧角误差的综合影响。可见，中径公差是一项综合公差。这样规定是为了加工和检验的方便，按中径总公差进行检验，可保证螺纹的互换性。

当实际外螺纹存在螺距误差和牙型半角误差时，该实际外螺纹只可能与一个中径较大而具有设计牙型的理想内螺纹旋合。在规定的旋合长度内，恰好包容实际外螺纹的一个假想内螺纹的中径称为外螺纹的作用中径 d_{2fe}。该假想内螺纹具有理想的螺距、牙侧角以及牙型高度，并在牙顶处和牙底处留有间隙，外螺纹的作用中径等于外螺纹的单一中径 d_{2s} 与螺距误差、牙侧角误差的中径当量值之和，即

$$d_{2fe} = d_{2s} + (f_p + f_{ai})$$

当实际外螺纹各个部位的单一中径不相同时，d_{2s} 应取其中的最大值。同理，在规定的旋合长度内，恰好包容实际内螺纹的一个假想外螺纹的中径称为内螺纹的作用中径 D_{2fe}。内螺纹的作用中径等于内螺纹的单一中径 D_{2s} 与螺距误差、牙侧角误差的中径当量值之差，即

$$D_{2fe} = D_{2s} - (f_p + f_{ai})$$

当实际内螺纹各个部位的单一中径不相同时，D_{2s} 应取其中的最小值。

如果外螺纹的作用中径过大、内螺纹的作用中径过小，将使螺纹难以旋合。若外螺纹的单一中径过小，内螺纹的单一中径过大，将会影响螺纹的连接强度。因此，国家标准规定，判断螺纹中径合格性应遵循泰勒原则：实际螺纹的作用中径不允许超越其最大实体牙型的中径，任何部位的单一中径不允许超越其最小实体牙型的中径。所谓最大和最小实体牙型是由设计牙型和各直径的基本偏差及公差所决定的最大实体状态和最小实体状态的螺纹牙型。因此，螺纹中径的合格条件是

外螺纹：

$$d_{2fe} \leqslant d_{2MMS} = d_{2max}, \quad d_{2s} \geqslant d_{2Lms} = d_{2min}$$

内螺纹：

$$D_{2fe} \geqslant D_{2MMS} = D_{2min}, \quad D_{2s} \leqslant D_{2LMS} = D_{2max}$$

式中　d_{2MMS}，d_{2LMS}——外螺纹最大、最小实体牙型中径；

d_{2max}，d_{2min}——外螺纹最大、最小中径；

D_{2MMS}，D_{2LMS}——内螺纹最大、最小实体牙型中径；

D_{2mx}，D_{2min}——内螺纹最大、最小中径。

7.3.2　普通螺纹的公差与配合

1. 普通螺纹的公差带

国家标准《普通螺纹公差与配合》GB.T197—2003 将螺纹公差带标准化，螺纹公差带由构成公差带大小的公差等级和确定公差带位置的基本偏差组成，结合内外螺纹的旋合长度，一起形成不同的螺纹精度。

（1）螺纹的公差等级。国家标准对内、外螺纹规定了不同的公差等级，如表 7-13 所示。各公差等级中，3 级最高，9 级最低，其中 6 级为基本级。

表 7-13 螺纹的公差等级（摘自 GB/T197－2003）

螺纹直径	公差等级	螺纹直径	公差等级
外螺纹中径 d_2	3、4、5、6、7、8、9	内螺纹中径 D_2	4、5、6、7、8
外螺纹大径 d	4、6、8	内螺纹小径 D_1	4、5、6、7、8

　　在普通螺纹中，对螺距和牙侧角并不单独规定公差，而是用中径公差来综合控制。这样，为了满足互换性要求，只需规定大径、小径和中径公差即可。内、外螺纹的底径（d_1 和 D）是在加工时和中径一起由刀具切出的，其尺寸精度由刀具保证，故不规定其公差。因此在普通螺纹的公差标准中，只规定了内、外螺纹的中径和顶径公差。

　　普通螺纹的中径和顶径公差值如表 7-14 和表 7-15 所示。

表 7-14 内、外螺纹的中径公差（摘自 GB/T197－2003）　　　　单位：μm

公称大径/mm >	≤	螺距 p/mm	内螺纹中径公差 T_{D2} 公差等级					外螺纹中径公差 T_{d2} 公差等级						
			4	5	6	7	8	3	4	5	6	7	8	9
5.6	11.2	0.75	85	106	132	170	–	50	63	80	100	125	–	–
		1	95	118	150	190	236	56	71	90	112	140	180	224
		1.25	100	125	160	200	250	60	75	95	118	150	190	236
		1.5	112	140	180	224	280	67	85	106	132	170	212	295
11.2	22.4	1	100	125	160	200	250	60	75	95	118	150	190	236
		1.25	112	140	180	224	280	67	85	106	132	170	212	265
		1.5	118	150	190	236	300	71	90	112	140	180	224	280
		1.75	125	160	200	250	315	75	95	118	150	190	236	300
		2	132	170	212	265	335	80	100	125	160	200	250	315
		2.5	140	180	224	280	355	85	106	132	170	212	265	335
22.4	45	1	106	132	170	212	–	63	80	100	125	160	200	250、
		1.5	125	160	200	250	315	75	95	118	150	190	236	300
		2	140	180	224	280	355	85	106	132	170	212	265	335
		3	170	212	265	335	425	100	125	160	200	250	315	400
		3.5	180	224	280	355	450	106	132	170	212	265	335	425
		4	190	236	300	375	475	112	140	180	224	280	355	450
		4.5	200	250	315	400	500	118	150	190	236	300	375	475

表 7-15　内、外螺纹的顶径公差（摘自 GB/T197—2003）　　　　　　　单位：μm

公差项目	内螺纹顶径（小径）公差 T_{D1}				外螺纹顶径（大径）公差 T_d		
公差等级 螺距/mm	5	6	7	8	4	6	8
0.75	150	190	236	—	90	140	—
0.8	160	200	250	315	95	150	236
1	190	236	300	375	112	180	280
1.25	212	265	335	425	132	212	335
1.5	236	300	375	475	150	236	375
1.75	265	335	425	530	170	265	425
2	300	375	475	600	180	280	450
2.5	355	450	560	710	212	335	530
3	400	500	630	800	236	375	600

　　（2）螺纹的基本偏差。螺纹公差带的位置是由基本偏差确定的。在普通螺纹标准中，对内螺纹规定了代号为 G、H 的两种基本偏差，对外螺纹规定了代号为 e、f、g、h 的四种基本偏差，如图 7-27 所示。H、h 的基本偏差为零，G 的基本偏差为正值，e、f、g 的基本偏差为负值。

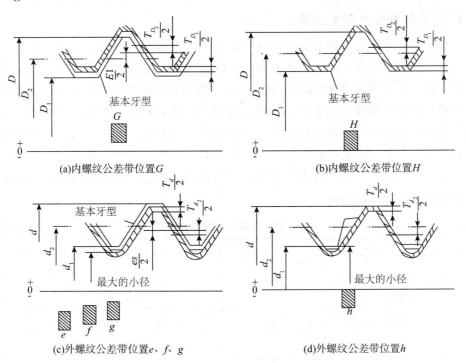

(a)内螺纹公差带位置G　　　　　　　(b)内螺纹公差带位置H

(c)外螺纹公差带位置e、f、g　　　　　(d)外螺纹公差带位置h

图 7-27　内、外螺纹公差带位置

内外螺纹的基本偏差数值如表 7-16 所示。

表 7-16　内、外螺纹的顶径公差（摘自 GB/T197－2003）　　　单位：μm

螺距 P/mm	内螺纹		外螺纹			
	G	H	e	f	g	h
	EI		es			
0.75	+22	0	−56	−38	−22	0
0.8	+24	0	−60	−38	−24	0
1	+26	0	−60	−40	−26	0
1.25	+28	0	−63	−42	−28	0
1.5	+32	0	−67	−45	−32	0
1.75	+34	0	−71	−48	−34	0
2	+38	0	−71	−58	−38	0
2.5	+42	0	−80	−58	−42	0
3	+48	0	−85	−63	−48	0

普通螺纹的公差带代号由表示公差等级的数字和基本偏差字母组成，如 6H、5g 等。与一般的尺寸公差带代号不同，普通螺纹的公差带代号中，公差等级数字在前，基本偏差字母在后。

2. 普通螺纹公差带的选用

按螺纹的公差等级和基本偏差可以组成很多的公差带，但为了减少实际生产中刀具、量具的规格和种类，国家标准中规定了既能满足当前需要，而数量又有限的常用公差带，如表 7-17 和表 7-18 所示。螺纹公差带代号包括中径和顶径的公差等级和基本偏差代号，当中径和顶径公差带不同时，应分别注出，前者为中径，后者为顶径，如 5g6g。当中径、顶径的公差带相同时，合并标注一个即可，如 6H、6g。表中所规定的公差带宜优先选取，优先选取的顺序为：粗体字公差带、一般字体公差带、括号内公差带。带方框的粗字体公差带用于大量生产的紧固件螺纹。除特殊情况外，国家标准规定以外的公差带不宜选用。

表 7-17　内螺纹的推荐公差带　　　单位：μm

公差精度	旋合长度	公差带位置 G			公差带位置 H		
		S	N	L	S	N	L
紧密级		–	–	–	4H	5H	6H
中等级		(5G)	6G	(7G)	5H	6H	7H
粗糙级		–	(7G)	(8G)	–	7H	8H

194

表 7-18　外螺纹的推荐公差带　　　　　　　　　　　　　　　　　　单位：μm

旋合长度 公差精度	公差带位置 e			公差带位置 f			公差带位置 g			公差带位置 h		
	S	N	L	S	N	L	S	N	L	S	N	L
紧密级	–	–	–	–	–	–	–	(4g)	(5g4g)	(3h4h)	4h	(5h4h)
中等级	–	6e	(7e6e)	–	6f	–	(5g6g)	6g	(7g6g)	(5h6h)	6h	(7h6h)
粗糙级	–	(8e)	(9e8e)	–	–	–	–	8g	(9g8g)	–	–	–

（1）旋合长度的确定。国家标准按螺纹的直径和螺距将旋合长度分为三组，分别称为短旋合长度组（S）、中旋合长度组（N）和长旋合长度组（L）。通常选用中等旋合长度，仅当结构和强度上有特殊要求时方可采用短旋合长度和长旋合长度。如铝合金等强度较低的零件上的螺纹，为了保证机械强度，可选用长旋合长度；对于受力不大且受空间限制的螺纹，如锁紧用的特薄螺母的螺纹可用短旋合长度。以上三种旋合长度的数值如表 7-19 所示。需要说明的是要尽可能缩短旋合长度，因为旋合长度越长，不仅结构笨重，加工困难，而且螺纹的实际连接强度也会因螺距累计误差、牙侧角误差而下降。

表 7-19　螺纹的旋合长度（摘自 GB/T197－2003）　　　　　　单位：mm

公称直径 D，d		螺距 P	旋合长度			
>	≤		S		N	L
			≤	>	≤	>
5.6	11.2	0.75	2.4	2.4	7.1	7.1
		1	3	3	9	9
		1.25	4	4	12	12
		1.5	5	5	15	15
11.2	22.4	1	3.8	3.8	11	11
		1.25	4.5	4.5	13	13
		1.5	5.6	5.6	16	16
		1.75	6	6	18	18
		2	8	8	24	24
		2.5	10	10	30	30

（续表）

公称直径 D, d		螺距 P	旋合长度			
			S		N	L
>	≤		≤	>	≤	>
22.4	45	1	4	4	12	12
		1.5	6.3	6.3	19	19
		2	8.5	8.5	25	25
		3	12	12	36	36
		3.5	15	15	45	45
		4	18	18	53	53
		4.5	21	21	63	63

（2）公差精度的选用。表 7-17、7-18 规定了螺纹精度分为精密、中等和粗糙三级。螺纹精度等级的高低代表着螺纹加工的难易程度。公差精度主要根据使用场合选用。精密级用于精密螺纹，要求配合性质变动小时采用；中等级用于一般用途的机械和构件；粗糙级用于精度要求不高或制造比较困难的螺纹。

（3）配合的选择。内外螺纹的选用公差带可以形成任意组合。但为了保证连接强度、接触高度和装拆方便，推荐完工后螺纹最好组成 H/g，H/h 或 G/h 配合。在实际选用螺纹配合时，应主要依据使用要求。

①为了保证螺纹旋合性以及内、外螺纹具有较高的同轴度，并有足够的接触高度和结合强度，一般选用最小间隙为零的配合（H/h）。

②除满足上述要求外，若还希望拆装方便，则可选用较小间隙的配合，如 H/g 和 G/h。

③如无其他特殊说明，推荐公差带适用于涂镀前螺纹。涂镀后，螺纹实际轮廓上的任何点不应超越按公差位置 H 或 h 所确定的最大实体牙型。需涂镀保护层的外螺纹，其间隙大小取决于镀层厚度。当镀层厚度为 $10~\mu m$、$20~\mu m$、$30~\mu m$ 时，可分别选择 g、f、e 与 H 形成配合。当内、外螺纹均需电镀时，则可采用 G/e 或 G/f 的配合。

④在高温工作状态下工作的螺纹，为防止因高温形成金属氧化皮或介质沉积使螺纹卡死，可采用保证间隙的配合。当温度在 450℃ 以下时，可选用 H/g 配合；当温度在 450℃ 以上时，可选用 H/e 配合，如汽车上所用的 M14×1.25 的火花塞。

一般情况下，选用中等精度、中等旋合长度的公差带，即内螺纹公差带 $6H$，外螺纹公差带 $6h$，$6g$ 应用较广。

（4）螺纹的表面粗糙度要求。螺纹的表面粗糙度主要根据中径公差等级来确定。表 7-20 列出了螺纹牙侧表面粗糙度参数 Ra 的推荐值。

表 7-20　螺纹牙侧表面粗糙度参数 *Ra* 的推荐值　　　　单位：μm

工件	螺纹中径公差等级		
	4.5	6.7	8.9
	Ra 不大于/μm		
螺栓、螺钉、螺母	1.6	3.2	3.2~6.3
轴及套上的螺纹	0.8~1.6	1.6	3.2

3. 普通螺纹的标记

完整的螺纹标记由螺纹特征代号、尺寸代号、螺纹公差带代号和其他有必要做进一步说明的个别信息组成，如图 7-28 所示。

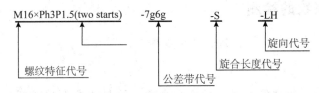

图 7-28　普通螺纹的标记

（1）螺纹特征代号。螺纹特征代号用字母"M"表示。

（2）螺纹尺寸代号。尺寸代号包括公称直径、导程、螺距等，单位为毫米（mm）。对于粗牙螺纹，可以省略标注其螺距。

单线螺纹的尺寸代号为"公称直径×螺距"。

多线螺纹的尺寸代号为"公称直径×Ph 导程 P 螺距"。如要进一步表明螺纹的线数，可在后面加括号加以说明（使用英语进行说明，例如双线为 two starts、三线为 three starts）。

示例：

公称直径为 16 mm、螺距为 1.5 mm、导程为 3 mm 的双线螺纹：

M16×Ph3P1.5 或 M16×Ph3P1.5（two starts）

（3）螺纹公差带代号。公差带代号包含中径公差带代号和顶径公差带代号。公差带代号由表示公差等级的数值和表示公差带位置的字母组成。中径公差代号在前，顶径公差代号在后。如果中径公差带代号与顶径公差带代号相同，则应只标注一个公差带代号。螺纹尺寸代号与公差带间用"—"隔开。

在下列情况下，中等精度螺纹不标注其公差带代号：

①内螺纹的公差带代号为 5H，且公称直径≤1.4 mm；公差带代号为 6H，且公称直径大于等于 1.6 mm；对螺距为 0.2 mm，且公差等级为 4 级的内螺纹。

②外螺纹的公差带代号为 6h，且公称直径≤1.4 mm；公差带代号为 6g，且公称直径≥1.6 mm。表示内、外螺纹配合时，内螺纹公差带代号在前，外螺纹公差带代号在后，中间用"/"分开。

（4）旋合长度代号。对短旋合长度和长旋合长度的螺纹，应在公差带代号后分别标注"S"和"L"。旋合长度代号与公差带间用"－"分开。中等旋合长度螺纹不标注旋合长度代号（N）。

（5）旋向代号。对左旋螺纹，应在旋合长度代号之后标注"LH"。旋合长度代号与旋向代号间用"－"号分开。右旋螺纹不标注旋向代号。

示例：

（1）公称直径为 10 mm，中径公差带和顶径公差带均为 6 g，中等旋合长度的粗牙右旋外螺纹：M10－6g。

（2）公称直径为 10 mm，螺距为 1 mm，中径公差带为 5H、顶径公差带为 6H 的中等旋合长度右旋内螺纹：M10×1－5H6H。

7.3.3 普通螺纹的检测

普通螺纹的检测可分为综合检验和单项检测。

1. 综合检验

在实际生产中，通常采用螺纹量规和光滑极限量规联合检验螺纹的合格性。检验外螺纹的量规为螺纹环规，如图 7-29（a）所示；检验内螺纹的量规为螺纹塞规，如图 7-29（b）所示。无论是螺纹塞规，还是螺纹环规，都有通规和止规之分。

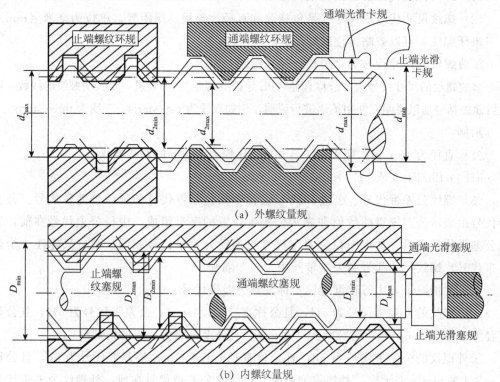

(a) 外螺纹量规

(b) 内螺纹量规

图 7-29 螺纹量规

螺纹通规主要用来检验被测螺纹的作用中径,顺便检验被测螺纹的底径。因此,其模拟被测螺纹的最大实体牙型,并具有完整的牙型,长度等于被测螺纹的旋合长度。螺纹止规用来检验被测螺纹的单一中径。因此,其模拟被测螺纹的最小实体牙型。为了避免牙侧角误差和螺距误差对检验结果的影响,止规采用截短的不完整牙型,且螺纹长度较短(只有2~3个牙)。

检验时,若螺纹通规能够与被测螺纹旋合通过,则说明被测螺纹作用中径和底径合格;若螺纹止规只允许与被测螺纹的两端旋合,且旋合量不得超过两个螺距,则说明被测螺纹单一中径合格。

光滑极限量规用来检验螺纹顶径是否在规定的尺寸范围内。若通规能通过,止规不能通过,则说明被测螺纹的顶径合格。

综合检验只能判断被检螺纹合格与否,而不能测出螺纹参数的具体数值,但其检验效率高,适用于大批量生产的精度不太高的螺纹的检验。

2. 单项测量

单项测量一般是分别测量螺纹的每个参数,主要测中径、螺距、牙型半角和顶径。

(1)用螺纹千分尺测量外螺纹中径。螺纹千分尺的结构和一般外径千分尺相似,如图7-30所示。只是两个测量面可以根据不同螺纹牙型和螺距选用不同的测量头。

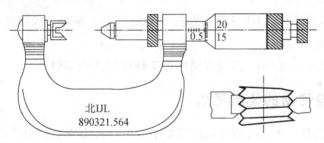

图7-30 螺纹千分尺

(2)用三针量法测量精密螺纹的中径。三针量法是一种间接测量方法,主要用于测量精密螺纹(如丝杠、螺纹塞规)的中径 d_{2s},其测量原理如图7-31所示。

根据被测螺纹的螺距和牙型半角选取三根直径相同的量针,其中两根放在被测螺纹同侧相邻的牙槽内(对单线螺纹),另外一根放在与之相对的中间牙槽内,用测量器具测出三根针的针距 M。为避免牙侧角误差为测量结果的影响,应尽量选用最佳量针,使量针在中径线上与牙面接触,因此最佳量针直径为

$$d_0 = \frac{P}{2} \cos \frac{\alpha}{2}$$

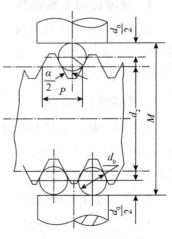

图7-31 三针量法测中径

根据已知的螺距 P、牙型半角 $\alpha/2$ 及最佳量针直径 d_0，按照图 7-11 所示的几何关系可求出单一中径 d_{2s}，即

$$d_{2s} = M - 3d_0 + 0.866P$$

（3）用工具显微镜测量螺纹各要素。用工具显微镜测量属于影像法测量，能测量螺纹的各种参数，如螺纹的大径、中径、小径、螺距和牙型半角等。各种精密螺纹，如螺纹量规、丝杠、螺杆、滚刀等，都可在工具显微镜上进行测量。

7.4 渐开线圆柱齿轮传动精度及检测

齿轮传动在机器和仪器仪表中应用极为广泛，是一种重要的机械传动形式，通常用来传递运动或动力。齿轮除强度设计外还有精度设计问题、加工后合格性检验问题。为此，我国颁布了齿轮公差及其检测的相关标准和标准化指导性技术文件，涉及齿轮精度和检验的标准有以下几个。

（1）GB/T10095.1—2008《圆柱齿轮 精度 第 1 部分：轮齿同侧齿面偏差的定义和允许值》。

（2）GB/T10095.2—2008《圆柱齿轮 精度 第 2 部分：径向综合偏差与径向跳动的定义和允许值》。

（3）GB/T13924—2008《渐开线圆柱齿轮精度 检验细则》。

7.4.1 对齿轮传动的使用要求

齿轮的各项偏差基本上与齿轮的使用要求有关，对齿轮的使用要求可归纳为以下 4 个方面。

1. 传递运动的准确性

要求齿轮在一转范围内，传动比的变化不大。即主动轮转动一定的角度时，从动轮应按两轮传动比也转过相应的角度，即主动轮和从动轮的速比恒定。为保证传递运动的准确性要求，应限制齿轮一转中转角误差的变动量。

2. 传动的平稳性

传动的平稳性就是要求齿轮在一齿范围内，瞬时速比的变动量限制在允许的范围内，以减小齿轮传动中的冲击、振动和噪声，保证传动平稳。为保证齿轮传动平稳性要求，应保证齿轮在一个齿距角的范围内，最大的转角误差不超过一定的限度。

3. 载荷分布的均匀性

载荷分布的均匀性就是要求齿轮啮合时，齿面接触良好，使齿面上的载荷分布均匀，避免载荷集中于局部齿面，使齿面磨损加剧，影响齿轮的使用寿命。

4. 侧隙的合理性

齿轮啮合时，非工作齿面间应有一定的间隙，以便存储润滑油、补偿齿轮受力后的弹性塑性变形、受热变形以及制造和安装中产生的误差，以防止齿轮在传动中出现卡死和烧蚀，保证齿轮正常运转。

以上四项齿轮使用要求中，1~3 项是针对齿轮本身提出的要求，第 4 项是对齿轮副的要求。不同用途的齿轮对这 4 项要求的侧重点是不同的。例如，精密机床的分度齿轮和测量仪器的读数装置中的齿轮传动，无线电设备的调谐装置、控制系统中的齿轮传动，主要要求传递运动要准确；机床、汽车、飞机的变速齿轮和汽轮机的减速齿轮，主要要求传动平稳，振动小，噪声小；矿山机械、起重机械和轧钢机等低速动力齿轮，要求较大的侧隙；分度和读数齿轮，要求正反转空程小，以侧隙要小。

7.4.2　齿轮误差产生的原因

齿轮的各种加工、安装误差都会影响齿轮的正常工作。影响齿轮传动质量的因素有很多，主要有齿轮加工系统中的机床、刀具、夹具和齿坯的加工误差及安装、调整误差，以及影响齿轮副的箱体孔中心线的平行度偏差、两齿轮的中心距偏差、轴、轴套等的制造误差和装配误差等。

采用滚齿或插齿加工齿轮是比较常见的齿轮加工方法。现以滚齿机加工齿轮为例，如图 7-32 所示，分析加工过程中产生的齿轮误差。在加工齿轮时，以下两种情况会引起齿轮的齿距偏差。

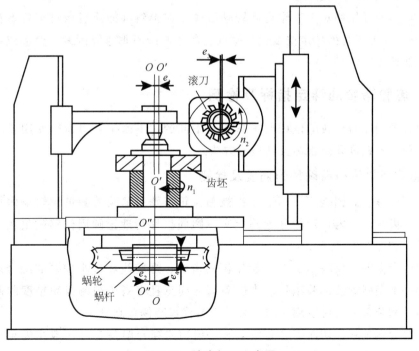

图 7-32　滚齿加工示意图

（1）齿坯定位孔心线 $O'O'$ 与加工齿轮机床心轴 OO 之间存在间隙，造成齿坯孔基准轴线与机床工作台回转轴线不重合产生几何偏心（偏心距为 e_1）。滚刀相对机床工作台回转中心距离视为不变时，切削出来的齿轮轮齿相对于工作台回转中心均匀分布，而相对于齿轮基准孔心（齿轮工作时的实际回转中心）则存在着径向误差。

（2）机床分度蜗轮中心线 $O''O''$ 与工作台中心线 OO 安装不同心（偏心距为 e_2），引起运动偏心。由于分度蜗轮带动机床工作台以 OO 轴线为中心转动，分度蜗轮的转动半径在最大值（r 蜗轮 $+e_2$），最小值（r 蜗轮 $-e_2$）之间变化。此时，即使机床传动链的分度蜗杆匀速转动，由于蜗轮蜗杆的中心距周期性的变化，使工作台带动齿坯非匀速（时快时慢）地转动，由此产生的运动偏心使齿轮齿距产生切向误差。

齿轮轮齿分布在圆周上，其误差具有周期性。在齿轮一转中只出现一次的误差属于长周期误差，几何偏心和运动偏心产生的误差是长周期误差，主要影响齿轮传递运动的准确性。

另外，加工齿轮的滚刀存在制造和安装误差。滚刀安装误差（e_3）破坏了滚刀和齿坯之间的相对运动关系，会使被加工齿轮产生基圆误差，导致基节偏差和齿廓偏差。刀具成形面的近似造型、刀具的制造误差、刃磨误差等因素，会使被切齿轮齿面产生波纹，造成齿廓总偏差。滚刀误差在齿轮一转中重复出现，所以是短周期误差，主要影响齿轮传动的平稳性和载荷分布的均匀性。

加工齿轮机床的传动链误差，使分度蜗轮转速发生周期性的变化，使被加工齿轮出现齿距偏差和齿廓偏差而产生切向误差。机床分度蜗杆造成的齿轮偏差在齿轮一转中重复出现，是短周期误差。

滚齿机刀架导轨相对于工作台回转轴线倾斜或歪斜（即前者相对于后者存在平行度误差），以及加工时齿坯定位端面与基准孔的中心线不垂直等因素，会形成齿廓总偏差和螺旋线偏差。

7.4.3 齿轮精度的评定指标及检测

齿轮各项偏差对齿轮的使用要求影响是不同的，下面按其对齿轮使用要求的影响来介绍各项齿轮精度评定指标及其检验方法。

1. 影响齿轮传动准确性的偏差及检测

（1）切向综合总偏差 F_i'。F_i' 是指被测齿轮与理想精确的测量齿轮单面啮合检验时，在被测齿轮一转内，齿轮分度圆上实际圆周位移与理论圆周位移的最大差值。切向综合偏差如图 7-33 所示。

切向综合偏差能反映出一对齿轮轮齿的齿廓、螺旋线和齿距偏差的综合影响。切向综合偏差不是强制性检验项目，当供需双方同意且有高于被测齿轮精度的四个等级的测量齿轮和装置时，可以用切向综合偏差替代齿距偏差测量。

切向综合偏差包括切向综合总偏差和一齿切向综合偏差 f_i'，一般用齿轮单面啮合综合检查仪（单啮仪）测量切向综合偏差。

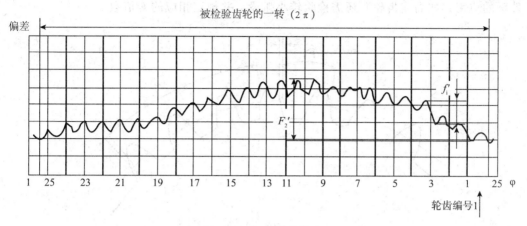

图 7-33 切向综合偏差

图 7-34 为单啮仪的测量原理图，其中测量齿轮和被测齿轮以公称中心距安装而形成单面啮合，直径分别与两个齿轮分度圆直径相等的摩擦圆盘作纯滚动形成标准啮合传动，测量齿轮与一个摩擦圆盘同轴且同步转动，被测齿轮与另一个摩擦圆盘同轴但可以不同步转动。若被测齿轮与同轴的摩擦圆盘回转不同步，则说明被测齿轮有转角误差，两者之间的相对转角误差通过传感器、放大器后在记录器获得一整圈的齿轮切向综合偏差曲线，如图 7-33 所示。图中的偏差曲线沿纵向的最大变动量即为切向综合总偏差 F_i'，偏差曲线在一个齿距角内的最大变化幅度值为一齿切向综合偏差 f_i'。

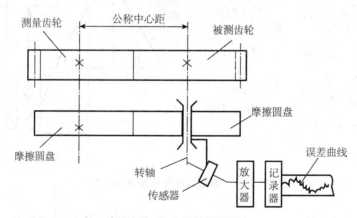

图 7-34 单齿仪的测量原理

（2）k 个齿距累积偏差 $\pm F_{pk}$ 与齿距累积总偏差 F_p。F_{pk} 是指在端平面上，在接近齿高中部的一个与齿轮轴线同心的圆上，任意 k 个齿距的实际弧长与理论弧长之差的代数差，如图 7-35 所示。图中是 $k=3$（跨 3 个齿）的齿距累积偏差 F_{p3}。图中的实线表示实际齿廓，虚线表示理论齿廓。

除非另有规定，F_{pk} 值一般限定在不大于 1/8 的圆周上评定。因此，F_{pk} 的允许值适用于齿距数 k 为 2 到小于 $z/8$ 的弧段内。通常，F_{pk} 取 $k \approx z/8$ 就足够了，如果对于特殊的应用（如高速齿轮）还需检验较小弧段，并规定相应的 k 值数。

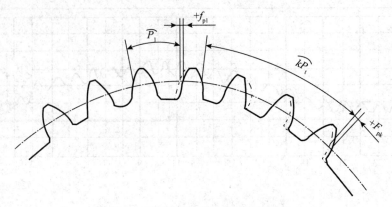

图 7-35　齿距偏差与齿距累积偏差

齿距累积总偏差 F_p 是指齿轮同侧齿面任意弧段（$k=1 \sim z$）内的最大齿距累积偏差，表现为齿距累积偏差曲线的总幅值，如图 7-36 所示。其中，细虚线表示公称齿廓，粗实线表示实际齿廓。逐齿累积齿距偏差并按齿序将其画到坐标图上，如图 7-35（b）所示，齿距累积偏差变动的最大幅度就是齿距累积总偏差 F_p。

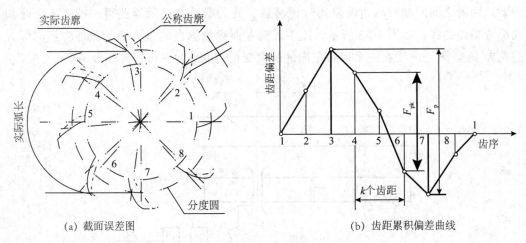

(a) 截面误差图　　　　　　　　　　　　(b) 齿距累积偏差曲线

图 7-36　齿距偏差与齿距累积偏差

测量齿距偏差（F_{pk}、F_p、f_{pt}）可以采用绝对法（直接法）和相对法两种。其中，相对法测量齿距偏差比较常用，所用的仪器有齿距比较仪、万能测齿仪等。图 7-37 为万能测齿仪测齿距简图。

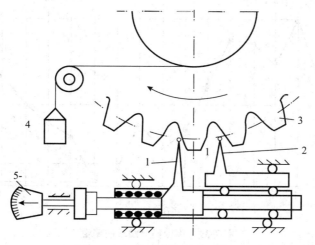

图 7-37 万能测齿仪测齿距简图

（3）径向跳动 F_r。齿轮径向跳动 F_r 是指齿轮一转范围内，测头（球形、圆柱形、砧形）相继置于每个齿槽内时，从它到齿轮轴线的最大和最小径向距离之差。经向跳动如图 7-38 所示。

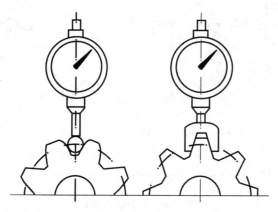

图 7-38 径向跳动

径向跳动 F_r 可在齿轮跳动检查仪上进行检测。径向综合偏差主要反映由几何偏心引起的径向误差及一些短周期误差。由于双面啮合综合测量时与齿轮刀具切削轮齿时的情况相似，为双齿面接触，所以能够反映齿轮坯和刀具安装调整误差。测量所用的仪器简单、操作方便、测量效率高、大批量生产中应用比较普遍。图 7-39 是测量齿轮径向跳动时指示表的示值变动图。指示表的最大示值与最小示值的差值为径向跳动 F_r 值，是由 2 倍的几何偏心量组成。另外，齿轮的齿距和齿廓偏差也会对其产生影响。

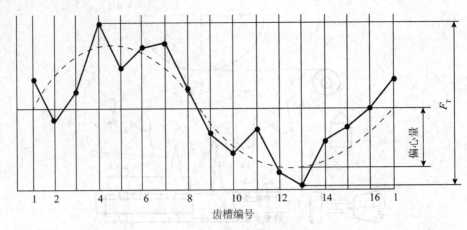

齿槽编号

图 7-39　齿轮径向跳动的测量

（4）径向综合总偏差 F_i''。径向综合总偏差 F_i'' 是指在径向（双面）综合检验时，产品齿轮的左右齿面同时与测量齿轮接触，并转过一整圈时出现的中心距最大值和最小值之差，如图 7-40 所示。

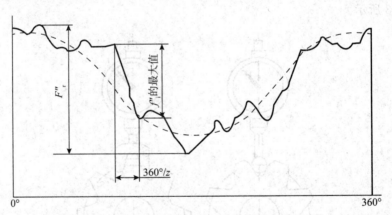

图 7-40　径向综合偏差

径向综合偏差用齿轮双面啮合检查仪（双啮仪）测量。径向综合偏差包括径向综合总偏差 F_i'' 和一齿径向综合偏差 f_i''。径向综合偏差检测时，测量齿轮和被测齿轮安放在双啮仪上，其中一个齿轮装在固定的轴上，另一个齿轮则装在带有滑道的轴上，该滑道带一弹簧装置，从而使两个齿轮在径向能紧密地啮合，如图 7-41 所示。被检测齿轮径向综合总偏差 F_i'' 等于齿轮旋转一整周中最大的中心距变动量，一齿径向综合偏差 f_i'' 等于齿轮转过一个齿距角时中心距的变动量，取其中的最大变动量为一齿径向综合偏差 f_i''。

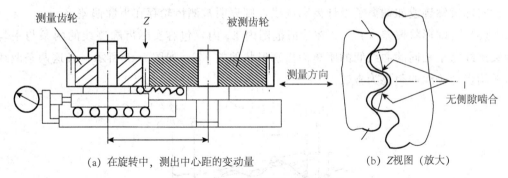

（a）在旋转中，测出中心距的变动量　　　　　（b）Z视图（放大）

图 7-41　用双啮仪测径向综合偏差

2. 影响齿轮传动平稳性的主要偏差及检测

（1）单个齿距偏差（f_{pt}）。单个齿距偏差 f_{pt} 是指在齿轮端平面上，在接近齿高中部的一个与齿轮轴线同心的圆上，实际齿距与理论齿距的代数差。

单个齿距偏差 f_{pt} 的测量是与齿距累积偏差测量同时进行的，经过数据处理分别得到 f_{pt}、F_p、F_{pk}。

（2）齿廓总偏差（F_α）。齿廓总偏差是指在计值范围 L_α 内，包容实际齿廓迹线的两条设计齿廓迹线间的距离。该量在端平面内且垂直于渐开线齿廓的方向计值。

齿廓迹线是由齿轮齿廓检查仪在检查齿廓时描绘在纸上或其他适当介质上的齿廓偏差曲线。设计齿廓是渐开线（未修形齿廓），工程上也采用修形的设计齿廓，主要是考虑齿轮的制造和安装误差、承载后轮齿的变形，以及为了降低噪音和改善齿轮的承载能力、提高传动质量而对渐开线齿廓进行的修形。一般的修形齿廓为凸齿形、修缘齿形等。图 7-42 为齿廓总偏差图，其中设计齿廓迹线用细点画线表示，实际齿廓迹线用粗实线表示。未经修行的渐开线齿廓迹线一般为直线，修行设计齿廓迹线是适当形状的曲线。图 7-42 中，A 点是齿轮的齿顶点，F 点是齿根圆角的起始点，A 点到 F 点这段齿廓是可用齿廓，可用齿廓的迹线长度成为可用长度，用 L_{AF} 表示。E 点与配对齿轮有关，是与之配对齿轮有效啮合的终止点。A 点到 E 点所确定的齿廓是有效齿廓，有效齿廓的迹线长度（A 点到 E 点的距离）成为有效长度，用 L_{AE} 表示．评定齿廓总偏差 F_α 的计算范围 $L_\alpha = L_{AE} \times 92\%$.

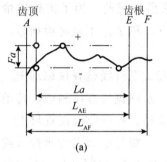
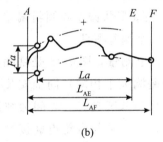

（a）　　　　　　　　　　　（b）　　　　　　　　　　　（c）

图 7-42　齿廓总偏差

实际齿廓迹线如偏离了设计齿廓迹线，则表明被测齿轮存在齿廓偏差。

（3）齿廓形状偏差（$f_{f\alpha}$）。在计值范围内 L_α 内，包容实际齿廓迹线的两条与平均齿廓迹线完全相同的曲线间的距离为齿廓形状偏差 $f_{f\alpha}$，如图 7-43 所示，且这两条曲线与平均齿廓迹线的距离为常数。

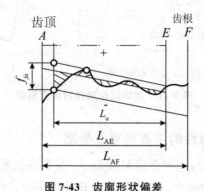

图 7-43　齿廓形状偏差

（4）齿廓倾斜偏差（$f_{H\alpha}$）。在计值范围 L_α 内，两端与平均齿廓迹线相交的两条设计齿廓迹线间的距离为齿廓倾斜偏差 $f_{H\alpha}$，如图 7-44 所示。

$f_{f\alpha}$ 和 $f_{H\alpha}$ 是用平均齿廓迹线作为评定基准，平均齿廓是确定 $f_{f\alpha}$、$f_{H\alpha}$ 的一条辅助齿廓迹线，还是在计值范围内 L_α 内用"最小二乘法"求得一条直线，即实际齿廓迹线对平均齿廓迹线偏差的平方和最小。

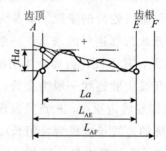

图 7-44　齿廓倾斜偏差

齿廓偏差是刀具的制造误差（如齿形误差）和安装误差（如刀具在刀杆上的安装偏心及倾斜），以及机床传动链中短周期误差等综合因素所造成的。为了齿轮质量分等，只须检验齿廓总偏差 F_α。齿廓形状偏差和倾斜偏差 $f_{f\alpha}$ 和 $f_{H\alpha}$ 不是必检项目，一般在做工艺分析时需要检测这两个偏差项目。

齿廓偏差可在渐开线检查仪上测量，图 7-45 是基圆盘式渐开线检查仪原理图。被测齿轮与基圆盘（与被测齿轮基圆大小相同）同轴安装，基圆盘与直尺相切，转动手轮通过丝杆带动直尺移动，直尺与基圆盘二者之间为纯滚动。杠杆铰接在直尺上（通过一个支杆）随直尺移动，杠杆的一端与齿轮齿廓接触，一端与指示表的测杆（或者记录纸）接触，随着直尺与和基圆盘做纯滚动，直尺上的某定点（例如图 7-45 中杠杆与被测齿轮齿廓接触点）的运动轨迹即渐开线，该轨迹与被测齿轮的理论轮廓相同（因为基圆相同，其展成的渐开线相同）。如果被测齿廓没有偏差，则杠杆没有摆动，在与记录纸接触的一端描绘出一条直线（或指示表表针不动），该直线称为设计齿廓迹线。如果被测齿轮的齿廓有偏差，则齿廓迹线变为曲线，该曲线为实际齿廓迹线，用粗实线表示。对齿廓迹线按照齿廓偏差定义进行度量，就可以求出齿廓总偏差 F_α，以及齿廓形状偏差（$f_{f\alpha}$）和齿廓倾斜偏差（$f_{H\alpha}$）。修形的设计齿廓迹线不是直线（是适当形状的曲线），不能将其视为齿廓偏差。齿廓偏差应至少测量圆周均布的三个轮齿。

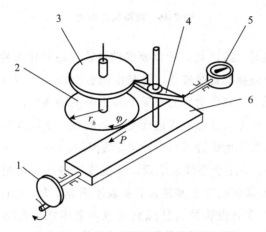

图 7-45　基圆盘式渐开线检查仪原理图

1—手轮；2—基圆盘；3—被测齿轮；4—杠杆；5—指示表；6—直尺

（5）一齿切向综合偏差（f_i'）。一齿切向综合偏差 f_i' 是指在一个齿距内的切向综合偏差，如图 7-33 所示。f_i' 是用单啮仪进行测量，在测量切向综合总偏差 F_i' 的同时也可得到一齿切向综合偏差 f_i'。一齿切向综合偏差在齿轮一转中多次出现，f_i' 是测量曲线中一个齿距内的切向综合偏差的最大分量，F_i' 是齿轮转动一转时测量曲线的最大变动量。

（6）一齿径向综合偏差（f_i''）。一齿径向综合偏差 f_i'' 是指当被测齿轮啮合一整圈时，对应一个齿距（$360°/z$）的径向综合偏差值，如图 7-40 所示。

测量 f_i'' 采用双啮仪，测量曲线中每个齿距角双啮中心距变动量最大值即为 f_i''，整转中双啮中心距的变动量是 F_i''，如图 7-40 所示。

3. 影响齿轮载荷分布均匀性的偏差及检测

（1）螺旋线总偏差 $F_\beta F_\beta$。这是指在计值范围 L_β 内，包容实际螺旋线迹线的两条设计螺旋线迹线间的距离。螺旋线总偏差是在齿轮端面基圆切线方向上测得的实际螺旋线偏离设计螺旋线的量，如图 7-46 所示。

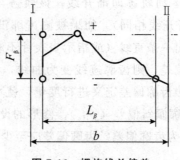

图 7-46　螺旋线总偏差

　　由于轮齿的螺旋线是三维曲线，所以要借助螺旋线图将轮齿的螺旋线用平面图的形式表现出来。螺旋线图包括螺旋线迹线，这是由螺旋线检验设备（例如渐开线螺旋线检查仪、导程仪等）在纸上或其他适当的介质上画出来的曲线，设计螺旋线迹线是一条直线。实际螺旋线如果有偏差，其螺旋线迹线是一条曲线。实际螺旋线迹线它与设计螺旋线迹线的偏离量即表示实际的螺旋线与设计螺旋线偏差。

　　在图 7-46～图 7-48 中用点划线表示设计螺旋线的迹线，用粗实线表示实际螺旋线迹线，Ⅰ、Ⅱ分别表示基准面和非基准面，b 表示齿宽，L_β 表示螺旋线计值范围。为了改善承载能力，高速重载齿轮的设计螺旋线也可采用修形的形式，此时设计螺旋迹线是为适当形状的曲线。

　　（2）螺旋线形状偏差 $f_{f\beta}$。螺旋线形状偏差 $f_{f\beta}$ 是指在计值范围 L_β 内，包容实际螺旋线迹线的两条与平均螺旋线迹线完全相同的直线（修形的螺旋线则是曲线）间的距离，如图 7-47 所示，且两条直线（或曲线）与平均螺旋线迹线的距离为常数。

　　（3）螺旋线倾斜偏差 $f_{H\beta}$。螺旋线倾斜偏差 $f_{H\beta}$ 是指在计值范围 L_β 的两端与平均螺旋线迹线相交的设计螺旋线迹线间的距离，如图 7-48 所示。

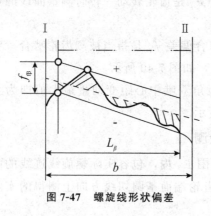

图 7-47　螺旋线形状偏差

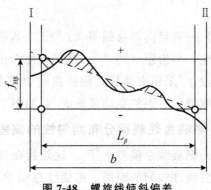

图 7-48　螺旋线倾斜偏差

4. 齿轮副侧隙及其检测

　　为了保证齿轮副能在规定的侧隙下运行，就必须控制轮齿的齿厚。侧隙不是精度指标而是齿轮的一项使用要求，是指两个相配齿轮的工作齿面相接触时，在两个非工作齿面之间所形成的间隙。齿轮的齿厚和中心距偏差均影响侧隙大小，齿轮的轮齿配合采用基中心距制，侧隙是用减薄齿厚来获得。齿轮轮齿的减薄量可由齿厚极限偏差或公法线长度极限偏差来控制。通常，大模数齿轮测量齿厚，中小模数齿轮一般测量公法线长度。

（1）齿侧间隙。齿侧间隙通常有两种表示方法即圆周侧隙 j_{wt} 和法向侧隙 j_{bn}。如图 7-49 所示。圆周侧隙 j_{wt} 是指安装好的齿轮副，当其中一个齿轮固定时，另一齿轮圆周的晃动量，以分度圆上弧长计值。

法向侧隙 j_{bn} 是指安装好的齿轮副，当工作齿面接触时，非工作齿面之间的最短距离。测量 j_{bn} 需在基圆切线方向，也就是在啮合线方向上测量，一般可以通过压铅丝方法测量，即齿轮啮合过程中在齿间放入一块铅丝，啮合后取出压扁了的铅丝测量其厚度，也可以用塞尺直接测量 j_{bn}。

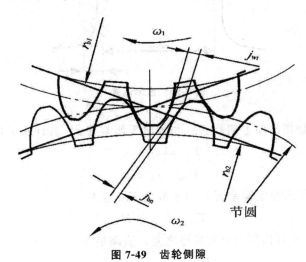

图 7-49　齿轮侧隙

理论上 j_{bn} 和 j_{wt} 存在以下关系

$$j_{bn} = j_{wt} \cos a_{wt} \cos \beta_b$$

式中，a_{wt} 为端面工作压力角，β_b 为基圆螺旋角。

（2）齿侧间隙的实现

① 用齿厚极限偏差控制实际齿厚。在齿轮分度圆柱上，法向平面的法向齿厚 s_n 是齿厚理论值（公称齿厚），s_n 是根据与具有理论齿厚的相配齿轮在理论中心距之下的无侧隙啮合时按以下公式计算得到：

$$s_n = m_n \pi / 2 \pm 2x \tan \alpha_n$$

式中　m_n、α_n、x 分别表示法向模数、法向压力角、变位系数；外齿轮用加号，内齿轮用减号。

图 7-50 是齿轮齿厚的允许偏差示意图，齿厚的最大极限 s_{ns} 和最小极限 s_n 是指齿

厚的两个极端的允许值，齿厚的实际尺寸 s_{na} 应位于这两个极端允许值之间。

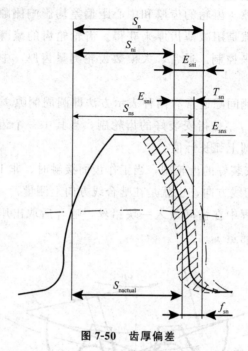

图 7-50　齿厚偏差

齿厚极限偏差是指齿厚上偏差 E_{sns} 与齿厚下偏差 E_{sni}，其计算关系式

$$E_{sns} = s_{ns} - s_n$$

$$E_{sni} = s_{ni} - s_n$$

齿厚公差 T_{sn} 是齿厚上偏差 E_{sns} 与下偏差 E_{sni} 之差

$$T_{sn} = E_{sns} - E_{sni}$$

齿厚偏差 f_{sn}（实际齿厚与公称齿厚之差）应满足

$$E_{sni} \leqslant f_{sn} \leqslant E_{sns}$$

实际齿厚 s_{na} 的测量可采用齿厚游标卡尺。

②用公法线长度极限偏差控制实际齿厚。公法线长度是指在齿轮基圆柱切平面（公法线平面）上，跨 k 个齿（对内齿轮跨 k 个齿槽）测得的轮齿异侧齿面间的两个平行平面之间的距离。由渐开线性质可知，跨 k 个齿的齿廓间所有法线长度都是常数，这样就可以较方便地测量齿轮的公法线长度。如果齿厚有减薄，则相应公法线也会变短。因此，可用公法线长度偏差来评定齿厚减薄量。

图 7-51 是公法线长度的允许偏差，W_{kthe}（简写为 W_k）、$W_{kactual}$（简写为 W_{ka}）分指公法线长度的理论值（公称值）和实际值。

公法线长度可采用公法线千分尺进行测量。测量时，需先计算被测齿轮的公法线长度的理论值（公称值）W_k，W_k 的计算公式如下：

$$W_k = m_n \cos\alpha_n \left[(k - 0.5)\pi + z \cdot inv\alpha_t + 2\tan\alpha_{nx} \right]$$

式中　m_n、z、α_n、α_t、x——齿轮的法面模数、齿数、法面压力角、端面压力角

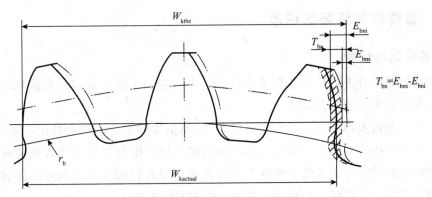

$$T_{bn} = E_{bns} - E_{bni}$$

图 7-51　公法线长度的允许偏差

$[\alpha_t = \arctan\ (\tan\alpha_n / \cos\beta)\ ]$、变位系数

　　$ivn\alpha_t$——渐开线函数（$inv\alpha_t = \tan\alpha_t - \alpha_t \pi / 180°$，$inv20° = 0.014904$）

　　k——测量时的跨齿数

　　直齿轮、非变位齿轮利用公式计算 W_k 时，取 $\alpha_n = \alpha_t$、$x = 0$。

　　测量公法线时，为使测量器具的测量面大致在齿高中部接触，测量时的跨齿数 k 的计算式为

　　直齿轮：$k = z \cdot \alpha_m / 180° + 0.5$

　　式中，$\alpha_m = \arccos\ [d_b / (d + 2x_m)\ ]$，$d_b$ 和 d 是被测齿轮的基圆和分度圆直径。

　　斜齿轮的 k 值要由其假想齿数 $z' = z \cdot inv\alpha_t / inv\alpha_n$ 按下式计算

$$k = \frac{a_n}{180°} z' + 0.5 + \frac{2x_n \cot a_n}{\pi}$$

　　对标准直齿轮、斜齿轮（非变位、压力角为 20°），其跨齿数 k 为

$$k = z/9 + 0.5 (直齿轮)$$

$$k = z'/9 + 0.5 (斜齿轮)$$

计算出的 k 值若不是整数时，取最接近的整数作为测量时的跨齿数。

　　公法线长度上偏差 E_{bns}、下偏差是 E_{bni} 通过齿厚上偏差 E_{sns}、下偏差 E_{sni} 的换算得到

$$E_{bn\binom{s}{i}} = E sn\binom{s}{i} \cos a_n$$

　　实测的公法线长度 W_{ka} 应满足条件

$$W_k \pm E_{bni} \leqslant W_{ka} \leqslant W_k \pm E_{bns}$$

式中　外齿轮用加号，内齿轮用减号。

　　应当注意，只有斜齿轮的宽度 $b > 1.015 W_k \sin\beta_b$（$\beta_b$ 是基圆螺旋角，$\sin\beta_b = \sin\beta\cos\alpha_n$）时，才采用公法线长度偏差作为侧隙指标。对齿宽太窄的斜齿轮，不允许作公法线测量时，可以用间接检测齿厚的方法，即把两个球或圆柱（销子）置于尽可能在直径上相对的齿槽内，然后测量跨球（圆柱）尺寸来控制齿厚偏差。

7.4.4　齿轮副和齿坯的精度

1. 齿轮副的精度

一对齿轮相啮合进行传动就构成齿轮副，齿轮副的主要评定指标有接触斑点、轴线平行度偏差、中心距偏差等。

（1）中心距极限偏差$\pm f_a$。中心距偏差f_a是指实际中心距与公称中心距的差值。齿轮副存在中心距偏差时，会影响齿轮副的侧隙。中心距公差是设计者规定的允许偏差，公称中心距是在考虑了最小侧隙及两齿轮齿顶和其相啮合的非渐开线齿廓齿根部分的干涉后确定的。选择中心距极限偏差$\pm f_a$时可参考表 7-21。

表 7-21　中心距极限偏差 ±fa　　　　　　　　单位：μm

齿轮精度等级		1～2	3～4	5～6	7～8	9～10	11～12
f_a		1/2IT4	1/2IT6	1/2IT7	1/2IT8	1/2IT9	1/2IT11
齿轮副的 中心距 a/mm	＞50～80	4	9.5	15	23	37	95
	＞80～120	5	11	17.5	27	43.5	110
	＞120～180	6	12.5	20	31.5	50	125
	＞180～250	7	14.5	23	36	57.5	145
	＞250～315	8	16	26	40.5	65	160
	＞315～400	9	18	28.5	44.5	70	180
	＞400～500	10	20	31.5	48.5	77.5	200

（2）轴线平行度偏差。齿轮副的轴线平行度偏差分为轴线平面内的平行度偏差 $f_{\Sigma\delta}$ 和垂直平面内的平行度偏差 $f_{\Sigma\beta}$，如图 7-52 所示。轴线平面内的平行度偏差 $f_{\Sigma\delta}$ 是指在公共平面测得的两主线平行度偏差，该公共平面是由较长轴承跨距 L 的轴线和另一轴上的一个轴承确定的（一条轴线和一个点构成一个平面）；如果两个轴承的跨距相同，则用小齿轮轴和大齿轮轴上的一个轴承构成公共平面。垂直平面内的平行度偏差 $f_{\Sigma\beta}$ 是在与轴线公共平面相垂直的"交错轴平面"上测量的两轴线的平行度偏差，轴线平行度偏差影响齿长方向的正确接触。

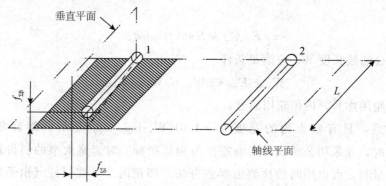

图 7-52　轴线平行度偏差

轴线平行度偏差影响齿轮副的接触精度和齿侧间隙，因此对这两种偏差给出了最大推荐值计算公式

$$f_\beta = 0.5\left(\frac{L}{d}\right)F_\beta \qquad f_\delta = 2f_\beta$$

（3）接触斑点。齿轮副的接触斑点是指安装好的齿轮副，在轻微制动下，运转后齿面上分布的接触擦亮痕迹。

轮齿的展开图上的接触斑点分布如图 7-53 所示。接触痕迹的大小由齿高方向和齿长方向的百分数表示，在图 7-53 中，b_{c1}、b_{c2} 是齿长方向上较大的接触长度和较小的接触长度；h_{c1}、h_{c2} 分别表示齿高方向上的较大接触高度和较小接触高度。用 b 表示齿宽，则齿轮在不同精度时轮齿的接触斑点要求如表 7-22 所示。

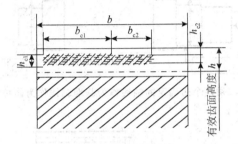

图 7-53　接触斑点分布

表 7-22　齿轮装配后的接触斑点

精度等级	直齿轮				斜齿轮			
	b_{c1}/b	h_{c1}/h	b_{c2}/b	h_{c2}/h	b_{c1}/b	h_{c1}/h	b_{c2}/b	h_{c2}/h
4 及更高	50	70	40	50	50	50	40	30
5 和 6	45	50	35	30	45	40	35	20
7 和 8	35	50	35	30	35	40	35	20
9～12	25	50	25	30	25	40	25	20

安装在箱体的齿轮副接触斑点可评估轮齿间的载荷分布情况，测量齿轮与产品齿轮的接触斑点可评估产品齿轮在装配后的螺旋线和齿廓精度。接触斑点的检查比较简单，经常用在大齿轮或现场没有检查仪的场合。

2. 齿坯精度

齿坯是指轮齿在加工前供制造齿轮的工件，齿坯的尺寸偏差和形位误差直接影响齿轮的加工和检验，影响齿轮副的接触和运行，因此必须加以控制。齿坯的加工精度影响齿轮的加工、检查和安装精度。给出较高精度的齿坯公差比加工高精度齿轮要经济，因此应给出齿坯相应的公差项目。

（1）齿轮的基准轴线及确定方法。齿轮公差和（轴承）安装面的公差均需相对于基准轴线来确定。基准轴线是制造和检验时用来对单个齿轮确定轮齿几何形状的轴线，是由基准平面的中心确定的。工作轴线是齿轮工作时绕其旋转的轴线，工作安装面是

用来安装齿轮的面，制造安装面齿轮制造或检测时用来安装齿轮的面。最常用的是将基准轴线与工作轴线相重合，即将安装面作为基准面。

　　图 7-54 为两个短圆柱的圆心确定的轴线作为基准轴线。是一个齿轮轴图 7-55 是用两中心孔确定的轴线作为基准轴线，也是一个齿轮轴。图 7-56 是一个盘形齿轮，其内孔较长，可用此孔的轴线（用与之相匹配的芯轴的轴线来代表）作为齿轮的基准轴线。图 7-57 是盘形齿轮，但其内孔较短，需用两个基准确定齿轮的基准轴线：基准轴线的位置用一个"短的"圆柱形基准面上的一个圆的圆心来确定（基准 A），而其方向则用垂直于此轴线的一个基准端面（基准 B）来确定。

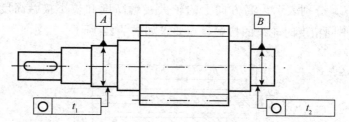

图 7-54　用两个短确定的轴线作为基准轴线作为圆柱的圆心

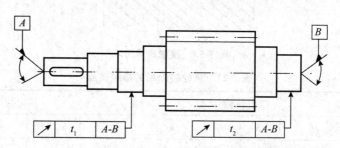

图 7-55　用两中心孔确定的轴线作为基准轴线

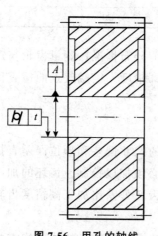

图 7-56　用孔的轴线
作为齿轮的基准轴线

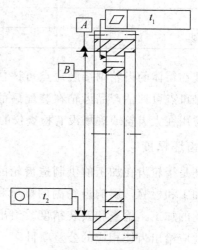

图 7-57　用两个基准
确定齿轮的基准轴线

（2）齿轮坯的公差项目

①基准面、安装面、工作面的形状公差。基准圆柱面应给定圆度公差或圆柱度公差，基准平面应给出平面度公差，当基准轴线与工作轴线不同轴时，应给工作安装面（安装轴承处）跳动公差。基准面、制造安装面、工作安装面的形状公差如表7-23所示。工作安装面相对于基准轴线的跳动公差如表7-24所示，表中 D_d 是基准端面直径。

表 7-23　基准面与安装面的形状公差（摘自 GB/Z 18620.3－2008）

确定轴线的基准面	公差项目		
	圆度	圆柱度	平面度
两个"短的"圆柱或圆锥形基准面	0.04（L/b）F_β 或 0.1F_p，取两者中之小值		
一个"长的"圆柱或圆锥形基准面		0.04（L/b）F_β 或 0.1F_p，取两者中之小值	
一个短的圆柱面和一个端面	0.06 F_p		0.06（D_d/b）F_β

注：齿轮坯的公差应减至能经济地制造的最小值。

表 7-24　安装面的跳动公差（摘自 GB/Z 18620.3－2008）

确定轴线的基准面	跳动量（总的指示幅度）	
	径向	轴向
仅指圆柱或圆锥形基准面	0.15（L/b）F_β 或 0.3F_p，取两者中之大值	
一个圆柱基准面和一个端面基准面	0.3F_p	0.2（D_d/b）F_β

注：齿轮坯的公差应减至能经济地制造的最小值。

②齿坯尺寸公差。齿坯尺寸公差涉及到齿顶圆直径、齿轮轴轴颈直径、盘状齿轮基准孔直径公差等。国家标准中只给出原则性的意见，即"齿坯的公差应减至能经济地制造的最小值"及"应适当选择顶圆直径的公差以保证最小限度的设计重合度，同时又具有足够的顶隙"。在设计齿坯尺寸公差时，可参考表7-25。

表 7-25　齿坯尺寸公差

齿轮精度等级	3	4	5	6	7	8	9	10	11	12
盘状齿轮基准孔直径公差	IT4		IT5	IT6	IT7		IT8		IT9	
齿轮轴轴颈直径公差	通常按滚动轴承的公差等级确定									
齿顶圆直径公差	IT7				IT8			IT9	IT11	

注：①齿轮的各项精度不同时，齿轮基准孔的尺寸公差按齿轮的最高精度等级；

②标准公差 IT 值见标准公差表；

③齿顶圆柱而不作为测量齿厚的基准面时，齿顶圆直径公差近 IT11 给定，但不得大于 0.1 mm

③齿轮表面粗糙度。齿轮齿面的表面结构对齿轮的传动精度和抗疲劳性能等产生影响。齿面表面粗糙度推荐的极限值如表 7-26 所示。

表 7-26　齿轮表面粗糙度推荐的极限值　　　　　单位：μm

齿轮精度等级	Ra			Rz		
	模数 m/mm					
	$m \leqslant 6$	$6 < m \leqslant 25$	$m > 25$	$m \leqslant 6$	$6 < m \leqslant 25$	> 25
1	—	0.04			0.25	
2	—	0.08			0.5	
3	—	0.16			1.0	
4	—	0.32			2.0	
5	0.5	0.63	0.80	3.2	4.0	5.0
6	0.8	1.00	1.25	5.0	6.3	8.0
7	1.25	1.6	2.0	8.0	10.0	12.5
8	2.0	2.5	3.2	12.5	16	20
9	3.2	4.0	5.0	20	25	32
10	5.0	6.3	8.0	32	40	50
11	10.0	12.5	16	63	80	100
12	20	25	32	125	160	200

基准面的尺寸精度根据与之配合面的配合性质来选定。齿轮的基准孔、基准端面、径向找正用的圆柱面、齿顶圆柱面（作为测量齿厚偏差的基准时）的表面粗糙度值可参考表 7-27。齿轮轴颈的表面粗糙度值可按与之配合的轴承的公差等级确定。

表 7-27　齿轮基准面的表面粗糙度轮廓幅度的 Ra 值　　　　　　　单位：μm

齿轮精度等级	3	4	5	6	7	8	9	10
齿轮的基准孔	≤0.2	≤0.2	0.2～0.4	≤0.8	0.8～1.6	≤1.6	≤3.2	≤3.2
端面、齿顶圆柱面	0.1～0.2	0.2～0.4	0.4～0.8	0.8～1.6	1.6～3.2	≤3.2	≤3.2	
齿轮轴的轴颈	≤0.1	0.1～0.2	≤0.2	≤0.4	≤0.8	≤1.6	≤1.6	≤1.6

7.4.5　渐开线圆柱齿轮精度标准及其精度设计

目前，我国实施的齿轮精度标准为 GB/T 10095.1 ～ 2—2008，是对 GB/T10095.1～2—2001 标准的修订，用以代替原国家标准 GB/T10095—1988。这两项标准等同采用了相应的国际标准（ISO 1328－1：1995，IDT 和 ISO 1328－2：1997，IDT）。

1. 渐开线圆柱齿轮精度标准

齿轮精度标准（GB/T10095.1～2）对轮齿同侧齿面偏差的齿距偏差、齿廓偏差、螺旋线偏差、切向综合偏差和径向跳动公差规定了 0～12 共 13 个精度等级；对径向综合偏差（F_i'' 和 f_i''）规定了 4～12 共 9 个精度等级。精度等级中 0 级精度最高，12 级精度最低。其中，0～2 级为待发展级，3～5 级为高精度级、6～9 级为使用最广的中等精度级、10～12 级为低精度级。

基本齿廓按照 GB/T 1356—2001《渐开线圆柱齿轮基本齿廓》的规定。齿轮的各项偏差允许值是以 5 级精度为基础。常用的齿轮各项偏差值如表 7-28～表 7-30 所示。其中，切向综合偏差 f_i' 值是通过查取表中 f_i'/K 值再乘以系数 K 而确定，K 值是由总重合度 ε_γ 限定，当 $\varepsilon_\gamma \geqslant 4$ 时，$K=0.4$；切向综合总偏差则通过公式 $F_i'=F_p+f_i'$ 计算得到。

表 7-28 $\pm f_{pt}$、F_p、F_a、f_{fa}、F_r、f_i、F_w、$\pm F_{p1}$ 偏差允许值（摘自 10095.1—2—2008）

分度圆直径 d/mm	模数 m_n/mm	单个齿距极限偏差 $\pm f_{p1}$				齿轮累积总公差 F_p				齿廓总公差 F_a				齿廓形状偏差 f_{p1}				齿廓倾斜极限偏差 $\pm f_{cc1}$				径向跳动公差 F_r				f'_i/k 值				公法线长度变动公差 F_w			
精度等级		5	6	7	8	5	6	7	8	5	6	7	8	5	6	7	8	5	6	7	8	5	6	7	8	5	6	7	8	5	6	7	8
≥5~22	≥0.5~2	4.7	6.5	9.5	13	11	16	23	32	4.6	6.5	9.0	13	3.5	5.0	7.0	10	2.9	4.2	6.0	8.5	9.0	13	18	25	14	19	27	38	10	14	20	29
	>2~3.5	5.0	7.5	10	15	12	17	23	33	6.5	9.5	13	19	5.0	7.0	10	14	4.2	6.0	8.5	12	9.5	13	19	27	16	23	32	45				
>20~50	≥0.5~2	5.0	7.0	10	14	14	20	29	41	5.0	7.5	10	15	4.0	5.5	8.0	11	3.3	4.6	6.5	9.5	11	16	23	32	14	20	29	41	12	16	23	32
	>2~3.5	5.5	7.5	11	15	15	21	30	42	7.0	10	14	20	5.5	8.0	11	16	4.5	6.5	9.0	13	12	17	24	34	17	24	34	48				
	>3.5~6	6.0	8.5	12	17	15	22	31	44	9.0	12	18	25	7.0	9.5	14	19	5.5	8.0	11	16	12	17	25	36	19	27	38	54				
>50~125	≥0.5~2	5.5	7.5	11	15	18	26	37	52	6.0	8.5	12	17	4.5	6.5	9.0	13	3.7	5.5	7.5	11	15	21	29	42	16	22	31	44	14	19	27	37
	>2~3.5	6.0	8.5	12	17	19	27	38	53	8.0	11	16	22	6.0	8.5	12	17	5.0	7.0	10	14	15	21	30	43	18	25	36	51				
	>3.5~6	6.5	9.0	13	18	19	28	39	55	9.5	13	19	27	7.5	10	15	21	6.0	8.5	12	17	16	22	31	44	20	29	40	57				
>125~280	≥0.5~2	6.0	8.5	12	17	24	35	49	69	7.0	10	14	20	5.5	7.5	11	15	4.4	6.0	9.0	12	20	28	39	55	17	24	34	49	16	22	31	44
	>2~3.5	6.5	9.0	13	18	25	35	50	70	9.0	13	18	25	7.0	9.5	14	19	5.5	8.0	11	16	20	28	40	56	20	28	39	56				
	>3.5~6	7.0	10	14	20	25	36	51	72	11	15	21	30	8.0	12	16	23	6.5	9.5	13	19	20	29	41	58	22	31	44	62				
>280~560	≥0.5~2	6.5	9.5	13	19	32	46	64	91	8.5	12	17	23	6.5	9.0	13	18	5.5	7.5	11	15	26	36	51	73	19	27	39	54	19	26	37	53
	>2~3.5	7.0	10	14	20	33	46	65	92	10	15	21	29	8.0	11	16	22	6.5	9.0	13	18	26	37	52	74	22	31	44	62				
	>3.5~6	8.0	11	16	22	33	47	66	94	12	17	24	34	9.0	13	18	26	7.5	11	15	21	27	38	53	75	24	34	48	68				

注：①本表中的 F_{ir} 为根据我国的生产实践提出的，供参考的；②将 f_{ir}'/k 乘以 k 即得到 f_i'；③$F_i'' = F_f + f_i'$；当 $\varepsilon_r < 4$ 时，$k = 0.2 \times \left(\dfrac{\varepsilon_r + 4}{\varepsilon_r}\right)$；当 $\varepsilon_r \geq 4$ 时，$k = 0.4$；

④$\pm F_{pc} = F_{pc} + 1.6\sqrt{(k-1)}\, m_n$ （5级精度），通常取 $k = 2/8$，按相邻两级的公比 $\sqrt{2}$，可求得其他级 $\pm F_{pc}$

表 7-29　F_β、$f_{f\beta}$、$\pm f_{H\beta}$ 偏差允许值　　　　单位：μm

分度圆直径 d/mm	精度等级 偏差项目 齿宽 d/mm	螺旋线总公差 F_β				螺旋线形状公差 $f_{形}$ 和螺旋线倾斜极限偏差 $\pm f_{r\beta}$			
		5	6	7	8	5	6	7	8
≥5~20	≥4~10	6.0	8.5	12	17	4.4	6.0	8.5	12
	>10~20	7.0	9.5	14	19	4.9	7.0	10	14
>20~50	≥4~10	6.5	9.0	13	18	4.5	6.5	9.0	13
	>10~20	7.0	10	14	20	5.0	7.0	10	14
	>20~40	8.0	11	16	23	6.0	8.0	12	16
>50~125	≥4~10	6.5	9.5	13	19	4.8	6.5	9.5	13
	>10~20	7.5	11	15	21	5.5	7.5	11	15
	>20~40	8.5	12	17	24	6.0	8.5	12	17
	>40~80	10	14	20	28	7.0	10	14	20
>125~280	≥4~10	7.0	10	14	20	5.0	7.0	10	14
	>10~20	8.0	11	16	22	5.5	8.0	11	16
	>20~40	9.0	13	18	25	6.5	9.0	13	18
	>40~80	10	15	21	29	7.5	10	15	21
	>80~160	12	17	25	35	8.5	12	17	25
>280~560	>10~20	8.5	12	17	24	6.0	8.5	12	17
	>20~40	9.5	13	19	27	7.0	9.5	14	19
	>40~80	11	15	22	33	8.0	11	16	22
	>80~160	13	18	26	36	9.0	13	18	26
	>160~250	15	21	30	43	11	15	22	30

表 7-30　F_i''、f_i'' 公差值（摘自 GB/T 10095.3—2008）　　　　单位：μm

分度圆直径 d/mm	精度等级 偏差项目 齿宽 d/mm	径向综合总偏差 F_i''					一齿径向综合偏差 f_i''				
		5	6	7	8	9	5	6	7	8	9
≥5~20	>0.2~0.5	11	15	21	30	42	2.0	2.5	3.5	5.0	7.0
	>0.5~0.8	12	16	23	33	46	2.5	4.0	5.5	7.5	11.0
	>0.8~1.0	12	18	25	35	50	3.5	5.0	7.0	10	14.0
	>1.0~1.5	14	19	27	38	54	4.5	6.5	9.0	13	18.0

分度圆直径 d/mm	精度等级 偏差项目 齿宽 d/mm	径向综合总编差 F''_i					一齿径向综合偏差 f''_i				
		5	6	7	8	9	5	6	7	8	9
>20~50	≥0.2~0.5	13	19	26	37	52	2.0	2.5	3.5	5.0	7.0
	>0.5~0.8	14	20	28	40	56	2.5	4.0	5.5	7.5	11.0
	>0.8~1.0	15	21	30	42	60	3.5	5.0	7.0	10	14.0
	>1.0~1.5	16	23	32	45	64	4.5	6.5	9.0	13	18.0
	>1.5~2.5	18	26	37	52	73	6.5	9.5	13	19	26.0
>50~125	≥1.0~1.5	19	27	39	55	77	4.5	6.5	9.0	13	18.0
	>1.5~2.5	22	31	43	61	86	6.5	9.5	13	19	26.0
	>2.5~4.0	25	36	51	72	102	10	14	20	29	41.0
	>4.0~6.0	31	44	62	88	124	15	22	31	44	62.0
	>6.0~10	40	57	80	114	161	24	34	48	67	95.0
>125~280	≥1.0~1.5	24	34	48	68	97	4.5	6.5	9.0	13	18.0
	>1.5~2.5	26	37	53	75	106	6.5	9.5	13	19	27.0
	>2.5~4.0	30	43	61	86	121	10	15	21	29	41.0
	>4.0~6.0	36	51	72	102	144	15	22	48	67	62.0
	>6.0~10	45	64	90	127	180	24	34	48	67	95.0
>280~560	≥1.0~1.5	30	43	61	86	122	4.5	6.5	9.0	13	18.0
	>1.5~2.5	33	46	65	92	131	6.5	9.5	13	19	27.0
	>2.5~4.0	37	52	73	104	146	10	15	21	29	41.0
	>4.0~6.0	42	60	84	119	169	15	22	31	44	62.0
	>6.0~10	51	73	103	105	205	24	34	48	68	96.0

2. 渐开线圆柱齿轮精度设计

齿轮精度设计的内容主要有：选择齿轮精度等级、检测项目；确定齿厚偏差、中心距偏差、轴心线平行度偏差、齿坯偏差；进行图样标注。

（1）选择齿轮精度等级。选择齿轮精度等级是齿轮精度设计的关键步骤之一，应考虑齿轮的用途、使用要求、工作条件等要求。在满足使用要求的前提下，应尽量选择较低的齿轮精度等级。精度等级的选择方法有计算法和类比法。高精度齿轮精度等级的确定一般采用计算法，普通精度的齿轮精度大多数采用类比法。

表 7-31 列出了不同机器中齿轮传动所需要的精度等级，齿轮传动精度等级的选择应用如表 7-32 所示。一般可根据齿轮的圆周速度来选择齿轮的精度等级。

表 7-31　不同机器中齿轮传动所需要的精度等级

应用范围	精度等级	应用范围	精度等级
测量齿轮（单、双啮仪）	2～5	载重汽车	6～9
涡轮机减速器	3～5	通用减速器	6～8
金属切削机床	3～8	起重机	6～9
轿车	5～8	拖拉机	6～10

表 7-32　齿轮传动精度等级的选择和应用

精度等级	圆周速度 $v/(m/s)$		应用
	直齿圆柱齿轮	斜齿圆柱齿轮	
6	≤15	≤25	高速重载的齿轮传动，如飞机、汽车和机床中的重要齿轮；分度机构的齿轮
7	≤10	≤17	高速中载或中速重载的齿轮传动，如标准系列的减速器中的齿轮，汽车和机床中的齿轮
8	≤5	≤10	用于中等速度，较平稳传动的齿轮，如工程机械、起重运输机械和小型工业齿轮箱（普通减速器）的齿轮
9	≤3	≤3.5	用于一般性工作和噪声要求不高的齿轮、受载低于计算载荷的传动齿轮，速度大于1m/s的开式齿轮传动和转盘的齿轮

（2）齿轮副侧隙和齿厚极限偏差的确定。侧隙是设计人员根据齿轮给定的应用条件来确定。首先要确定齿轮副所需的最小法向侧隙 j_{bnmin}，即

$$j_{bnmin} = \frac{2}{3}(0.06 + 0.0005a + 0.03m_n)$$

式中　a 为中心距，m_n 为法向模数。

对于中、大模数齿轮最小法向侧隙 j_{bnmin} 的推荐数据如表 7-33。

表 7-33　对于中、大模数齿轮最小法向侧隙 j_{bnmin} 的推荐数据　　　　单位：mm

m_n	中心距 a					
	50	100	200	400	800	1600
1.5	0.09	0.11	——	——	——	——
2	0.10	0.12	0.15	——	——	——
3	0.12	0.14	0.17	0.24		

m_n	中心距 a					
	50	100	200	400	800	1600
5	—	0.18	0.21	0.28	—	—
8	—	0.24	0.27	0.34	0.47	—
12	—		0.35	0.42	0.55	—
18				0.54	0.67	0.94

如果不考虑齿距偏差、中心距偏差、螺旋线偏差等因素，最小法向侧隙 j_{bnmin} 是在齿厚加工最大时，即齿厚极限偏差为上偏差时形成的。将齿厚偏差的计算值换算到法向侧隙方向，所以有

$$j_{bnmin} = |(E_{sns1} + E_{sns2})| \cos a_n$$

当大小齿轮的上偏差取相同时，则有

$$E_{sns} = \frac{j_{bnmin}}{2\cos a_n}$$

齿厚公差 T_{sn} 的大小主要取决于切齿时的进刀公差 b_r 和齿轮径向跳动 F_r，齿厚公差可按下式求得

$$T_{sn} = 2\cos a_n \sqrt{b_r^2 + F_r^2}$$

式中 b_r 的数值按表 7-34 选取，F_r 值按齿轮传递运动准确性的精度等级、分度圆直径、法向模数查表 7-28 确定。

表 7-34 切齿式径向进刀公差 b_r

齿轮精度等级	4	5	6	7	8	9
b_r	1.25IT7	IT8	1.26IT8	IT9	1.25IT9	IT10

由此，齿厚下偏差 E_{sni} 为

$$E_{sni} = E_{sns} - T_{sn}$$

（3）齿坯精度项目确定。齿轮图样中要给出齿坯的公差项目，一般要给出齿轮定位面、齿轮加工基准和工作基准面的尺寸和形状公差（或跳动公差）、齿顶圆尺寸公差、齿面和其它表面的表面粗糙度轮廓偏差等。

（4）确定齿轮的检测项目。一般精度的单个齿轮，应采用齿距累积总偏差（F_p）、单个齿距极限偏差（$\pm f_{pt}$）、齿廓总偏差（F_α）、螺旋线总偏差（F_β）等精度项目；

齿轮侧隙项目选用齿厚极限偏差或公法线长度极限偏差；高速齿轮应检测齿距累积偏差（F_{pk}）；若供需双方同意，有高于产品齿轮 4 级及以上精度的测量齿轮时，可检验切向综合偏差 F_i' 和 f_i' 来替代单个齿距偏差 f_{pt} 和齿距累积总偏差 F_p。F_r、F_i'、f_i'、F_i''、f_i''、$f_{f\alpha}$、$f_{H\alpha}$、$f_{f\beta}$、$f_{H\beta}$ 等不是必检项目；若需检验，应在供需双方协议中明确规定。

224

径向跳动 Fr 的公差可按表 7-28 选择，也可经供需双方协商另行规定径向跳动公差值。

（5）精度等级的标注。齿轮的检测项目为同一精度等级时，可直接标注精度等级和标准号。如：8 GB/T 10095.1 或 7 GB/T 10095.2。若齿轮检验项目的精度等级不同时，则需分别标注。

例如：齿廓总偏差 F_α 为 6 级，齿距累积总偏差 F_p 为 7 级，螺旋线总偏差 F_β 为 7 级，则标注为：6（F_α）、7（F_p、F_β）GB/T 10095.1。

本章小结

本章主要讲述了键、花键的公差及检测，滚动轴承的公差与配合，普通螺纹结合的公差及检测，渐开线圆柱齿轮传动精度及检测。

键和花键的公差、配合和检测，滚动轴承的公差与配合，螺纹的公差及检测，渐开线圆柱齿轮传动精度及检测知识。

键为标准件，键连接的配合采用基轴制，GB．T1095－2003 及 GB．T1096－2003 对键宽只规定了一种公差带（h8），键槽宽各规定了三种公差带，形成松、正常、紧密三种键连接。键连接的形位公差一般选取键槽的对称度。键及键槽侧面作为工作表面，应选用相应较小的表面粗糙度数值。

对于矩形花键连接，矩形花键连接承载能力强，具有良好的导向性和对中性。矩形花键连接的主要尺寸有三个，即大径 D、小径 d、键与键槽宽 B，国标规定矩形花键连接采用小径定心。矩形花键的配合采用基孔制，形位公差一般选用键齿的位置度公差，对较长的花键，还应规定键侧的平行度公差。

轴承的精度等级：滚动轴承的精度等级分 P_0、P_6、P_5、P_4 和 P_2 五级，P_0 级应用最广。

配合制：滚动轴承内圈与轴采用基孔制配合，外圈与外壳孔采用基轴制配合。但是，内、外径的公差带都分布在零线以下，即上偏差均为零，与一般基准件公差带不同，这样才能满足轴承配合的特殊需要。

配合制公差：滚动轴承与轴和外壳孔的配合，国家标准分别规定了 17 种和 16 种公差带

。螺纹主要几何参数重点掌握普通螺纹的几何参数，其中基本大径、中径、小径、螺距和牙型半角是主要参数，是影响螺纹结合互换性的主要因素。

螺纹几何参数偏差对螺纹互换性的影响：螺纹中径偏差、螺距偏差、牙型半角偏差对螺纹互换性的影响。螺距的偏差和牙侧角的偏差可折算到中径的公差。判断螺纹中径的合格性应遵循泰勒原则。

普通螺纹的公差与配合：普通螺纹的公差带由构成公差带大小的公差等级和确定公差带位置的基本偏差所组成，结合内外螺纹的旋合长度，一起形成不同的螺纹精度。

螺纹的检测：螺纹的检测可分为综合检验和单项测量。进行综合检验时，通常采用螺纹量规和光滑极限量规联合检验螺纹的合格性。单项测量，一般是分别测量螺纹的每个参数，常用螺纹千分尺测量外螺纹中径；用三针量法测量精密螺纹的中径；用工具显微镜测量螺纹各要素。

齿轮传动有四项使用要求：即传递运动的准确性、传动的平稳性、载荷分布的均匀性和合理的齿轮副侧隙。

齿轮偏差：2001 年国家新颁布了 GB—T10095.1 和 GB—T10095.2，在新齿轮标准中齿轮误差、偏差统称为齿轮偏差，将偏差与公差共用一个符号表示，同时还规定了侧隙的评定指标。

单项要素所用的偏差符号用小写字母（如 f）加上相应的下标组成，而表示若干单项要素偏差组成的"累积"或"总"偏差所用的符号，采用大写字母（如 F）加上相应的下标表示。

齿轮精度共分 13 级，其中 5 级精度为基本等级，6～8 级为中等精度齿轮，应用最为广泛。确定精度等级应从齿轮具体工作情况出发，合理选择。

本章习题

一、填空题

1. 平键和矩形花键连接采用_____基准制。

2. 国家标准规定矩形花键以_____定心。

3. 滚动轴承内圈与轴颈采用_____基准制，外圈与外壳孔的配合采用_____基准制。

4. 影响螺纹互换性的主要因素有_____、_____、_____。

5. 对齿轮传动的四项使用要求是_____、_____、_____、_____。

二、选择题

1. 由于平键为标准件，国家标准对键宽规定了一种公差带，代号为（   ）。

A. h8   B. H8   C. h9

2. 滚动轴承内圈与轴颈的配合与《极限与配合》中的同名配合（   ）。

A. 偏松   B. 偏紧   C. 相同

3. 普通螺纹的公差带其大小由（   ）决定，其位置由（   ）决定。

A. 公差等级   B. 基本偏差   C. 极限偏差

4. 齿距累积偏差和齿距累积总偏差是影响齿轮（   ）的主要齿轮偏差。】

A、传动运动准确性 B. 传动运动平稳性   C. 载荷分布均匀性

5. 普通螺纹的单一中径是一个假想圆柱的直径，该直径的母线通过牙型上（   ）

等于螺距基本尺寸一半的地方。

    A. 沟槽宽度   B. 凸起宽度   C. 牙型宽度

三、判断题

1. 键宽和键槽宽是决定配合性质的主要互换性参数，应规定较小的公差。（   ）

2. 对于向心轴承（除圆锥滚子轴承之外）的公差等级精度最高的是 2 级。（   ）

3. 螺纹精度由螺纹公差带和螺纹旋合长度共同决定。（   ）

4. 给出较高精度的齿坯公差比加工高精度的齿轮要经济。（   ）

5. 国家标准规定判断螺纹中径合格性应遵循泰勒原则。（   ）

四、简答题

1. 平键连接的配合种类有哪些？各自应用在什么情况？

2. 某传动轴（直径 $d=50$ mm）与齿轮采用普通平键连接，配合类别造为正常连接，试确定键的尺寸，并按照 GB/T1095—2003 确定键、轴槽、轮较槽宽和高的公差值，并画出尺寸公差带图。

3. 某机床变速箱中一滑移齿轮内孔与轴为花键连接，已知花键的规格为 $6\times28\times32\times7$，花键孔长 30 mm，花键轴长 75 mm，花键孔相对于花键轴须移动，且定心精度要求高。试确定齿轮花键孔和花键轴各主要尺寸的公差带代号，并计算它们的极限偏差和极限尺寸，花键孔和花键轴相应的位置度公差及各主要表面的表面粗糙度值，并将上述的各项确定齿轮要求标注在内、外花键的截面图上。

4. 滚动轴承的精度等级共有几级？代号是什么？哪级的应用最广？

5. 选择滚动轴承与轴颈、轴承与外壳孔的配合时，主要考虑哪些因素？

6. 一深沟球轴承 6310 系列，内径 $d=\phi50$ mm，外径 $D=\phi110$ mm，与轴承内西内经配合的轴颈用 j_6，与轴承外圈外径配合的外壳孔用 J_{S7}。试绘出它们的公差与配合图解，并计算它们的配合极限间隙和极限过盈。

7. 说明螺纹中径、单一中径和作用中径的含义和区别？

8. 解释下列螺纹标记的含义

        M16—6H   M12×1—5g6g—LH   M30×2—6H/6g

9. 已知某螺纹的标记为 M24×2—6g，加工后的实际大径 $d_a=23.845$，实际中近景 $d_{2a}=22.520$ mm，螺距累积偏差 $\triangle P\sum=+0.05$ mm，牙侧角误差为 $\triangle a_1=+20'$，$\triangle a_1=-25'$，试判断该螺纹中径和顶径是否合格，并查出所需旋合长度的范围。

10. 如何选择齿轮的精度等级？应当从哪几个方面来考虑选择齿轮的检验组项目？

11. 齿轮中的侧隙有什么用？通过什么指标来实现控制？

12. 某直齿国柱齿轮标注为 7 (F_a).8 (F_p, F_β) GB/T 10095.1—2008，其模数 $m=3$ mm，齿数 $z=60$，齿形角 $a=20''$，齿宽 $b=30$mm。若测量结果为：齿距累积总偏差 $F_p=0.075$ mm，齿廓总偏差 $F_a=0.012$ mm，单个齿距偏差 $f_{pt}=-13$ μm，螺旋线总偏差 $F_\beta=16$ μm，则该齿轮的各项偏差是否满足齿轮精度的要求？为什么？

13. 齿坯有哪些精度要求？

14. 齿轮精度设计的主要内容有哪些？

15. 如何确定齿厚的极限偏差？

第8章 尺寸链

本章导读

机械零件无论在设计或制造中，一个重要的问题就是如何保证产品的质量。在设计、装配、加工各类机器及其零部件时，除了需要正确的选择材料、进行运动、强度和刚度等的分析和计算外，还需要对其几何精度进行分析与计算，即所谓精度设计。合理地确定机器零件的尺寸、几何形状和形位公差，在满足产品设计预定技术要求的前提下，能使零件、机器获得经济地加工和顺利地装配，需对设计图样上要素与要素之间，零件与零件之间有相互尺寸、位置关系要求，且能构成首尾衔接、形成封闭形式的尺寸组加以分析，研究其变化，计算各个尺寸的极限偏差及公差，以便选择保证达到产品规定公差要求的设计方案与经济的工艺方法。

本章目标

✹理解尺寸链的基本知识

✹理解计算尺寸链的有关参数✹理解计算尺寸链的完全互换法、大数互换法和其他方法的特点和使用场合

8.1 尺寸链的基本知识

本节从计算零件尺寸链的角度出发，根据 GB/T5847−2004《尺寸链计算方法》对尺寸链的有关内容作详细的介绍。

8.1.1 尺寸链的含义及其特性

1. 尺寸链的含义

在一个零件或一台机器的机构中，机器装配或零件加工过程由相互连接的尺寸按照一定的顺序形成封闭的尺寸组，该尺寸组称为尺寸链。如图 8-1（a）所示，零件经过加工依次得尺寸 A_1、A_2 和 A_3，则尺寸 A_0 也就随之确定。A_0、A_1、A_2 和 A_3 形成

尺寸链，如图 8-1（b）所示，A_0 尺寸在零件图上是根据加工顺序来确定是不标注的。

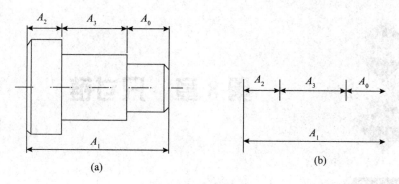

图 8-1　零件尺寸链

图 8-2（a）所示，车床主轴轴线与尾架顶尖轴线之间的高度差 A_0，尾架顶尖轴线高度 A_1、尾架底板高度 A_2 和主轴轴线高度 A_3 等设计尺寸相互连接成封闭的尺寸组，形成尺寸链，如图 8-2（b）所示。

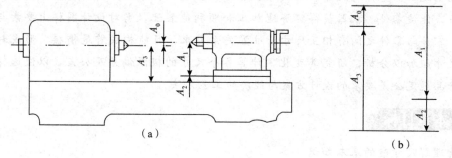

图 8-2　装配尺寸链

在尺寸链分析、计算的过程中，一般不必绘制零件或机器的具体结构，只需将相互关联的尺寸从零件或部件的具体结构中单独抽出，并将这些尺寸保持原有的关联性，再按大致的比例绘出，即能得到一个封闭的尺寸链图。

2. 尺寸链的特性

尺寸链的特性主要有以下几个。

（1）封闭性。封闭性是尺寸链必须具备的特性，尺寸链中的各个尺寸必须是首尾相接地连接在一起，构成一个封闭的尺寸组合。

（2）关联性。关联性是尺寸链必须具备的另一个特性，计入尺寸链中的各个尺寸必须相互之间存在一定的联系。如一个零件的若干道彼此有关联的工序尺寸可以组成工序尺寸链，或者若干个零件组装成一起可组成装配尺寸链。

8.1.2 尺寸链的组成及尺寸分布

1. 环

环是指列入尺寸链中的每一个尺寸。如在图 8-1 中，一共有 4 环，分别是 A_0、A_1、A_2 和 A_3。

2. 封闭环

封闭性是指尺寸链中在装配过程中或加工过程中最后形成的一环，也是确保机器装配精度要求或零件加工质量的一环。通常在字母右下角加下标"0"如图 8-1 中的 A_0。对于每一个分解到最基本的尺寸链而言，封闭环的数目必定是有且只有一个。

从加工和装配的角度讲，凡是最后形成的尺寸，即为封闭环；从设计角度讲，需要靠其他尺寸间接保证的尺寸，便是封闭环。图样上标注的尺寸不同，封闭环叶不同。

封闭性不是零件或部件上的尺寸，而是不同零件或部件的表面或轴线间的相对位置尺寸，该位置尺寸不能独立地变化，而是在装配过程中最后形成的，即为装配精度。因此，在计算尺寸链时，只有正确地判断封闭环，才能得出正确的计算结果。

3. 组成环

组成环是指尺寸链中对封闭环有影响的全部环。这些环中任一环的变动必然引起封闭环的变动。尺寸链中组成环的环数通常用 m 表示，用在字母右下角加下标阿拉伯数字的方式表示各组成环，如图 8-1 中的 A_0、A_1、A_2 和 A_3。组成环用拉丁字母 A、B、C、…、或希腊字母 α、β、γ 等再加下角标"i"表示，序号 i=1、2、3、…、m。同一尺寸链的各组成环，一般用同一字母表示。

4. 增环

增环是指尺寸链的组成环中，由于该环的变动将引起封闭环同向变动的环，即该环增大时，封闭环也增大，该环减小时，封闭环叶减小。如图在 8-1 中，若 A_1 增大，A_0 将随之增大，所以 A_1 为增环。

5. 减环

减环是指尺寸链的组成环中，由于该环的变动将引起封闭环反向变动的环，即该环增大时，封闭环也减小，该环减小时，封闭环叶增大。如在图 8-1 中，若 A_2 和 A_3 增大，A_0 将随之减小，所以 A_2 和 A_3 为减环。在尺寸链中，可能出现各组成环全是增环的现象；但只要组成环中的减环存在，那就一定还有增环。

有时增减环的判别不是很容易，如图 8-3 所示的尺寸链，当 A_0 为封闭环时，增、减环的判别就较困难，这时可用回路法进行判别。方法是从封闭环 A_0 开始顺着一定的路线标箭头，凡是箭头方向与封闭环的箭头方向相反的环，便是增环，箭头方向与封闭环的箭头方向相同的环，便为减环。在图 8-3 中，A_1、A_3、A_5 和 A_7 为增环，A_2、A_4、A_6 为减环。

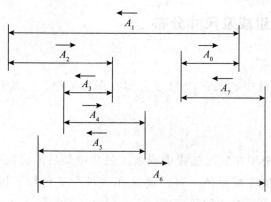

图 8-3　回路法判别增、减环

6. 补偿环

补偿环是指在计算尺寸链中，尺寸链中预先选定的某一组成环，可以通过改变其大小或位置，使封闭环达到规定的要求，如图 8-4 所示。

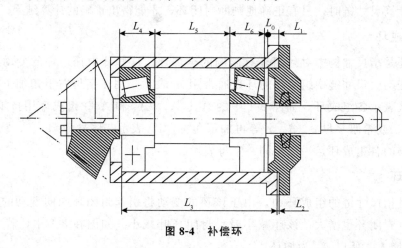

图 8-4　补偿环

4. 传递系数

表示各组成环对封闭环影响大小的系数，称为传递系数，用 ξ 表示。尺寸链中封闭环与组成环的关系，表现为函数关系，即

$$A_0 = f(A_1、A_2、\cdots、A_m) \qquad (8-1)$$

式中，A_0——封闭环；

$A_1，A_2，\cdots，A_m$——组成环

对于第 i 个组成环的传递系数为 ξ_i，则有

$$\xi_1 = \frac{\partial f}{\partial A_i} \qquad 1 \leqslant i \leqslant m \qquad (8-2)$$

一般直线尺寸链 $\xi = 1$，且对增环 ξ_i 为正值；对减环 ξ_i 为负值。如图 8-1 中的尺寸

链，$\xi_1 = 1$，$\xi_2 = \xi_3 = -1$，按上式计算可得

$$A_0 = A_1 - (A_2 + A_3)$$

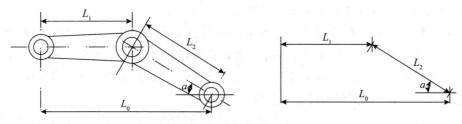

图 8-5　摇杆的平面尺寸链

如图 8-5 所示为摇杆的平面尺寸链，由组成环 L_1、L_2 和封闭环 L_0 组成，从图中可知，组成环 L_1 的尺寸方向与封闭环的尺寸方向一致，而组成环 L_2 的尺寸方向与封闭环 L_0 的尺寸方向不一致，因此封闭环的尺寸将表示为

$$L_0 = L_1 + L_2 \cos\alpha \qquad\qquad (8\text{-}3)$$

式中　α——组成环尺寸方向与封闭环尺寸方向的夹角。

式（8-3）说明，尺寸 L_1 的传递系数 $\xi_1 = 1$，尺寸 L_2 的传递系数 $\xi_2 = \cos\alpha$。由误差理论可知，传递系数用 af/aL_i 表示，即传递系数等于封闭环的函数式对某一组成环求得偏导数。若将式（8-3）中的 L_0 分别对 L_1 和 L_2 求偏导数，则可知 $aL_0/aL_i = 1$，$aL_0/aL_2 = \cos\alpha$。

5. 尺寸的分布形式及其相关系数

零件加工后，其实际尺寸都会呈一定的分布形式，不管是各组成环还是封闭环，都会随着生产批量和工艺环境稳定性的不同，呈现一些特征分布。

（1）组成环的分布及其系数。组成环有不同的分布形式，常见的分布曲线及其相对不对称系数 e 与相对分布系数 k 的数值如表 8-1 所示。

表 8-1　常见分布曲线及其相对不对称系数 e 与相对分布系数 k 的数值（GB/T5847－2004）)

分布特征	正态分布	三角分布	均匀分布	偏态分布		
					外尺寸	内尺寸
分布曲线						
e	0	0	0	−0.28	0.26	−0.26
k	1	1.73	1.14	1.14	1.17	1.17

一般在大批量生产条件下，工艺过程稳定时，工件尺寸趋势正态分布；工艺过程不稳定时，当尺寸随时间近似线性变动时，形成均匀分布。两个分布范围相等的均匀

分布组合，形成三角分布。对于计算时没有参考的统计数据、尺寸与位置误差也当作三角分布处理。平行、垂直误差趋近某些偏态分布；单件、小批生产条件下，工件尺寸偏向形成偏态分布，并且偏向最大实体尺寸一边。

（2）封闭环的分布及其系数。当各组成在其公差带内呈正态分布时，封闭环也呈正态分布。当各组成环具有各自不同分布时，只要组成环环数不太小（$m \geqslant 5$）各组成环分布范围相差又不太大，封闭环仍然趋近正态分布，这些情况下通常取封闭环相对不对称系数 $e_0 = 0$，封闭环相对分布系数 $k_0 = 1$。

当组成环环数较小（$m < 5$）各组成环又不呈正态分布时，封闭环也不同于正态分布，针对计算时没有参考的统计数据，一般取 $e_0 = 0$，$1.1 < 1.3$。

通常解尺寸链的方法有完全互换法和大数互换法。完全互换法的封闭环置信水平能达到 100%，而大数互换法采用统计公差公式计算，就允许较小百分比的不达标情况存在，因此大数互换法解得的结果要注明其置信水平。通常，封闭环趋近正态分布对应置信水平 $P = 99.73\%$，这时封闭环相对分布系数 $k_0 = 1$。在某些生产条件下，要求适当放大组成环公差时，可取较低的 P 值。封闭环置信水平及其相对分布系数如表 8-2 所示。

表 8-2　封闭环置信水平及其相对分布系数（GB/T5847—2004）

置信水平 $P\%$	99.73	99.5	99	98	95	90
相对分布系数 k_0	1	1.06	1.16	1.29	1.52	1.82

8.1.3　尺寸链的分类

1. 按在不同生产过程中的应用情况分类

按在不同生产过程中的应用情况分类，尺寸链可分为零件尺寸链、装配尺寸链和工艺尺寸链。

（1）零件尺寸链。同一零件上由各个设计尺寸构成相互有联系封闭的尺寸组，称为零件尺寸链，如图 8-1 所示。零件尺寸链的封闭环应为公差等级要求最低的环，设计尺寸是指图样上标注的尺寸。

（2）装配尺寸链。在机器设计或装配过程中，由一些相关零件形成有联系封闭的尺寸组，称为装配尺寸链，如图 8-2 所示。

（3）工艺尺寸链。零件在机械加工过程中，同一零件上由各个工艺尺寸构成相互有联系封闭的尺寸组，称为工艺尺寸链。一般为被加工零件要求达到的设计尺寸或工艺过程中需要的余量尺寸。加工顺序不同，封闭环也不同。工艺尺寸链的封闭环必须在加工顺序确定之后才能判断。工艺尺寸是指零件工序图上的工序尺寸、装夹时的定位尺寸和检测时的测量尺寸等。

装配尺寸链与零件尺寸链统称为设计尺寸链。图 8-6 机床镗孔加工工艺尺寸链。

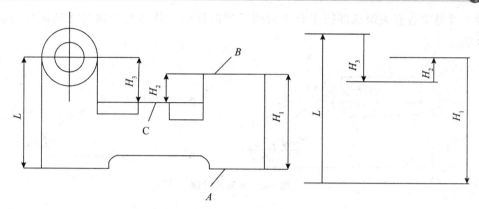

图 8-6　机床镗孔加工工艺尺寸链

2. 按照构成尺寸链各环的几何特征分类

按照构成尺寸链各环的几何特征分类，尺寸链可分为长度尺寸链和角度尺寸链．

（1）长度尺寸链．表示零件两要素之间距离的，为长度尺寸，由长度尺寸构成的尺寸链，称为长度尺寸链，如图 8-1、图 8-2 所示的尺寸链．其各环位于平行线上．通常可以用大写字母 A、B、C 等表示长度环．

（2）角度尺寸链．表示两要素之间位置的，为角度尺寸，由角度尺寸构成的尺寸链，称为角度尺寸链．角度尺寸链常用于分析和计算机械机构中有关零件要素的位置精度，如平行度、垂直度和同轴度等．通常可以用小写希腊字母 α、β、γ 等表示角度环．如图 8-7 为由各角度所组成的封闭多边形，这时 α_1、α_2、α_3 及 α_0 构成一个角度尺寸链．

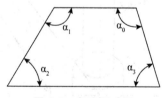

图 8-7　角度尺寸链

3. 按组成尺寸链各环在空间所处的形态分类

按组成尺寸链各环在空间所处的形态分类，尺寸链可分为直线尺寸链、平面尺寸链和空间尺寸链．

（1）直线尺寸链．尺寸链的全部环都位于两条或几条平行的直线上，称为直线尺寸链．直线尺寸链时尺寸链问题中最常见的类型，通常也可把平面（或空间）尺寸链分解为两个（或三个）方向的直线尺寸链来求解．如图 8-1、图 8-2、图 8-3 所示的尺寸链．

（2）平面尺寸链．尺寸链的全部环都位于一个或几个平行的平面上，但其中某些组成环不平行于封闭环，这类尺寸链称为平面尺寸链．如图 8-8 所示为平面尺寸链．将平面尺寸链中各有关组成环按平行于封闭环方向投影，就可将平面尺寸链简化为直线尺寸链来计算。

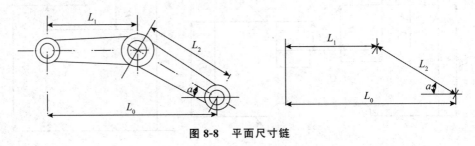

图 8-8　平面尺寸链

（3）空间尺寸链。尺寸链的全部环位于空间不平行的平面上，称为空间尺寸链。最常用的尺寸链是直线尺寸链。平面尺寸链和空间尺寸链可以通过采用坐标投影的方法转换为直线尺寸链，然后按直线尺寸链的计算方法来计算。如图 8-9 所示为空间尺寸链。对于空间尺寸链，一般按三维坐标分解，化成平面尺寸链或直线尺寸链，然后根据需要，在某特定平面上求解。

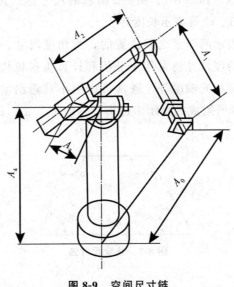

图 8-9　空间尺寸链

4. 按照组成环的性质分类

按照组成环的性质分类，尺寸链可分为标量尺寸链和矢量尺寸链。

（1）标量尺寸链。全部组成环为标量尺寸所形成的尺寸链称为标量尺寸辆，如图 8-1、图 8-2、图 8-3 所示。

（2）矢量尺寸链。全部组成环为矢量尺寸所形成的尺寸链称为矢量尺寸链。如图 8-10 所示为矢量尺寸链。

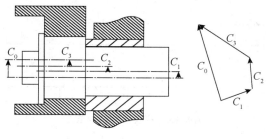

图 8-10　矢量尺寸链

5. 按照两个或多个尺寸链之间的关系分类

按照两个或多个尺寸链之间的关系分类，尺寸链可分为独立尺寸链、串联尺寸链、并联尺寸链和混合尺寸链。

（1）独立尺寸链。独立尺寸链中所有环均只属于该尺寸链，无论怎样变化，都不会影响其他尺寸链。

（2）串联尺寸链。串联尺寸链时指两个（或多个）尺寸链之间有一个共同的基面，如图 8-11 所示。

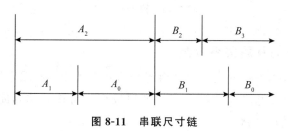

图 8-11　串联尺寸链

（3）并联尺寸链。并联尺寸链时指两个（或多个）尺寸链之间有一个（或多个）公共环，这个公共环可以时各自尺寸链里的组成环，如图 8-12 所示中的 A_1、A_2 和 B_1、B_2、B_3 也可以是在一个尺寸链里充当组成环、在另一个尺寸链里充当封闭环，如图 8-13 中的 A_0 和 B_1。通常解题时可以利用并联关系整合或简化尺寸链。

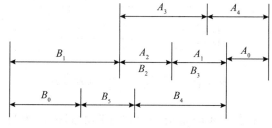

图 8-12　并联尺寸链形式一

237

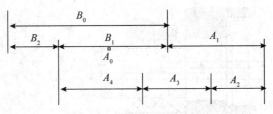

图 8-13　并联尺寸链形式二

（4）混合尺寸链。混合储存连时指由并联尺寸链和串联尺寸链合组成的尺寸链如图 8-14 所示。

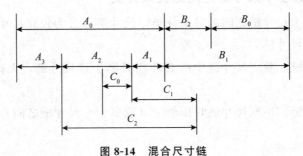

图 8-14　混合尺寸链

6. 按照尺寸链的从属关系分类

按照尺寸链的从属关系分类，尺寸链可分为基本尺寸链和派生尺寸链。

（1）基本尺寸链。基本尺寸链是指全部组成环皆直接影响封闭环的尺寸链，如图 8-15 所示中尺寸 β 的尺寸链。

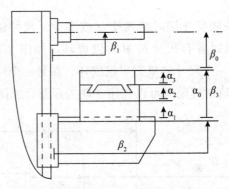

图 8-15　直接尺寸链和派生尺寸链

（2）派生尺寸链。派生尺寸链是指一个尺寸链的封闭环为另一个尺寸链的组成环的尺寸链，如图 8-15 所示中尺寸 γ 的尺寸链里的封闭环 γ_0 即为基本尺寸链 β 里的组成环 β_3。

8.1.4　尺寸链的建立和解析方法

1. 尺寸链的建立

建立零件尺寸链时，主要参考零件的设计要求和使用场合；建立工艺尺寸链时，主要参考零件的生产批量、基准转换和车间的装备配置情况；建立装配尺寸链时，主要参考各个零部件在机器机构中的装配关系、装配方法及装配性能要求。选择正确的关联尺组成尺寸链，时进行尺寸链精度分析计算的前提。建立尺寸链的步骤可以按以下三步进行。

（1）确定封闭环。建立和分析尺寸链的首要条件是正确地确定封闭环。在零件尺寸链中，将系列相关尺寸中最不重要的或者预期精度等级最低的那一个尺寸（或角度）留作封闭环，一般在零件图上不需要标注，以免引起加工中的混乱；在装配尺寸链中，通常将装配要求或者装配结果作为封闭环（如间歇量、过盈量或一定的角度）；在工艺尺寸链中，封闭环的选择比较复杂，但封闭环必定是间接保证或者间接形成的那个尺寸，一般情况下是各道工序的加工余量或是在加工中最后自然形成的尺寸，往往是机器上有装配精度要求的尺寸，如保证机器可靠工作的相对位置尺寸或保证零件相对运动的间歇等。在建立尺寸链之前，必须查明在机器装配和验收的技术要求中规定的所有几何精度要求项目，这些项目往往就是某些尺寸链的封闭环。

（2）查找组成环，画装配尺寸链图。一个尺寸链的组成环数应尽量少。查找组成环时，以封闭环尺寸的任一端为起点，依次找出各个相毗连并直接影响封闭环的全部尺寸，其中最后一个尺寸应与封闭环的另一侧相连接。

在封闭环有较高技术要求或形位误差较大的情况下，建立尺寸链时，还要考虑形位误差对封闭环的影响。

（3）画出尺寸链，确定增环和减环。为清楚地表达尺寸链的组成，通常不需要画出零件或部件的具体结构，只需将尺寸链中各尺寸依次画出，形成封闭的图形即可，这样的图形称为尺寸链线图。

在建立装配尺寸链时，除满足封闭环和相关性原则外，还应符合两个要求：一是组成环数最少原则，从工艺角度出发，在结构已经确定的情况下，标注零件尺寸时，应是一个零件仅有一个尺寸进入尺寸链，即组成环数目等于有关零件数目；二是按封闭环的不同位置和方向，分别建立装配尺寸链。例如，常见的蜗杆副结构为保证正常啮合，蜗杆副两轴线的距离（啮合间歇）以及蜗杆轴线与涡轮中间平面的对称度均有一定要求，这是两个不同方向的装配精度，因此需要在两个不同方向分别建立装配尺寸链。

画出尺寸链图后，判别组成环的性质，即判别其为增环还是减环。常用的确定尺寸链增、减环的方法有定义法、箭头法和跳行法。

在图 8-6 中，A、B 面间距离 H_1 和 $B.C$ 面间距离 H_2 已由前道工序加工完成，现以 A 面为工序基准按工序尺寸 L 镗孔，则按加工顺序，孔中心线和 C 面之间的距离

H_3 是在最后自然形成的，因此 H_3 为封闭环。H_1、H_2、L 和 H_3 组成首尾相接封闭的尺寸链。确定增环和减环时，可用剪头法，先在封闭环上沿任意方向画一箭头；然后沿此箭头方向环绕尺寸链一周，途径每一个组成环尺寸时均记下此时箭头所示方向；最后统计，凡是其上箭头指向与封闭环上箭头指向相反的组成环皆为增环，凡是其上箭头指向与封闭环上箭头指向相同的组成环皆为减环。其中，H_1 和 L 为增环，H_1 为减环，H_2 和 L 为增环，H_1 为减环，其关系为 $H_3 = H_2 + L - H_1$。同样，用定义法和跳行法也可得出相同的结果。

2. 尺寸链的计算类型

分析和计算尺寸链是为了正确合理地确定尺寸链中各环的尺寸和精度，一般可以归纳为以下三种形式。

（1）正计算。在尺寸链中，已知各组成环的公称尺寸和极限偏差，求封闭环的公称尺寸和极限偏差，称为正计算。这类计算主要用于审核设计的正确性，也称为公差校核计算，正计算的结果是唯一的。通常通过正计算来审核图样上标注的尺寸是否正确、检验零、部件装配之后能否达到要求的装配效果、校核工序余量是否满足要求。

（2）反计算。在尺寸链中，已知封闭环的公称尺寸和极限偏差、各组成环的公称尺寸，求各组成环的极限偏差，称为反计算。这类计算主要用于在零件设计、装配或工艺规划的过程中分配各组成环的公差，也称为公差设计计算或公差分配计算。反计算的结果一定不唯一，因此需要用一些方法来作为公差分配的依据，并且结果需要优化。

（3）中间计算。在尺寸链中，已知封闭环的公称尺寸和极限偏差、部分组成环的公称尺寸和极限偏差，求其余组成环的公称尺寸和极限偏差，称为中间计算。这类计算主要用在诸如基准换算、确定中间工序尺寸等工艺问题分析上，有时也可用于验算。中间计算的结果不一定唯一，如果有几个组成环是未知的，那中间计算的结果也需要优化。

3. 反计算问题中的公差分配

反计算也称为公差设计计算或公差分配计算，主要解决如何把封闭环的公差合理地分配到每一个组成环上。在设计要求不能更改的前提下，要综合考虑各组成环的重要性，经济地给出设计方案。由于标准件的公称尺寸和极限偏差已定，分析时应将组成环中的标准件区分出来。目前，解决反计算中的公差分配问题的方法主要有以下三种。

（1）等公差法。等公差法是按照等公差值的原则，将封闭环的公差平均地分配给各组成环的方法。该法计算简便，当各组成环加工方法相同且公称尺寸相近时，优先按等差法分配。

（2）等精度法。等精度法是按照等精度的原则来分配各组成环公差，适用于当各组成环加工方法相同且公称尺寸相差较大时。按等精度法分配公差时，认为各组成环公差具有相同的公差等级系数 a，结合各组成环尺寸对应的公差因子 i_v，得到组成环公差值的总和 $a\sum\limits_{v=1}^{m}i_v$，将封闭环公差平均地分配，即可求出公差等级系数对应的值（按完全互换法）

$$a = T_0 / \sum_{v=1}^{m} i_v \qquad (8\text{-}4)$$

再将 a 查标准公差数值表，可确定组成环的精度等级，进而定出各组成环的极限偏差。

（3）实际可行性分配法。实际可行性分配法按实际可行性（或参考加工经济精度）来拟定各组成环的公差，因此当各组成环加工方法不同时，应按实际可行性分配法来分配各组成环公差。该方法先按各组成环的加工经济精度初步给定各组成环的公差值，然后校核它们的总和是否满足式（8-5）。

$$T_0 \geqslant \sum_{i=1}^{m} T_i \qquad (8\text{-}5)$$

如果不满足，则应提高组成环的加工精度要求，一般先更改补偿环；如果满足，则可以将各组成环的公差值确定下来。如果各组成环公差值的总和小于封闭环的公差值且有较大的富裕，则可适当放宽各组成环的精度要求。

在用反计算法确定各组成环公差时，可根据具体情况将上述三种方法融合使用。如先按等公差法精度法的分配原则求出各组成环能分得的公差值，再按加工的难易程度和设计要求等具体情况调整各组成环的公差值，保证最终方案满足式（8-5）即可。

4. 寸链的解题步骤

尺寸链的一般解题步骤如下。

（1）分析题意，确定封闭环，找出关联尺寸，画出尺寸链图。

（2）判断各组成环的增、减。

（3）选择解题方法（如采用完全互换法或是大数互换法）并采用对应的公式解题。

（4）列出求解的结果。

8.2 计算尺寸链的有关参数

8.2.1 平均偏差 $\bar{x}$

全部尺寸偏差的平均值称为平均偏差，也等于所有实际尺寸的平均值与公称尺寸的差值，即 $\bar{x} = \dfrac{1}{n}\sum\limits_{i=1}^{n}L_i - L$，它表明尺寸偏差变动的中心位置。

8.2.2 中间偏差 Δ

上极限偏差与下限极限偏差的平均值称为中间偏差，即 $\Delta=(ES+EI)/2$ 或 $\Delta=(es-ei)/2$，也等于上极限尺寸与下极限尺寸的平均值与公称尺寸之差，即 $\Delta=(L_{max}+L_{min})/2-L_0$，如图 8-16 所示，若偏差为正态分布或为其他对称分布，则平均偏差等于中间偏差；若偏差为不对称分布，则平均偏差不等于中间偏差。

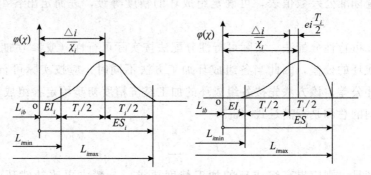

图 8-16　平均偏差 $\bar{x}$

8.2.3 相对不对称系数 e

表示分布曲线不对称程度的系数称为不对称系数，其表达式为

$$e=\frac{\bar{x}-\Delta}{T/2} \tag{8-6}$$

式中　T——公差值。

当偏差为对称分布时，$\bar{x}-\Delta=0$，故相对不对称系数 $e=0$；当偏差为不对称分布时，$\bar{x}-\Delta=eT/2$，如图 8-16 所示。

8.2.4 相对标准差 λ

标准差与二分之一公差之比称为相对标准差。即

$$\lambda=\frac{\sigma}{\dfrac{T}{2}} \tag{8-7}$$

当正态分布时，取置信概率为 99.73%，则 $T=6\sigma$，相对标准偏差 $\lambda_n=1/3$。

8.2.5 相对分布系数 k

任意分布的相对标准差与正态分布时的相对标准差之比称为相对分布系数，表示征尺寸分布的分散程度。其计算公式为

$$k=\lambda/\lambda_n=3\lambda \tag{8-8}$$

由式（8-8）可知，当正态分布时，$k=3x_1/3=1$；当均匀分布时，$\lambda=\sigma/(T/2)$，

其中 $\sigma=a/\sqrt{6}$，$T=2a$．得 $\lambda=1/\sqrt{6}$，故 $k=3x_1/\sqrt{6}=1.22$。

常见的几种相对不对称系数 e 及相对分布系数 k 见表 8-1 所示。系数 e 与 k 的取值主要取决于加工工艺过程。大批量生产稳定的工艺过程，工件尺寸趋近正态分布，故 $e=0$，$k=1$；极不稳定的工艺过程，作为均匀分布，故 $e=0$，$k=1.73$；按试切法加工时，尺寸趋向偏态分布，$e=\pm0.26$，$k=1.17$，对外尺寸 e 取正好，对内尺寸 e 取负号；偏心等矢量误差，其矢量模遵循瑞利分布，取 $e=-0.28$，$k=1.14$；偏心沿某一方向的分量，当方向角遵循均匀分布时，取 $e=0$，$k=1.73$。平行度误差与垂直度误差趋于偏态分布。

8.3　用完全互换法计算尺寸链

完全互换法（又称极值法）是解决尺寸链问题最基本的方法。完全互换法按照两种极端情况来计算封闭环的极限尺寸，即认为所有增环均处于最大极限尺寸而所有减环均处于最小极限尺寸，或者所有增环均处于最小极限尺寸而所有减环均处于最大极限尺寸，完全互换法不考虑各环实际尺寸的分布情况，因此也称为极大极小值法（极值法）。完全互换法的优点是计算简便、结论可靠，适用于组成环数目较少或虽组成环数目较多但封闭环精度要求较低的场合。当组成环数目较多且封闭环公差较小时，采用完全互换法将使各组成环的公差要求过于苛刻，这时应考虑用其他计算方法解尺寸链。

8.3.1　完全互换法计算尺寸链的基本公式

1. 封闭环公称尺寸 L_0

线性尺寸的封闭环的公称尺寸等于所有增环的公称尺寸之和减去所有减环的公称尺寸之和，即

$$L_0=\sum_{z=1}^{n}L_z-\sum_{j=1}^{m-n}L_j \tag{8-9}$$

其中　z——表示增环；

　　　j——表示减环；

　　　m——表示组成环数目；

　　　n——表示增环数目。

2. 封闭环中间偏差 Δ_0

封闭环中间偏差 Δ_0 公式为

$$\Delta_0=\sum_{z=1}^{n}\Delta z-\sum_{j=1}^{n-m}\Delta j \tag{8-10}$$

即封闭环的中间偏差等于增环的中间偏差之和减去减环的中间偏差之和。

3. 封闭环公差 T_0

完全互换法对应的 T_0 称为封闭环极值公差，用 T_{0L} 表示。

$$T_{0L} = \sum_{z=1}^{n} T_z + \sum_{j=1}^{n-m} T_j = \sum_{i=1}^{m} T_i \tag{8-11}$$

即封闭环的公差等于各组成环的公差之和。

由此可知，在整个尺寸链的尺寸环中，封闭环的公差最大，所以说封闭环的精度是所有尺寸环中最低的，应选择最不重要的尺寸作为封闭环。在装配尺寸链中，由于封闭环是装配后的技术要求，因此一般无选择余地。

4. 封闭环极限偏差 ES_0 和 EI_0

封闭环极限偏差 ES_0 和 EI_0 公式为

$$ES_0 = \Delta_0 + T_0/2 \tag{8-12}$$

$$EI_0 = \Delta_0 - T_0/2 \tag{8-13}$$

5. 组成环平均公差 T_{av_i}

完全互换法对应的 T_{av_i} 称为组成环平均极值公差，用 T_{av_i} 表示。

$$T_{av_i}L = \frac{T_0 L}{m} \tag{8-14}$$

6. 组成环极限偏差

$$ES_i = \Delta_i + T_i/2 \tag{8-15}$$

$$EI_i = \Delta_i - T_i/2 \tag{8-16}$$

封闭环的最大极限尺寸等于所有增环最大极限尺寸之和减去所有减环最小极限尺寸之和；封闭环的最小极限尺寸等于所有增环的最小极限尺寸之和减去所有减环最大极限尺寸之和。

8.3.2 公差设计计算

公差设计计算通常为反计算，要求把封闭环的公差合理地分配到每一个组成环上。反运算是根据封闭环的极限尺寸和组成环的基本尺寸确定各组成环的公差和极限偏差，再进行校核。

在具体分配各组成环的公差时，可采用等公差法或等精度法。当各组成环的基本尺寸相差不大时，可将封闭环的公差平均分配给各组成环，如果需要，可在此基础上进行必要的调整。这种方法称为等公差法，即

$$T_i = \frac{T_0}{m} \tag{8-17}$$

在实际工作中，各组成环的基本尺寸一般相差较大。按等公差法分配公差，从加工工艺上讲不合理。为此，可采用等精度法。

所谓等精度法，就是各组成环公差等级相同，即各组成环公差等级系数相等，设其值解均为 a，则

$$a_1 = a_2 = \cdots = a_m = a \tag{8-18}$$

按国家标准规定，在 $IT5-IT18$ 公差等级内，标准公差的计算式为 $T=a_i$，其中 i 为标准公差因子，在常用尺寸段内，$i = 0.45\sqrt[3]{D} + 0.001D$。为了应用的方便，将部分公差等级系数 a 的值和标准公差因子 i 的数值列于表 8-3 和表 8-4 中。

可得

$$a = \frac{T_0}{\sum\limits_{j=1}^{m} i_j} \tag{8-19}$$

计算出 a 后，按标准查出与之相近的公差等级系数，进而查表确定各组成环的公差。

各组成环的极限偏差确定方法是先留一个组成环作为调整环，其余各组成环的极限偏差按"入体原则"确定，即包容尺寸的基本偏差为 H，被包容储存的基本偏差为 h，一般长度尺寸为 js。进行反计算时，最后必须进行正计算，以校核设计的准确性。

公差等级系数 a 的值如表 8-3 所示，公差因子 i 的值如表 8-4 所示，公称直径至 $3150\ mm$ 的标准公差值如表 8-5 所示，部分尺寸分段的公差因子如表 8-6 所示。

表 8-3　公差等级系数 *a* 的值

公差等级	IT8	IT9	IT10	IT11	IT12	IT13	IT14	IT15	IT16	IT17	IT18
系数 *a*	25	40	64	100	160	250	400	640	1000	1600	2500

表 8-4　公差因子 i 的值

尺寸段 D/mm	1~3	>3 ~6	>6 ~10	>10 ~18	>18 ~30	>30 ~50	>50 ~80	>80 ~120	>120 ~180	>180 ~250	>250 ~315	>315 ~400	>400 ~500
公差因子 i/μm	0.54	0.73	0.90	1.08	1.31	1.56	1.86	2.17	2.52	2.90	3.23	3.54	3.89

表 8-5　公称直径至 3150 mm 的标准公差值（摘自 GB/T1800.1－2009）

公称尺寸 /mm		标准公差等级																	
大于	至	IT1	IT2	IT3	IT4	IT5	IT6	IT7	IT8	IT9	IT10	IT11	IT12	IT13	IT14	IT15	IT16	IT17	IT18
		μm											mm						
—	3	0.8	1.2	2	3	4	6	10	14	25	40	60	0.1	0.14	0.25	0.4	0.6	1	1.4
3	6	1	1.5	2.5	4	5	8	12	18	30	48	75	0.12	0.18	0.3	0.48	0.75	1.2	1.8
6	10	1	1.5	2.5	4	6	9	15	22	36	58	90	0.15	0.22	0.36	0.58	0.9	1.5	2.2

（续表）

公称尺寸 /mm		标准公差等级																	
		IT1	IT2	IT3	IT4	IT5	IT6	IT7	IT8	IT9	IT10	IT11	IT12	IT13	IT14	IT15	IT16	IT17	IT18
10	18	1.2	2	3	5	8	11	18	27	43	70	110	0.18	0.27	0.43	0.7	1.1	1.8	2.7
18	30	1.5	2.5	4	6	9	13	21	33	52	84	130	0.21	0.33	0.52	0.84	1.3	2.1	3.3
30	50	1.5	2.5	4	7	11	16	25	39	62	100	160	0.25	0.39	0.62	1	1.6	2.5	3.9
50	80	2	3	5	8	13	19	30	46	74	120	190	0.3	0.46	0.74	1.2	1.9	3	4.6
80	120	2.5	4	6	10	15	22	35	54	87	140	220	0.35	0.54	0.87	1.4	2.2	3.5	5.4
120	180	3.5	5	8	12	18	25	40	63	100	160	250	0.4	0.63	1	1.6	2.5	4	6.3
180	250	4.5	7	10	14	20	29	46	72	115	185	290	0.46	0.72	1.15	1.85	2.9	4.6	7.2
250	315	6	8	12	16	23	32	52	81	130	210	320	0.52	0.81	1.3	2.1	3.2	5.2	8.1
315	400	7	9	13	18	25	36	57	89	140	230	360	0.57	0.89	1.4	2.3	3.6	5.7	8.9
400	500	8	10	15	20	27	40	63	97	155	250	400	0.63	0.97	1.55	2.5	4	6.3	9.7
500	630	9	11	16	22	32	44	70	110	175	280	440	0.7	1.1	1.75	2.8	4.4	7	11
630	800	10	13	18	25	36	50	80	125	200	320	500	0.8	1.25	2	3.2	5	8	12.5
800	1000	11	15	21	28	40	56	90	140	230	360	560	0.9	1.4	2.3	3.6	5.6	9	14
1000	1250	13	18	24	33	47	66	105	165	260	420	660	1.05	1.65	2.6	4.2	6.6	10.5	19.5
1250	1600	15	21	29	39	55	78	125	195	310	500	780	1.25	1.95	3.1	5	7.8	12.5	19.5
1600	2000	18	25	35	46	65	92	150	230	370	600	920	1.5	2.3	3.7	6	9.2	15	23
2000	2500	22	30	41	55	78	110	175	280	440	700	1100	1.75	2.8	4.4	7	11	17.5	28
2500	3150	26	36	50	68	96	135	210	330	540	860	1350	2.1	3.3	5.4	8.6	13.5	21	33

注：①公称尺寸大于 500 mm 的 IT1～IT5 的标准公差数值为试行的。

②公称尺寸小于或等于 1 mm 时，无 IT14～IT18。

表 8-6　部分尺寸分段的公差因子

尺寸分段 /mm	公差因子 $i_c/\mu m$	尺寸分段 /mm	公差因子 $i_c/\mu m$	尺寸分段 /mm	公差因子 $i_c/\mu m$
≤3	0.54	>30～50	1.56	>250～315	3.23
>3～6	0.73	>50～80	1.86	>315～400	3.54
>6～10	0.90	>80～1200	2.17	>400～500	3.89
>10～18	1.08	>120～180	2.52		
>18～30	1.31	>180～250	2.90		

【例 8.1】 如图 8-17 所示齿轮与轴连接的尺寸链中，若已知各零件公称尺寸，$A_1 =$

30 mm、左挡圈宽度 $A_2=5$ mm、轴上轴肩面到轴槽右侧端面之间长度 $A_3=43$ mm、右挡圈宽度 $A_5=5$ mm，标准件弹簧挡圈 $A_4=3_{-0.040}^{0}$ mm。为了保证齿轮在轴上能正常转动，要求间歇控制在 0.100 mm～0.350 mm，试用完全互换法并按等公差法确定各零件尺寸的极限偏差。

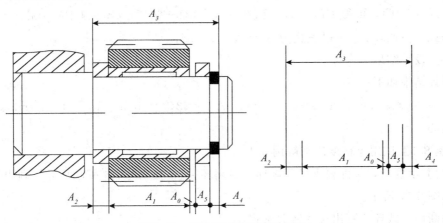

图 8-17　齿轮与轴连接的尺寸链

【解】由题意，装配要求的间歇即为封闭环 A_0，找出与 A_0 关联尺寸，画出尺寸链图，如图 8-17 所示。

（1）判断增、减环，写出尺寸链关系式

A_3 增环，A_1、A_2、A_4、A_5 为减环。

尺寸链关系式为 $A_0=A_3-(A_1+A_2+A_4+A_5)$。

（2）校核各环公称尺寸

$A_0=[43-(30+5+3+5)]$ mm $=0$ mm，说明各组成环公称尺寸合理（若存在差值，可改动协调环的公称尺寸）。由此可知封闭环为 $A_0=0_{+0.100}^{+0.350}$ mm，对应的 $T_0=250$ μm，$\Delta_0=+225$ μm、$ES_0=+350$ μm、$EI_0=+100$ μm。

（3）检查有无标准件

弹簧挡圈是标准件，由 $A_4=3_{-0.040}^{0}$ mm，可以得出 $T_4=40$ μm，$\Delta_4=-20$ μm。

（4）按等级公差法确定各组成环公差

由式（8-14），可知 $T_{avi}A=(T_0-T_4)/m=[(250-40)/(5-1)]$ $\mu m=52.5$ μm，结合各组成环公称尺寸，根据表 8-5 估计各组成环公差等级约为 IT9。再结合各组成环的加工难易程度，确定各组成环公差值为 $T_1=52$ μm、$T_2=T_5=48$ μm、$T_3=62$ μm。经验算 $\sum T_i \leqslant T_0$ 成立。

考虑到轴上轴肩面到轴槽右侧端面之间长度 A_3 在工艺上不难加工，且其余组成环尺寸接近、采用的加工手段也接近，所以将 A_3 作为协调环。

其余各组成环均按"入体原则"（即将偏差入零件的实体内分布）写出 $A_1=30_{-0.052}^{0}$ mm，$A_2=A_5=5_{-0.048}^{0}$ mm。其余各组成环对应的中间偏差为 $\Delta_1=-26$ μm、$\Delta_5=-$

$24~\mu m$。

(5) 计算协调环 A_3

由式 (8-10)，可得 $\Delta_3 = [+225 + (-26-24-20-24)]~\mu m = +131~\mu m$。

由式 (8-15)，可得 $ES_3 = \Delta_3 + T_3/2 = (+131+62/2)~\mu m = +162~\mu m$。

由式 (8-16)，可得 $EI_3 = \Delta_3 - T_3/2 = (+131-62/2)~\mu m = +100~\mu m$。

因此，协调环 A_3 可以表达为 $A_3 = 43^{+0.162}_{+0.100}$ mm。

(6) 设计结果

设计结果如下：

$A_1 = 30^{0}_{-0.052}$ mm、$A_2 = 5^{0}_{-0.048}$ mm、$A_3 = 43^{+0.162}_{+0.100}$ mm、$A_4 = 3^{0}_{-0.040}$ mm、$A_5 = 5^{0}_{-0.048}$ mm。

【例 8.2】 试用等精度法来解例 8.1。

【解】 由题意，装配要求的间歇即为封闭环 A_0，找出与 A_0 关联尺寸，画出尺寸链图，如图 8-17 所示。

判断增、减环，写出尺寸链关系式

A_3 增环，A_1、A_2、A_4、A_5 为减环。

尺寸链关系式为 $A_0 = A_3 - (A_1+A_2+A_4+A_5)$。

(2) 校核各环公称尺寸

$A_0 = [43 - (30+5+3+5)]$ mm $= 0$ mm，说明各组成环公称尺寸合理（若存在差值，可改动协调环的公称尺寸）。由此可知封闭环为 $A_0 = 0^{+0.350}_{+0.100}$ mm，对应的 $T_0 = 250~\mu m$，$\Delta_0 = +225~\mu m$、$ES_0 = +350~\mu m$、$EI_0 = +100~\mu m$。

(3) 检查有无标准件

弹簧挡圈是标准件，由 $A_4 = 3^{0}_{-0.040}$ mm，可以得出 $T_4 = 40~\mu m$，$\Delta_4 = -20~\mu m$。

(4) 按等级公差法确定各组成环公差

由式 (8-14)，可知 $T_{av_i}A = (T_0 - T_4)/m = [(250-40)/(5-1)]~\mu m = 52.5~\mu m$，结合各组成环公称尺寸，根据表 8-5 估计各组成环公差等级约为 IT9。再结合各组成环的加工难易程度，确定各组成环公差值为 $T_1 = 52~\mu m$、$T_2 = T_5 = 48~\mu m$、$T_3 = 62~\mu m$。经验算 $\sum T_i \leqslant T_0$ 成立。

考虑到轴上轴肩面到轴槽右侧端面之间长度 A_3 在工艺上不难加工，且其余组成环尺寸接近、采用的加工手段也接近，所以将 A_3 作为协调环。

其余各组成环均按"入体原则"（即将偏差入零件的实体内分布）写出 $A_1 = 30^{0}_{-0.052}$ mm，$A_2 = A_5 = 5^{0}_{-0.048}$ mm。其余各组成环对应的中间偏差为 $\Delta_1 = -26~\mu m$、$\Delta_5 = -24~\mu m$。

(5) 确定各组成环公差（按等精度法）

查表 8-6 可知，$i_1 = 1.31~\mu m$，$i_2 = i_5 = 0.73~\mu m$，$i_3 = 1.56~\mu m$。

由式 (8-4)，并考虑到 A_4 是标准件，可得出：

$$a = \frac{T0}{\sum\limits_{v=1}^{m} iv} = \frac{250 - 40}{1.31 + 0.73 + 0.73 + 1.56} \, \mu m = 48.5 \, \mu m$$

初定各组成环公差等级为 IT9。仍将 A_3 作为调整尺寸（协调环），则可以设定其余组成环的公差。

各组成环公差值按表 8-5 得：$T_1 = 52 \, \mu m$，$T_2 = T_5 = 30 \, \mu m$。

T_3 由式（8-11），可得：$T_3 = [250 - (52 + 30 + 40 + 30)] \, \mu m = 98 \, \mu m$。

各组成环按入体原则写为：$A_1 = 30_{-0.052}^{0} \, mm$，$A_2 = A_5 = 5_{-0.030}^{0} \, \mu m$。

（6）计算协调环 A_3

由式（8-10），可得 $\Delta_3 = [+225 + (-26 - 15 - 20 - 15)] \, \mu m = +149 \, \mu m$。

由式（8-15），可得 $ES_3 = \Delta_3 + T_3/2 = (+149 + 98/2) \, \mu m = +198 \, \mu m$。

由式（8-16），可得 $EI_3 = \Delta_3 - T_3/2 = (+149 - 98/2) \, \mu m = +100 \, \mu m$。

因此，协调环 A_3 可以表达为 $A_3 = 43_{+0.100}^{+0.198}$。

（7）设计结果

设计结果如下：

$A_1 = 30_{-0.052}^{0} \, mm$、$A_2 = 5_{-0.030}^{0} \, mm$、$A_3 = 43_{+0.100}^{+0.198} \, mm$、$A_4 = 3_{-0.040}^{0} \, mm$、$A_5 = 5_{-0.030}^{0} \, mm$。

由上述分析可见，反计算的结果不是唯一的。虽然上述两种解法所得到的设计方案都是可以实现的，但它们未必是最优化的设计方案。因此，在实际生产中，如何进行最佳的反计算设计，还要综合考虑零件的结构、工艺性和设备情况等因素。

8.3.3 公差校核计算

公差校核计算通常为正计算，目的是审核设计的正确性，即校核各组成环的公称尺寸、公差以及极限偏差设计是否合理、能否使封闭环达到预期的要求。公差校核计算在零件设计合理性审核、加工余量校核和装配效果分析里都经常应用。

【例 8.3】装配如图 8-18 所示的车床溜板部件，已知床身尺寸为 $A_1 = 35_{-0.150}^{-0.050} \, mm$，溜板尺寸为 $A_2 = 28_{-0.042}^{+0.042} \, mm$，压板尺寸为 $A_3 = 7_{-0.045}^{+0.045} \, mm$，现要求装配间隙保证在 0.015 mm～0.200 mm 之间，试用完全互换法校核该装配间隙能否满足设计要求。

【解】

（1）建立尺寸链。装配间隙是在装配后形成的，为封闭环。画出尺寸链图，如图 8-18 所示。其中，A_2、A_3 为增环，A_1 为减环。尺寸链关系式为：

$$A_0 = A_2 + A_3 - A_1$$

由题可知各组成环公差值为 $T_1 = 100 \, \mu m$，$T_2 = 84 \, \mu m$，$T_3 = 90 \, \mu m$；各组成环中间偏差为 $\Delta_1 = -100 \, \mu m$，$\Delta_2 = 0 \, \mu m$，$\Delta_3 = 0 \, \mu m$。

（2）计算封闭环 A_0 的公称尺寸。

由式（8.9），$A_0 = A_2 + A_3 - A_1 = (28 + 7 - 35) \, mm = 0 \, mm$。

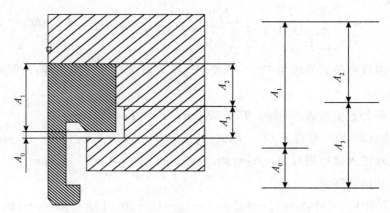

图 8-18   车床溜板部件   装配的尺寸链

则封闭环间隙需满足 $A_{0允} = 0^{+0.200}_{+0.015}$ mm，$T_{0允} = 185 \ \mu m$。

（3）计算封闭环 A_0 的公差值。

由式（8-11），$T_0 = T_1 + T_2 + T_3 = (100 + 84 + 90) \ \mu m = 274 \ \mu m > 185 \ \mu m$

说明本例按完全互换法组织装配时，根本无法满足装配间隙的设计要求。解决的办法是要么提高各组成环的设计精度，要么选择别的尺寸链解法来组织装配。

【例 8.4】加工图 8-19 所示的套筒时，外圆柱面加工至 $A_1 = \phi 80f9 \ (^{-0.030}_{-0.104})$，内孔加工至 $A_2 = \phi 60H8 \ (^{+0.046}_{0})$，外圆柱面轴线对内孔轴线的同轴度公差为 $\phi 0.02$ mm。试计算该套筒壁厚尺寸变动范围。

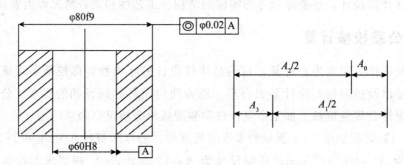

图 8-19   套筒零件尺寸链

【解】

（1）建立尺寸链。由于套筒具有对称性，因此在建立尺寸链时，尺寸 A_1 和 A_2 均取半值。尺寸链如图 8-19 所示，封闭环为壁厚 A_0，组成环为 $A_2/2 = 30^{+0.023}_{0}$ mm（减环），$A_1/2 = 40^{-0.015}_{-0.052}$ mm（增环），同轴度公差 $A_3 = (0 \pm 0.01)$ mm（增环）。尺寸链关系式为：

$$A_0 = \frac{A_1}{2} + A_3 - \frac{A_2}{2}$$

（2）计算封闭环公称尺寸

由式（8-9），$A_0 = \dfrac{A_1}{2} + A_3 - \dfrac{A_2}{2} = (40 + 0 - 30)$ mm $= 10$ mm

（3）计算封闭环 A_0 的公差 T_0 和中间偏差 Δ_0。

由式（8-11），$T_0 = T_1/2 + T_2/2 + T_3 = (0.037 + 0.023 + 0.020)$ mm $= 0.080$ mm

由式（8-10），$\Delta_0 = (-0.0335 + 0 - 0.0115)$ mm $= -0.045$ mm

（4）计算封闭环 A_0 的上、下极限偏差

由式（8-12），$ES_0 = \Delta_0 + T_0/2 = (-0.045 + 0.080/2)$ mm $= -0.005$ mm

由式（8-13），$EI_0 = \Delta_0 - T_0/2 = (-0.045 - 0.080/2)$ mm $= -0.085$ mm

因此，封闭环 $A_0 = 10_{-0.085}^{-0.005}$ mm，套筒壁厚尺寸的变动范围为 9.915 mm $\sim$ 9.995 mm。

8.3.4 工艺尺寸计算

工艺尺寸链问题比较多见，很多属于中间计算。当工序设计中出现基准不统一现象、或者出现工序尺寸的换算、或者有的工序基准是尚待加工的表面时，都需要建立工艺尺寸链来解决问题。

【例 8.5】加工图 8-20 所示的齿轮内孔，其相关工序为：① 拉孔至尺寸 $D_1 = \phi 39.6_{0}^{+0.100}$ mm；② 拉键槽保证尺寸 A_1；③ 热处理；④ 磨孔至尺寸 $D = \phi 40_{0}^{+0.062}$ mm。为了使轮毂槽深度满足设计要求 $A = 43.6_{0}^{+0.250}$ mm，试确定工序尺寸 A_1 及其上、下极限偏差（分析中忽略热处理变形的影响）。

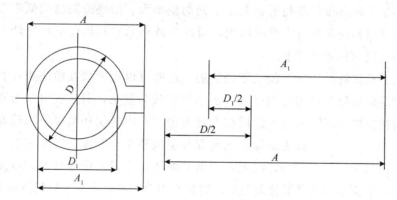

图 8-20 内孔键槽加工的尺寸链

【解】

（1）建立尺寸链。由加工顺序知，轮毂槽深度 A 是最后自然形成的，因此为封闭环。画出尺寸链图，如图 8-20 所示。写出尺寸链关系式：

$$A = D/2 + A_1 - D_1/2$$

注意，此处孔尺寸均以半径计入尺寸链。

增环 $D/2 = 20_{0}^{+0.031}$ mm、$T_{D/2} = 31$ μm、$\Delta_{D/2} = +15.5$ μm，

减环 $D_1/2 = 19.8_0^{+0.050}$ mm、$T_{D_1/2} = 50$ μm、$\Delta_{D_1/2} = +25$ μm，

封闭环 $A = 43.6_0^{+0.250}$ mm、$T_0 = T_A = 250$ μm、$\Delta_0 = \Delta_A = +125$ μm。

（2）计算组成环 A_1 的公称尺寸。

由式（8-9），可得 $A_1 = A + D_1/2 - D/2 = (43.6 + 19.8 - 20)$ μm $= 43.4$ μm，

（3）计算组成环 A_1 的中间偏差。

由式（8-10），可得 $\Delta_{A1} = \Delta_0 + \Delta_{D_1/2} - \Delta_{D/2} = (+125 + 25 - 15.5)$ μm $= +134.5$ μm

（4）计算组成环 A_1。

由式（8-11），可得 $T_{A_1} = T_0 - T_{D_1/2} - T_{D/2} = (250 - 50 - 31)$ μm $= 169$ μm。

由式（8-15），可得 $ES_{A_1} = \Delta_{A_1} + T_{A_1}/2 = (+134.5 + 169/2)$ μm $= +219$ μm。

由式（8-16），可得 $EI_{A_1} = \Delta_{A_1} - T_{A_1}/2 = (+134.5 - 169/2)$ μm $= +50$ μm。

因此，按完全互换法，工序尺寸 A_1 应设计为 $A_1 = 43.4_{+0.050}^{+0.219}$ mm $= 43.45_0^{+0.169}$ mm。

8.4　用大数互换法计算尺寸链

生产实践和统计资料表明，在大量生产且工艺过程稳定的情况下，各组成环的实际尺寸基本呈正态分布，即趋近公差带中间的概率大、出现极限值的概率很小。即便组成环各尺寸以别的分布曲线形式出现，增环与减环都以相反极限尺寸计入尺寸链来影响封闭环的概率仍然非常小。

用完全互换法解尺寸链往往是不经济的，这时可以用大数互换法来计算。大数互换法解尺寸链时以概率论理论为基础，虽然计算较为复杂，但比较科学合理，因此该方法也称为统计法或者概率法，常用在大批大量生产中封闭环精度要求较高、组成环数又较多的场合。大数互换法是保证绝大部分组成环完全互换，因此它存在一定的置信水平（一般取 $P = 99.73\%$），因此按大数互换法加工或装配零件时，可能有极小部分产品最终不能满足封闭环的公差要求，这极小部分产品就需要采取另外的检修措施。

8.4.1　用大数互换法计算尺寸链的基本公式

在 8.3.1 中的式（8-9）、式（8-12）、式（8-13）、式（8-15）、式（8-16）在大数互换法计算尺寸链时仍然适用，式（8-10）在组成环的相对不对称系数 $e_i = 0$ 的情况下仍适用。部分需要区别于完全互换法的公式如下。

封闭环公差 T_{0S}（大数互换法对应的 T_0 称为封闭环统计公差，用 T_{0S} 表示）

$$T_{0S} = \frac{1}{k_0}\sqrt{\sum_{i=1}^{m}\xi^2 k_i^2 T_i^2} \tag{8-20}$$

对于各组成环呈正态分布的直线尺寸链，上式简化为

$$T_{0S} = \sqrt{\sum_{i=1}^{m} T_i^2} \tag{8-21}$$

组成环平均公差 T_{avi}（大数互换法对应的 T_{avi} 称为组成环平均统计公差，用 T_{avis} 表示）

$$T_{avis} = \frac{T_0}{\sqrt{m}} \tag{8-22}$$

8.4.2 公差设计计算

【例 8.6】假设例 8.1 中，各组成环尺寸均按正态分布，各组成环公差按等公差法分配，试用大数互换法来分配各组成环公差。

【解】

(1) 判断增、减环，写出尺寸链关系式。

A_3 增环，A_1、A_2、A_4、A_5 为减环。

尺寸链关系式为 $A_0 = A_3 - (A_1 + A_2 + A_4 + A_5)$。

(2) 校核各环公称尺寸。

$A_0 = [43 - (30 + 5 + 3 + 5)]$ mm $= 0$ mm，说明各组成环公称尺寸合理（若存在差值，可改动协调环的公称尺寸）。由此可知，封闭环为 $A_0 = 0^{+0.350}_{+0.100}$ mm，对应的 $T_0 = 250 \ \mu m$，$\Delta_0 = +225 \ \mu m$、$ES_0 = +350 \ \mu m$、$EI_0 = +100 \ \mu m$。

(3) 检查有无标准件。

弹簧挡圈是标准件，由 $A_4 = 3^{0}_{-0.040}$ mm，可以得出 $T_4 = 40 \ \mu m$，$\Delta_4 = -20 \ \mu m$。

(4) 确定相对不对称系数 e 和相对分布系数 k。

按题意，各组成环尺寸均按正态分布，则封闭环尺寸也将按正态分布。

查表 8-1，可知 $e_0 = e_i = 0$，$k_0 = k_i = 1$。

查表 8-2，当 $k_0 = 1$ 时，封闭环的置信概率为 $P = 99.73\%$。

(5) 确定各组成环公差。

考虑到 A_4 是标准件，其余组成环按等公差法计算，则 $T_1 = T_2 = T_3 = T_5 = T_{av}$

由式 (8-21)，

$$T_{0S} = \sqrt{\sum_{i=1}^{m} T_i^2} = \sqrt{T_1^2 + T_2^2 + T_3^2 + T_4^2 + T_5^2} = \sqrt{(5-1)T_{av}^2 + T_4^2}$$

则

$$T_{av} = \frac{\sqrt{T_0^2 - T_4^2}}{\sqrt{5-1}} = \frac{\sqrt{250^2 - 40^2}}{\sqrt{4}} \ \mu m = 123.4 \ \mu m$$

查表 8-5 可知，这个 T_{av} 大约对应公差等级为 IT11，现仍将 A_3 作为调整尺寸，再综合考虑各组成环公称尺寸和加工难易程度，选定 A_1 公差等级为 IT11、A_2 和 A_5 公差等级为 IT12，按照入体原则，A_1、A_2 和 A_5 尺寸可以分别表达如下：

$A_1 = 30_{-0.130}^{0}$ mm，其 $T_1 = 130\ \mu m$，$\Delta_1 = -65\ \mu m$；

$A_2 = A_5 = 5_{-0.120}^{0}$ mm，其 $T_2 = T_5 = 120\ \mu m$，$\Delta_2 = \Delta_5 = -60\ \mu m$。

（6）计算协调环 A_3。

由式（8-21），因为，

$$T_{0S} = \sqrt{\sum_{i=1}^{m} T_i^2} = \sqrt{T_1^2 + T_2^2 + T_3^2 + T_4^2 + T_5^2}$$

所以

$$T_3 = \sqrt{250^2 - 130^2 - 120^2 - 40^2 - 120^2}\ \mu m = 123.3\ \mu m$$

查表 8-5 可知，该值大约对应公差等级为 IT10，于是将 A_3 公差等级定为 IT10，则 A_3 公差值为 $T_3 = 100\ \mu m$。

由式（8-10），可得 $\Delta_3 = [+225 + (-65 - 60 - 20 - 60)]\ \mu m = +20\mu m$。

由式（8-15），可得 $ES_3 = \Delta_3 + T_3/2 = (+20 + 100/2)\ \mu m = +70\ \mu m$。

由式（8-16），可得 $EI_3 = \Delta_3 - T_3/2 = (+20 - 100/2)\ \mu m = -30\ \mu m$。

因此，协调环 A_3 可以表达为 $A_3 = 43_{-0.030}^{+0.070}$ mm

（7）校核上述公差分配是否合理。

$$T_{0S} = \sqrt{\sum_{i=1}^{m} T_i^2} = \sqrt{T_1^2 + T_2^2 + T_3^2 + T_4^2 + T_5^2}$$
$$= \sqrt{130^2 + 120^2 + 100^2 + 40^2 + 120^2}\ \mu m = 239.4\ \mu m$$
$$ES_0 = \Delta_0 + T_0/2 = (+225 + 239.4/2)\mu m = +344.7\ \mu m$$
$$EI_0 = \Delta_0 - T_0/2 = (+225 - 239.4/2)\mu m = +105.3\ \mu m$$

即 $A_0 = 0_{+0.105}^{+0.345}$ mm，$A_2 = 5_{-0.120}^{0}$ mm，$A_3 = 43_{-0.030}^{+0.070}$ mm，$A_4 = 3_{-0.040}^{0}$ mm。

从设计结果可以看出，用大数互换法解题，各组成环的公差值远大于用完全互换法解得的结果，说明在装配要求没有改变的前提下，用大数互换法能显著降低各组成环的精度等级，从而减小加工精度、降低成本。

8.4.3 公差校核计算

【例 8.7】假设例 8.3 中，各组成环尺寸均按正态分布，试用大数互换法来校核其装配间隙能否满足设计要求。

【解】

（1）建立尺寸链。装配间隙是在装配后形成的，为封闭环。画出尺寸链图，如图 8-18 所示。其中 A_2、A_3 为增环，A_1 为减环。尺寸链关系式如下

$$A_0 = A_2 + A_3 - A_1$$

由题可知各组成环公差值为 $T_1 = 100\ \mu m$，$T_2 = 84\ \mu m$，$T_3 = 90\ \mu m$；各组成环中间偏差为 $\Delta_1 = -100\ \mu m$，$\Delta_2 = 0\ \mu m$，$\Delta_3 = 0\ \mu m$。

（2）计算封闭环 A_0 的公称尺寸。

由式（8-9），$A_0 = A_2 + A_3 - A_1 = (28 + 7 - 35)$ mm = 0 mm。

则封闭环间隙需满足 $A_{0允}=0^{+0.200}_{+0.015}$ mm，$T_{0允}=185\ \mu m$。

（3）校核封闭环 A_0 的公差值。

按题意，各组成环尺寸均符合正态分布，则封闭环尺寸也将按正态分布。

查表 8-1，可知 $e_0=e_i=0$，$k_0=k_i=1$。

查表 8-2，当 $k_0=1$ 时，封闭环的置信概率为 $P=99.73\%$。

由式（8-21），可得 $T_0=\sqrt{T_1{}^2+T_2{}^2+T_3{}^2}=\sqrt{100^2+84^2+90^2}\ \mu m=158.6\ \mu m<$ $185\ \mu m$，说明按大数互换法组织装配，能保证间隙的公差值要求。

（4）计算封闭环 A_0

由式（8-10），可得 $\Delta_0=\Delta_2+\Delta_3-\Delta_1=[0+0-(-100)]\ \mu m$。

由式（8-12），可得 $ES_0=\Delta_0+T_0/2=(+100+158.6/2)\ \mu m=+179.3\ \mu m$。

由式（8-13），可得 $EI_0=\Delta_0-T_0/2=(+100-158.6/2)\ \mu m=+20.7\ \mu m$。

因此，封闭环可以表达为 $A_0=0^{+0.179}_{+0.021}$ mm，这和题中要求的装配间隙保证在 0.015 mm~0.200 mm 之间相吻合，因此可以判断题目中给出的各个工序尺寸按照大数互换法来组织装配是合理的。这也反映出大数互换法的经济性，在相同的封闭环公差条件下，大数互换法相比于完全互换法，可使组成环的公差扩大，更加经济。

8.4.4 工艺尺寸计算

【例 8.8】假设例 8.5 中各组成环尺寸均按三件分布，试用大数互换法来确定工序尺寸 A_1 及其上、下极限偏差。

【解】

（1）建立尺寸链。由加工顺序知，轮毂槽深度 A 是最后自然形成的，因此为封闭环。画出尺寸链图，如图 8-20 所示。写出尺寸链关系式如下：

$$A=D/2+A_1-D_1/2$$

注意，此处孔尺寸均以半径计入尺寸链。

增环 $D/2=20^{+0.031}_0$ mm、$T_{D/2}=31\ \mu m$、$\Delta_{D/2}=+15.5\ \mu m$，

减环 $D_1/2=19.8^{+0.050}_0$ mm、$T_{D_1/2}=50\ \mu m$、$\Delta_{D_1/2}=+25\ \mu m$，

封闭环 $A=43.6^{+0.250}_0$ mm、$T_0=T_A=250\ \mu m$、$\Delta_0=\Delta_A=+125\ \mu m$

（2）计算组成环 A_1 的公称尺寸

由式（8-9），可得 $A_1=A+D_1/2-D/2=(43.6+19.8-20)\ \mu m=43.4\ \mu m$

（3）确定相对不对称系数 e 和相对分布系数 k

按题意，各组成环尺寸均按三角分布，查表 8-1，可知 $e_i=0$，$k_i=1.22$。

此时，封闭环不同于正态分布，考虑到 $m=3<5$，所以取 $e_0=0$，$k_0=1.1$。

查表 8-2，当 $k_0=1.1$ 时，加工后轮毂槽深度满足设计要求的置信概率 P 约为 99%。

（4）计算组成环 A_1 的总差值

由式（8-10），可得 $\Delta_{A1}=\Delta_{D_1/2}-\Delta_{D/2}=(+125+25-15.5)\ \mu m=+134.5\ \mu m$。

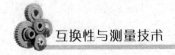

（5）计算组成环 A_1 的公差值

由式（8-17），因为

$$T_{0S} = \frac{1}{k_0}\sqrt{\sum_{i=1}^{m}\xi^2 k_i{}^2 T_i{}^{2\,2}} = \frac{k}{k_0}\sqrt{T_{D/2}^2 + T_{A_1}{}^2 + T_{D_1/2}{}^2}$$

即 $250 = \frac{1.22}{1.1}\sqrt{31^2 + T_{A_1}{}^2 + T_{D_1/2}{}^2}$，所以解得 $T_{A1} = 217.6\ \mu m$。

（6）计算组成环 $T_{A_1}^2$ 的极限偏差

由式（8-15），可得 $ES_{A_1} = \Delta_{A_1} + T_{A_1/2} = （+134.5 + 217.6/2）\mu m = +243.3\ \mu m$。

由式（8-16），可得 $EI_{A_1} = \Delta_{A_1} - T_{A_1/2} = （+134.5 - 217.6/2）\mu m = +25.7\ \mu m$。

因此，按大数互换法，工序尺寸 A_1 设计为 $A_1 = 43.4^{+0.243}_{+0.026}\text{mm} = 43.426^{+0.217}_{0}\text{mm}$。

此结果与例 8.5 的结果对比可见，若想保持同样的封闭环精度，则按大数互换法计算的中间工序尺寸的公差值可大大高于（大于）按完全互换法计算时得到的值，也就是说，使零件更容易加工了；换一个角度。若想保持同样的各组成环精度，则按大数互换法计算的封闭环的公差值可大大低于（小于）按完全互换法计算时得到的值，也就是说，能提高零件的使用性能。

8.5　计算尺寸链的其他方法

8.5.1　分组互换法

分组互换法是指事先将各组成环零件的公差值放大若干倍，使得零件都能按照加工经济精度制造，零件加工完毕后通过实际测量，按其实际尺寸分为若干组，装配时对应组进行装配。分组互换法能大大降低各组成环的加工难度，但同时也增加了零件测量、分组、存储、运输的工作量，生产组织工作显得较为复杂。同时分组互换法要求配合件的尺寸最好呈正态分布，否则将造成各组成配件数量的差异。

如图 8-21 所示，设基本尺寸为 $\phi18\ mm$ 的孔、轴配合间隙要求为 $x = 3\sim8\ \mu m$，这意味着封闭环的公差 $T_0 = 5\ \mu m$，若按完全互换法，则孔、轴的制造公差只能为 $2.5\ \mu m$。

若采用分组互换法，将孔、轴的制造公差扩大四倍，公差为 $10\ \mu m$，将完工后的孔、轴按实际尺寸分为四组，按对应组进行装配，各组的最大间隙均为 $8\ \mu m$，最小间隙为 $3\ \mu m$，故能满足要求。

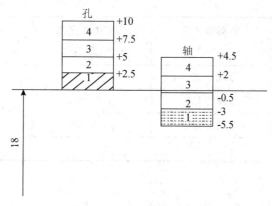

图 8-21　孔、轴配合间隙

以某发动机的活塞销与活塞销孔的分组装配法为例，装配技术要求中规定，活塞销直径 d 和销孔直径 D 在常温装配时，应有 0.0025 mm～0.0075 mm 的过盈量。如用完全互换法装配，活塞销和销孔分配到的公差仅为 0.0025 mm，加工极为困难。在采用分组互换法（分为四组）时，活塞销的制造尺寸为 $\phi 28_{-0.010}^{0}$ mm，活塞孔的尺寸则相应定位 $\phi 28_{-0.015}^{-0.005}$ mm，如图 8-22 所示，各组成环（活塞销与活塞孔）分成公差相等的四组，按对应组分别进行装配，最小过盈为 0.0025 mm，最大过盈为 0.0075 mm。

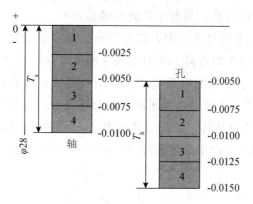

图 8-22　分组装配法

　　分组装配法的主要缺点是：测量分组工作比较麻烦，在一些组内可能会产生多余零件。这种方法一般只适用于大量生产中要求精度高、尺寸链环数少、形状简单、测量分组方便的零件，一般分组数为 2～4 组，且又不便于采用调整装置的机器机构。活塞销和活塞孔的分组尺寸如表 8-7 所示。

表 8-7　活塞销和活塞孔的分组尺寸　　　　　　　　　　　　　　　单位：mm

组别	标志颜色	活塞销直径 $d = \phi 28_{-0.010}^{0}$	活塞销孔直径 $D = \phi 28_{-0.015}^{-0.005}$	配合情况	
				最小过盈	最大过盈

（续表）

组别	标志颜色	活塞销直径 $d = \phi 28^{\ 0}_{-0.010}$	活塞销孔直径 $D = \phi 28^{-0.005}_{-0.015}$	配合情况	
				最小过盈	最大过盈
1	浅蓝	$\phi 28^{\ 0}_{-0.0025}$	$\phi 28^{-0.0050}_{-0.0075}$		
2	红	$\phi 28^{-0.0025}_{-0.0050}$	$\phi 28^{-0.0075}_{-0.0100}$	0.0025	0.0075
3	白	$\phi 28^{-0.0050}_{-0.0075}$	$\phi 28^{-0.0100}_{-0.0125}$		
4	黑	$\phi 28^{-0.0075}_{-0.0100}$	$\phi 28^{-0.0125}_{-0.0150}$		

8.5.2 修配法

修配法是根据零件加工的可能性，对各组成环规定经济可行的制造公差。装配时，通过修配方法改变尺寸链中预先规定的某组成环的尺寸（该环叫补偿环），以满足装配精度要求。

修配法是指装配前先选定某一组成环作为修配环，预留一定的修配量。装配时，通过钳工或机械加工的方法将修配环的部分材料去除，从而改变其实际尺寸，最终使封闭环达到设计所要求的装配精度。采用修配法时，除修配环之外的各组成环从均可以按加工经济精度制造，最终获得高的装配精度。修配法对装配人员的装配技术要求很高，并且由于零件不能互换，因此生产效率较低。

如图 8-23 车床顶尖高度尺寸链中，其封闭环的精度直接影响车床的工作精度。为了将主轴和尾座部件的加工难度降低至经济加工精度，选定容易修配的底板尺寸 A_2 为修配环。装配过程中，通过修配底板高度来抵消各组成环的积累误差，将 A_1、A_2 和 A_3 的公差放大到经济可行的程度，为保证主轴和尾架等高性的要求，选面积最小、重量最轻的尾架底座 A_2 为补偿环，装配时通过对 A_2 环的辅助加工（如铲、刮等）切除少量材料，以抵偿封闭环上产生的累积误差，直到满足 A_0 的要求为止。

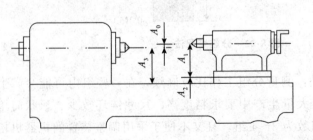
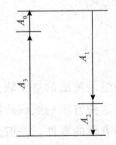

图 8-23　车床顶尖高度尺寸链

补偿环切莫选择各尺寸链的公共环，以免因修配而影响其他尺寸链的封闭环精度。

修配法的优点是既扩大了组成环的制造公差，又能得到较高的装配精度。通常适用于在单件、小批生产中装配那些产品结构比较复杂、组成环数目较多、装配精度要求较高的机器机构。修配法的缺点是增加了修配工作量和费用。

8.5.3 调整法

调整法是将尺寸链各组成环的公称尺寸按经济加工精度的要求给定公差值。此时，封闭环的公差值比技术条件要求的值有所扩大。为了保证封闭环的技术条件，在装配时预先选定其一组成环作为补偿环。这不是采用切去补偿环材料的方法使封闭环达到规定的技术要求，而是采用调整补偿环的尺寸或位置来实现这一目的。采用调整法时，除调整环之外的各组成环的公差值都可以充分放宽，最后同样能获得较高的装配精度，其效率比修配法要高。用于调整的补偿环一般可分为两种。

1. 固定补偿环

在尺寸链中加入补偿环（垫片、垫圈或轴套）或选择一个合适的组成环作为补偿环。补偿件可根据需要按尺寸大小分成若干组，装配时从合适的尺寸组中选择一个补偿环装入尺寸链中的预定位置，即可保证装配精度。固定补偿环如图 8-24 所示，当齿轮的轴向窜动量有严格要求而无法采用完全互换装法保证时，就在结构中加入一个尺寸合适的固定补偿件，来保证装配精度。

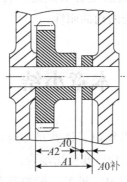

图 8-24 固定补偿环

2. 可动补偿环

可动补偿环可见是一种位置可调整的组成环，装配时调整其位置，即可保证装配精度。可动补偿可见在机械设计中应用很广，而且有着各种各样的结构样式。可动补偿环图 8-25 所示。

调整法是机器结构保证装配精度的常用方法。除了一些必须采用分组法的高精度装配要求外，调整法可适用于各种装配场合。通常，可动调整法适宜于小批生产，固定调整法则适宜于大批大量生产。

调整法主要优点是：加大组成环的制造公差，使制造容易，同时可得到很高的装配精度；装配时不需修配；使用过程中可以调整补偿环的位置或更换补偿环，以恢复机器原有精度。尤其是采用可动补偿环时，可达到很高的装配精度，而且当零件磨损

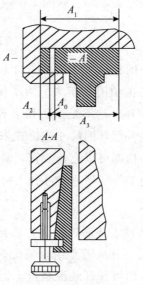

图 8-25　可动补偿环

后，也易于恢复原来的精度。调整法主要缺点是：有时需要额外增加尺寸链零件数，使结构复杂，制造费用增高，降低结构的刚性。

本章小结

　　本章主要讲述了尺寸链的基本知识、计算尺寸链的有关参数、计算尺寸链的完全互换法、大数互换法和其他方法的特点和使用场合。

　　在一个零件或一台及其的机构中，机器装配或零件加工过程中，由相互连接的尺寸按照一定的顺序形成封闭的尺寸组，该尺寸组称为尺寸链。尺寸链的特性主要有封闭性和关联性。

　　尺寸链主要有环、封闭环、组成环、增环、减环、补偿环等组成。

　　尺寸链按照不同的的分类方法，可分为零件尺寸链、装配尺寸链和工艺尺寸链，长度尺寸链和角度尺寸链，直线尺寸链、平面尺寸链和空间尺寸链，标量尺寸链和矢量尺寸链，独立尺寸链、串联尺寸链、并联尺寸链和混合尺寸链，基本尺寸链和派生尺寸链等。

　　尺寸链的计算类型有正计算、反计算和中间计算。目前，解决反计算中的公差分配问题的方法主要有等公差法、等精度法和实际可行性分配法三种。尺寸链的一般解题步骤为：（1）分析题意，确定封闭环，找出关联尺寸，画出尺寸链图。（2）判断各组成环的增、减。（3）选择解题方法（如采用完全互换法或是大数互换法）并采用对应的公式解题。（4）列出求解的结果。

尺寸链的有关参数有平均偏差、中间偏差 Δ、相对不对称系数 e、相对标准差 λ 和相对分布系数 k。

用完全互换法计算尺寸链的公差设计计算、公差校核计算和工艺尺寸计算。用大数互换法计算尺寸链的公差设计计算、公差校核计算和工艺尺寸计算。计算尺寸链的其他方法还有分组互换法、修配法和调整法等。

本章习题

一、填空题

1. 尺寸链计算的目的主要是进行_____计算和_____计算。

2. 尺寸链减环的含义是_____。

3. 尺寸链中，所有减环下偏差之和和增支所有减环上偏差之和，即为封闭环的_____。

4. 零件尺寸链中的封闭环就根据_____确定。

5. 尺寸链计算中进行公差校核计算主要是验证_____。

6. 当所有的减环都是最大极限尺寸而所有的减环都是最小极限尺寸时，封闭环必为_____。

7. 在产品设计中，尺寸链计算是根据机器的精度要求，合理地确定_____。

8. 在工艺设计中，尺寸链计算是根据零件图样要求，进行_____。

二、选择题

1. 对于尺寸链封闭环的确定，下列论述正确的有 （   ）。

A. 图样中未注尺寸的那一环

B. 在装配过程中最后形成的一环

C. 精度最高的那一环

D. 在零件加工过程中最后形成的一环

E. 尺寸链中需要求解的那一环

2. 在尺寸链计算中，下列论述正确的有 （   ）。

A. 封闭环是根据尺寸是重要确定的

B. 零件中最易加工的那一环即封闭环

C. 封闭环是零件加工中最后形成的那一环

D. 增环、减环都是最大极限尺寸时，封闭环的尺寸最小

E. 用极舒值法解尺寸链时，如果共有五个组成环，除封闭环外，其余各环公差均为 0.10 mm，则封闭环公差要达到 0.40 mm 以下是不可能的

3. 对于正计算问题，下列论述正确的有 （   ）。

A. 正计算就是已知所有组顾一半的基本尺寸和公差，求解封闭环的基本尺寸和公差

B. 正计算主要用于验证设计的正确性和求工序间的加工余量

C. 计算问题中，求封闭环公差时，采用等公差法求解

D. 正计算只用在零件的工艺尺寸链的解算中

三、判断题

1. 尺寸链是指在机器装配或零件加工中，由相互连接的尺寸形成封闭的尺寸组。（　　）

2. 当组成尺寸链的尺寸较多时，一条尺寸链中封闭环可以有两个或两个以上。（　　）

3. 在装配尺寸链中，封闭环是在装配过程中形成的一环。（　　）

4. 在装配尺寸链中，每个独立尺寸的偏差都将影响装配精度。（　　）

5. 在确定工艺尺寸链中的封闭环时，要根据零件的工艺方案紧紧抓住）"间接获得"的尺寸这一要点。（　　）

6. 在工艺尺寸链中，封闭环按加工顺序确定，加工顺序改变，封闭环也随之改变。（　　）

7. 封闭环常常是结构功能确定的装配精度或技术要求，如装配间隙、位置精度等。（　　）

8. 零件工艺尺寸链一般选择最重要的环作封闭环。（　　）

9. 组成环是指尺寸链中对封闭环没有影响的全部环。（　　）

10. 尺寸链中，增环尺寸增大，其它组成环尺寸不变，封闭环尺寸会增大。（　　）

11. 封闭环基本尺寸等于各组成基本尺寸的代数和。（　　）

12. 封闭环的公差值一定大于任何一个组成环的公差值。（　　）

13. 尺寸链封闭环公差值确定后，组成环越多，每一环分配的公差值就越大。（　　）

14. 封闭环的最小极限尺寸时，封闭环获得最大极限尺寸。（　　）

15. 当所有增环为最大极限尺寸时，封闭环获得最大极限尺寸。（　　）

16. 要提高封闭环的精确度，就要增大各组成环的公差值。（　　）

17. 要提高封闭环的精确度，在满足结构功能的前提下，就应尽量简化结构，即应遵循"最短尺寸链原则"。（　　）

18. 封闭环的上偏差等于所有增环上偏差之和减去所有减环下偏差之和。（　　）

19. 尺寸链的特点是它具有封闭性和制约性。（　　）

20. 用完全互换性法解尺寸链能保证零件的完全互换性。（　　）

四、简答题

1. 什么是尺寸链？如何确定封闭环、增环和减环？它们有什么特点？

2. 尺寸链是由哪些环组成的？它们之间的关系如何？

3. 尺寸链在产品设计（装配图）中和在零件设计（零件图）中如何应用？怎样确定其封闭环？

4. 解决公差分配问题的算法由哪些？

5. 在尺寸链中，是否既要有增环也要有减环？

6. 完全互换法和大数互换法的区别是什么？

7. 正计算、反计算和中间计算的特点和应用场合是什么？

8. 达到装配尺寸链封闭环公差要求的方法有哪些？

9. 使用概率法与极值法解尺寸链的效果有何不同？

10. 有一套筒，按 $\phi 50h7$ 加工外圆，按 $\phi 40H8$ 加工内孔，求壁厚 t 的公称尺寸和极限偏差。

11. 有一孔、轴配合，装配前轴和孔均需镀铬，铬层厚度均为 (10 ± 12) μm，镀铬后应满足 $\phi 30H7/f7$ 的配合。试问轴和孔在镀前的尺寸应是什么？

12. 如图 8-26 所示套类零件，有两种不同的尺寸标注方法。其中 $A_0=8^{+0.2}_{0}$ mm，为封闭环。试从尺寸链的角度考虑，哪一种标注方法更合理？

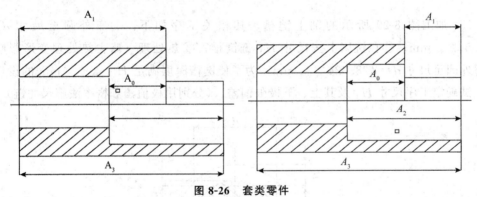

图 8-26 套类零件

13. 如图 8-27 所示的零件，其封闭环为 A_0，尺寸变动范围为 $11.9\sim12.0$ mm，试求图中的尺寸标注能否满足尺寸 A_0 的要求。

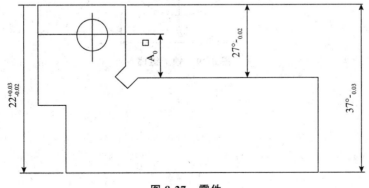

图 8-27 零件

14. 如图 8-28 所示的轴套类零件，已知各轴向尺寸为 $L_1 = 36_{-0.05}^{\ 0}$ mm，$L_2 = 26_{-0.05}^{+0.05}$ mm。零件加工时要求保证尺寸 $L = 6_{-0.01}^{+0.01}$ mm，但这一尺寸不便于测量，只好通过测量 L_3 来间接保证。试求工序尺寸 L_3 及其上、下极限偏差。

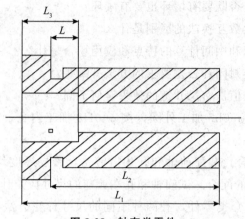

图 8-28　轴套类零件

15. 加工图 8-29 所示的轴上键槽，其相关工序如下：①车外圆至尺寸 $d_1 = \phi 28.5_{-0.100}^{\ 0}$ mm；②在铣床上按尺寸 H_1 铣键槽；③热处理（略去热处理变形影响）；④磨外圆至尺寸 $d = \phi 28.024_{-0.016}^{\ 0}$ mm，为了使键槽深度满足 $H = 4_{\ 0}^{+0.160}$ mm 的设计要求，试确定工序尺寸 H_1 及其上、下极限偏差。（分别用极值法和概率法解尺寸链）

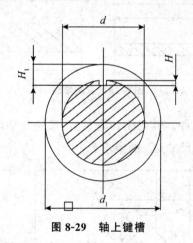

图 8-29　轴上键槽

参考文献

［1］廖念钊．互换性与技术测量［M］．（第 6 版）北京．中国质检出版社，2012.

［2］甘永立．几何量公差与检测［M］．（第 10 版）上海．上海科学技术出版社，2013.

［3］王伯平．互换性与测量技术基础［M］．北京．机械工业出版社，2013.

［4］赵则祥．互换性与测量技术基础［M］．北京．机械工业出版社，2015.

［5］丛树岩，龚雪互换性与技术测量［M］．北京．机械工业出版社，2016.

［6］屈波．互换性与技术测量［M］．北京．机械工业出版社，2014.

［7］赵俊伟．互换性与测量技术基础［M］．北京．机械工业出版社，2017.

［8］杨铁牛．互换性与技术测量［M］．北京．电子工业出版社，2010.

［9］柴畅．互换性与测量技术基础［M］．合肥．中国科学技术大学出版社，2016.

［10］李军．互换性与测量技术基础［M］．（第 3 版）武汉．华中科技大学出版社，2013.

［11］兆元，李翔英．互换性与测量技术基础［M］．（第 3 版）北京．机械工业出版社，2017.